基于工作过程导向的项目化创新系列教材

高等职业教育机电类"十三五"规划教材

数控技术与编程应用（第2版）

Shukong Jishu yu Biancheng Yingyong

▲主　编　任　重　龙艳萍　闫瑞涛

▲副主编　言　帆　邓　敏　杨　勇　罗　贤

▲主　审　汪桂林

U0370402

华中科技大学出版社

http://www.hustp.com

中国·武汉

内 容 简 介

本书分为 5 个项目,分别介绍了数控机床编程与操作、数控车床编程与操作、数控铣床编程与操作、加工中心编程与操作、Mastercam 软件的应用等内容。

本书既可作为高职高专院校、中职院校和独立学院数控技术、模具设计与制造、机械制造及自动化、计算机辅助设计与制造、工业机器人技术和机电一体化技术等专业的教学用书,也可供相关技术人员参考、学习、培训之用。

图书在版编目(CIP)数据

数控技术与编程应用/任重,龙艳萍,闫瑞涛主编.—2 版.—武汉:华中科技大学出版社,2019.8(2022.6 重印)

ISBN 978-7-5680-5230-6

Ⅰ.①数… Ⅱ.①任… ②龙… ③闫… Ⅲ.①数控机床-程序设计 Ⅳ.①TG659

中国版本图书馆 CIP 数据核字(2019)第 127933 号

数控技术与编程应用(第 2 版)　　　　　　　　　　　　　　任　重　龙艳萍　闫瑞涛　主编
Shukong Jishu yu Biancheng Yingyong(Di er ban)

策划编辑:张　毅
责任编辑:张　毅
封面设计:孢　子
责任监印:朱　玢
出版发行:华中科技大学出版社(中国·武汉)　　　电话:(027)81321913
　　　　　武汉市东湖新技术开发区华工科技园　　　邮编:430223
录　排:武汉楚海文化传播有限公司
印　刷:武汉市洪林印务有限公司
开　本:787mm×1092mm　1/16
印　张:17.75
字　数:466 千字
版　次:2022 年 6 月第 2 版第 4 次印刷
定　价:48.00 元

《中国制造2025》指出:新一轮科技革命和产业变革与我国加快转变经济发展方式形成历史性交汇,国际产业分工格局正在重塑。从2015至2025年,要着力振兴包括高档数控机床在内的十个重点领域,提高创新发展能力和国际竞争力,抢占竞争制高点。在国家政策激励和引领下,数控机床的发展必将又迎来一个春天。与此同时,数控机床装调技术人员也会日益紧缺。鉴于此,国家对数控操作人员的数量和质量都提出了更高的要求,这既为高职高专院校数控、机电、模具及工业机器人等专业的发展营造了良好的政策氛围,又对专业建设尤其是教材建设提出了更高的要求。

本书以培养数控专业操作型人才、紧贴岗位实际为目标,根据教育部现阶段高素质技能型人才培养目标的指导思想和最新的专业教学标准而编写。本书的创新之处在于:每个项目采用1~3个任务组织编写内容,每个任务以国家中、高级数控操作工题库真题及企业案例为典型工作任务,以经过教学改造的典型零件或学习任务为载体来开发,集理论、仿真和实操为一体。大部分任务由知识目标、能力目标、任务引入、相关知识、任务实施等部分组成,其中任务实施是学习的重点,它按照数控编程过程组织学习过程,并运用数控仿真系统模拟加工过程,让学生能够从头到尾感受到工作氛围,任务结束后编有思考与练习。通过学习和训练,学生不仅能够掌握数控编程知识,而且能够掌握零件数控加工程序编制的方法,达到高级数控车床操作工、数控铣床操作工和加工中心操作工水平。

本书由长江工程职业技术学院任重、济南工程职业技术学院龙艳萍、黑龙江农业经济职业学院闫瑞涛担任主编,长江工程职业技术学院言帆、邓敏、杨勇及武汉市仪表电子学校罗贤担任副主编。具体分工是:任重、言帆编写项目1、项目5,龙艳萍编写项目2,邓敏、杨勇编写项目3,闫瑞涛、罗贤编写项目4,任重负责全书的统稿。

为了提高教材质量,进一步凸显校企合作、工学结合的课程改革方向,本书在案例遴选、相关知识及习题编写等方面吸纳了长期进行数控及相关专业课程教学一线教师的意见。除此之外,还请湖北华舟重工应急装备股份有限公司汪桂林高级技师对全书进行了审阅,提出了很多修改意见,在此一并表示衷心感谢!

由于编者水平有限,书中疏漏之处和错误在所难免,恳请专家和广大读者给予批评指正。

编　者

目录 MULU

项目 1
数控机床编程与操作

　　通过学习本项目,读者能够了解数控机床的产生、发展、组成等相关知识,会确定数控机床的坐标系,并对数控程序的组成及格式有初步的了解。

◀ 任务 1 了解数控机床 ▶

【知识目标】

(1)了解数控机床的概念及其产生和发展过程。

(2)熟悉数控机床的分类方法,能根据数控机床的特点确定其应用场合。

(3)熟悉数控机床的结构及其加工原理。

(4)熟悉数控机床的安全操作规程及日常保养要点。

【能力目标】

(1)了解本课程学习内容及学习方法,熟悉数控机床概念、产生、发展、分类、特点及应用。

(2)理解数控机床的基本工作原理和加工过程。

(3)熟悉数控机床的结构及各主要部分的功能。

(4)重视数控机床的安全操作规程及日常保养。

【任务引入】

本任务包括本课程的学习目标及内容,本课程的学习方法,数控机床的基本概念、产生、发展、分类、组成及工作原理、加工特点和应用范围、安全操作规程与日常维护等内容。

【相关知识】

一、本课程的学习目标及内容

1. 学习目标

通过本课程的学习,能独立读懂零件加工图样,制订数控加工工艺,编写零件加工程序,熟练操作数控机床,加工产品合格。

2. 学习内容

手工编程部分:数控车床编程及操作、数控铣床编程及操作和数控加工中心编程及操作。

自动编程部分:Mastercam 软件的应用。

二、本课程的学习方法

本课程主要以华中世纪星数控系统编程指令及方法为主要讲授内容。目前,市场上存在多种数控系统,如日本 FANAC 数控系统、德国西门子数控系统等。这些数控系统虽然在编程指令格式和用法上有所不同,但编程的基本方法是一样的。因此,学习本课程时,重点要学习编程的方法,在运用其他数控系统编程时能够做到举一反三,只是按编程方法用当前系统编程指令替换华中世纪星数控系统编程指令即可。

三、数控机床的基本概念

数字控制技术,简称数控(numerical control,NC),是采用数字化信息实现加工自动化的控制技术。

数字控制机床(numerical control machine tool),即 NC 机床,是应用一种借助数字化信号对控制对象(如机床的运动及其加工过程)进行自动控制的技术对加工过程进行控制的机床,或者说是装备了数控系统的机床。

计算机数字控制机床(computer numerical control machine tool),即 CNC 机床,是指装备了计算机数控系统的机床,也称现代数控机床。它是综合应用了计算机、自动控制、电气传动、精密测量、精密机械制造等技术的最新成果而发展起来的,它采用微处理器作为机床的数控装置,通过编制各种系统软件来实现不同的控制功能和加工功能。

数控机床将加工过程所需的各种操作(如主轴变速、松夹刀具、进刀退刀、自动开停冷却液、程序的启停等)、步骤,以及工件的形状、尺寸用数字化代码表示,然后通过控制介质(磁盘、串口、网络)送入数控装置,数控装置对输入的信息进行处理与运算并发出相应的控制信号,控制机床的伺服系统或其他驱动元件依据控制信号使机床自动加工出合格的零件。

四、数控机床的产生

客观原因及背景:普通机床在加工具有精度要求高、形状复杂、加工批量小且改型频繁的一些零件(而且,这类产品占机械制造工业产品总量的 75%~80%)时,存在效率低、劳动强度大等一系列问题。

应对措施:机械加工工艺过程的自动化是实现机械产品质量与生产率"双赢"的重要措施之一。它不仅能够提高产品的质量,提高生产效率,降低生产成本,还能够大大改善工人的劳动条件。电子技术、计算机技术、控制技术的发展也为实现机械加工工艺过程的自动化提供了必要条件。

必然结果:一种新型的数字程序控制机床应运而生并逐渐被市场所接受,为单件小批量生产精密复杂零件提供自动化的加工手段,这就是数控机床。

五、数控机床的发展

数控机床为单件、小批生产的精密复杂零件提供了自动化加工手段。半个多世纪以来,数控技术得到了迅猛的发展,加工精度和生产效率不断提高。数控机床的发展至今已经历了两个阶段和六代,如表 1-1 所示。

1. 数控(NC)阶段(1952—1970 年)

早期的计算机运算速度慢,不能适应机床实时控制的要求,人们只好用数字逻辑电路"搭"成一台机床专用计算机作为数控系统,这就是硬件连接数控,简称数控。随着电子元器件的发展,这个阶段经历了三代,即 1952 年的第一代——电子管数控机床,1959 年的第二代——晶体管数控机床,1965 年的第三代——集成电路数控机床。

2. 计算机数控(CNC)阶段(1970 年至今)

1970 年,通用小型计算机已出现并投入成批生产,人们将它移植过来作为数控系统的核心部件,从此进入计算机数控阶段。这个阶段也经历了三代,即 1970 年的第四代——小型计算机数控机床,1974 年的第五代——微型计算机数控系统,1990 年的第六代——基于 PC 的数控机床。

表 1-1　数控机床的发展

发展阶段	时代特征	计算机发展节点	数控装置发展历程
第一代	电子管 (世界上第一台)	1946 年	1952 年,计算机控制的硬件逻辑数控系统 NC,世界上第一台数控机床
第二代	晶体管	1957 年	1959 年的 NC,世界上第一台数控加工中心
第三代	集成电路	1965 年	1965 年的 NC
第四代	小型计算机	1970 年	1970 年 CNC
第五代	微型计算机	1980 年 (从 1970 年开始)	1974 年 CNC
第六代	基于 PC	1990 年	1990 年 CNC

随着微电子技术和计算机技术的不断发展,数控技术也随之不断更新,发展非常迅速,几乎每五年更新换代一次,其在制造领域的加工优势逐渐体现出来。当今的数控机床已经在机械加工部门占有非常重要的地位,是计算机直接数控(direct numerical control,DNC)系统、柔性制造系统(flexible manufacturing system,FMS)、计算机集成制造系统(computer integrated manufacturing system,CIMS)、自动化工厂(factory automation,FA)的基本组成单位,并向更高层次的自动化、柔性化、敏捷化、网络化和数字化制造方向推进。

我国从 1958 年开始研制数控机床,1966 年研制出晶体管数控系统,并将样机应用于生产。1968 年成功研制 X53K-1 立式铣床。20 世纪 70 年代初,加工中心研制成功。1988 年,FMS 通过验收投入运行,用于生产伺服电动机的零件。

近年来,在引进消化吸收国外先进技术的基础上,我国对数控机床进行了大量的开发工作,一些高档次的数控系统,如五轴联动的数控系统、为柔性制造单元配套的数控系统陆续开发出来。目前我国数控机床生产已经初步建立了以中、低档为主的产业体系,为今后的发展奠定了基础,与发达国家的差距在不断缩小。

六、数控机床的分类

数控机床的种类繁多,通常有以下四种分类方法。

1. 按加工原理分类

按加工原理分类,数控机床分为金属切削类数控机床、金属成形类数控机床、特种加工类数控机床、其他类数控机床等类别。

1)金属切削类数控机床

金属切削类数控机床是指采用车、铣、镗、铰、钻、磨、刨等各种切削工艺的数控机床。此类数控机床包括数控车床、数控铣床、数控镗床、数控磨床、加工中心等。

2)金属成形类数控机床

金属成形类数控机床是指采用挤、冲、压、拉等成形工艺的数控机床。此类数控机床有数控板料折弯机、数控弯管机、数控冲床等。

3）特种加工类数控机床

此类数控机床包括数控线切割机床、数控电火花加工机床、数控火焰切割机、数控激光切割机等。

4）其他类数控机床

其他类数控机床包括数控三坐标测量仪、数控对刀仪等。

2. 按运动轨迹分类

按运动轨迹分类，数控机床分为点位控制数控机床、直线控制数控机床、轮廓控制数控机床三类。

1）点位控制数控机床

点位控制数控机床只控制刀具相对于工件定位点的位置，即控制刀具从一点到另一点的精确定位运动，对轨迹不作控制要求，在移动和定位过程中不进行任何加工，如图1-1所示。为提高生产效率和保证定位精度，机床设定快速进给，临近终点时自动减速，从而减少运动部件因惯性而引起的定位误差。

具有点位控制功能的数控机床有数控钻床、数控坐标镗床、数控冲床和数控点焊机等。

2）直线控制数控机床

直线控制数控机床是指刀具或工作台以给定的速度按直线运动，不仅控制两点之间的准确位置，还要控制两点之间移动的速度和轨迹的机床，如图1-2所示。

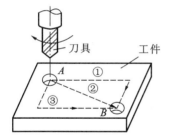　　　　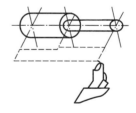

图 1-1　点位控制数控机床加工示意图　　　图 1-2　直线控制数控机床加工示意图

具有直线控制功能的数控机床有比较简单的数控车床、数控镗铣床、数控磨床等。

3）轮廓控制数控机床

轮廓控制数控机床是指刀具或工作台按工件的轮廓轨迹运动，运动轨迹为任意方向的直线、圆弧、抛物线或其他函数关系的曲线的机床。它具有控制几个进给轴同时协调运动（坐标联动），使工件相对于刀具按程序规定的轨迹和速度运动，在运动过程中进行连续切削加工的数控系统，如图1-3所示。

常见的轮廓控制数控机床有数控车床、数控铣床、加工中心等用于加工曲线和曲面零件的机床。现代的数控机床基本上都是这种数控机床。

3. 按控制方式分类

按控制方式分类，数控机床分为开环控制数控机床、闭环控制数控机床、半闭环控制数控机床三类。

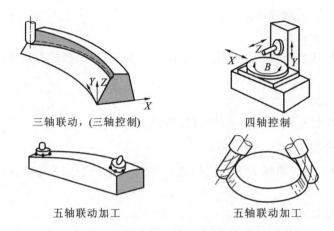

三轴联动,(三轴控制)   四轴控制

五轴联动加工   五轴联动加工

图 1-3   轮廓控制数控机床加工示意图

1)开环控制数控机床

开环控制数控机床采用步进电动机驱动,无位置及速度测量元件,故无位置及速度反馈,如图1-4所示。

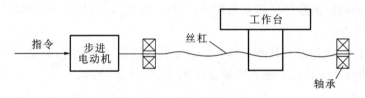

图 1-4   开环控制数控机床

开环控制数控机床结构简单、设备成本低、调试方便、操作简单,但控制精度低,工作速度受步进电动机短频特性的限制。

2)闭环控制数控机床

闭环控制数控机床控制精度高,采用交流或直流伺服驱动装置及伺服电动机,有位移、速度检测装置,如图 1-5 所示。

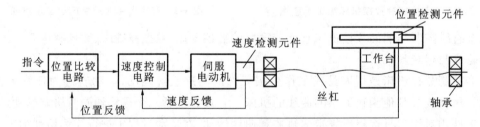

图 1-5   闭环控制数控机床

闭环控制数控机床刚度高,机床的加工、装配要求高,价格贵,调试困难。位置检测装置中的测量元件(光栅尺)安装在机床的运动部件上,测出工作台的实际位移值并反馈给数控装置。

3)半闭环控制数控机床

半闭环控制数控机床的零件加工精度高于开环控制系统,调试比闭环控制系统容易,设备成本处于开环和闭环控制系统之间。采用交流或直流伺服驱动装置及伺服电动机,有角位移、角速度检测装置,结构紧凑,如图 1-6 所示。

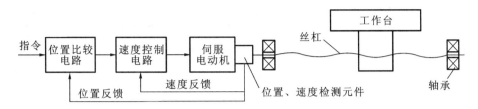

图 1-6 半闭环控制数控机床

它实际控制的是丝杠的转动,其检测装置包括位移检测装置和速度检测装置,既可检测工作台的位置,又能检测工作台移动的速度。

4. 按功能水平分类

按照数控系统的功能水平,通常可把数控机床划分为低、中、高档三类,即经济型、普及型和高级型。不同档次数控系统功能及指标如表 1-2 所示。

表 1-2 不同档次数控系统功能及指标

控制系统功能	高　　档	中　　档	低档(经济型)
主轴功能	无级变速、C 轴功能		机械变速
分辨率	$0.1\ \mu m$	$1\ \mu m$	$10\ \mu m$
进给速度	$15\sim100\ m/min$	$15\sim24\ m/min$	$8\sim15\ m/min$
伺服驱动	闭环	半闭环	开环
电动机	交流、直流伺服电动机		步进电动机
联动轴数	$2\sim4$ 轴或 $2\sim5$ 轴		$2\sim3$ 轴
通信功能	MAP,联网功能	RS-232C、RS-485	无
显示功能	三维图形彩显	图形显示	数码或字符
内装 PLC	有	有	无

七、数控机床的组成及工作原理

1. 数控机床的组成

数控机床一般由输入/输出装置、数控装置、伺服系统、机床本体及测量反馈装置组成,其基本组成框图如图 1-7 所示。

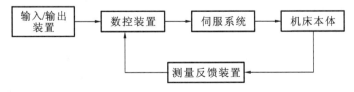

图 1-7 数控机床的基本组成框图

5)输入/输出装置

输入设备可将不同加工信息传递给计算机。在数控机床产生的初期,输入装置为穿孔纸带(现已趋于淘汰),后来发展成用盒式磁带,再发展成使用键盘、磁盘等,大大方便了信息输入工作,现在用DNC网络通信(串行通信)的方式输入。输出指输出内部工作参数(含机床正常、理想工作状态下的原始参数,故障诊断参数等),一般在机床刚工作状态需输出这些参数作记录保存,待工作一段时间后,再将输出与原始资料作比较,可帮助判断机床工作是否维持正常。数控系统一般配有显示器或点阵式液晶显示器,其所显示的信息较丰富,并能显示图形。操作人员通过显示器获得必要的信息。

2)数控装置

数控装置是数控机床的核心部件,它接受输入装置送来的数字信息,经过控制软件和逻辑电路进行译码、运算和逻辑处理后,将各种指令信息输出给伺服系统,使设备按规定的动作执行,加工出所需的零件。目前数控装置一般使用多个微处理器,以程序化的软件形式实现控制功能。

3)伺服系统

伺服系统是数控机床的执行部分,其作用是把来自数控装置的指令转换成机床的运动,使机床工作台精确定位或按规定的轨迹做严格的相对运动,最后加工出符合图样要求的零件。每一个脉冲信号使机床移动部件产生的位移量称为脉冲当量(也称为最小设定单位),常用的脉冲当量为 0.001 mm。每个进给运动的执行部件都有相应的伺服系统,伺服系统的精度及动态响应决定了数控机床的加工精度、表面质量和生产率。伺服系统一般包括驱动装置和执行机构两大部分,常用执行机构有步进电动机、直流伺服电动机、交流伺服电动机等。

4)测量反馈装置

测量反馈装置的作用是将机床的实际位置、速度等参数检测出来,转变成电信号,传输给数控装置,通过比较机床的实际位置、速度与指定位置、速度是否一致,并由数控装置发出指令修正所产生的误差。目前,数控机床上常用的检测反馈装置主要有光栅、磁栅、感应同步器、码盘、旋转变压器、测速发电机。

5)机床本体

数控机床本体是完成各种切削加工的机械部分,主要包括床身、底座、立柱、横梁、滑座、工作台、主轴箱、进给机构、刀架及自动换刀装置。与普通机床相比,数控机床具有更高的刚度和抗振性,相对运动面的摩擦因数小,传动间隙小,所以数控机床的外观、整体结构、传动系统、刀具系统及操作机构与普通机床有着很大的差异。

2. 数控机床的工作原理

各种信息按一定的格式形成加工程序存放在信息载体上,再由机床上的数控装置读入。经过数控装置对这些信息进行的译码处理,处理所得到的指令输出给驱动装置,从而使机床按照要求执行与工件之间的相对运动,进而完成金属切削,加工出符合要求的工件。图1-8所示为数控机床的工作原理框图。

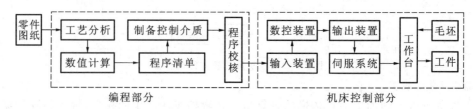

图1-8 数控机床的工作原理框图

3. 数控机床的工作过程

数控机床加工工件时,首先由编程人员按照零件的几何形状、技术要求和加工工艺要求将加工过程编成数控加工程序。数控装置读入加工程序后,将其翻译成机器能够理解的控制指令,控制机床的主轴运动、进给运动、更换刀具,以及工件的夹紧与松开,冷却、润滑泵的开与关,刀具、工件和其他辅助装置严格按照加工程序规定的顺序、轨迹和参数进行工作,由伺服系统将其变换和放大后驱动机床上的主轴电动机和进给伺服电动机转动,并带动刀具及机床的工作台移动,实现加工,从而加工出符合图样要求的零件,如图 1-9 所示。

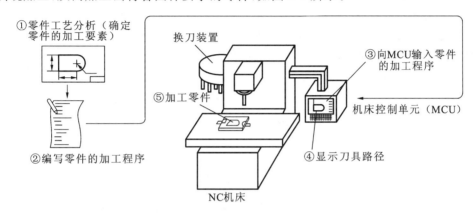

图 1-9　数控机床的工作过程

八、数控机床的加工特点和应用范围

1. 数控机床的加工特点

数控机床与普通机床相比,具有以下特点。

1)适应性强,具有高柔性

适应性即所谓的柔性,是指数控机床随生产对象变化而变化的适应能力。在数控机床上改变加工零件时,只需重新编制程序,输入新的程序后就能实现对新的零件的加工;而不需改变机械部分和控制部分的硬件,且生产过程是自动完成的。这就为复杂结构零件的单件、小批量生产以及试制新产品提供了极大的方便。适应性强是数控机床最突出的优点,也是数控机床得以迅速发展的主要原因。

2)加工精度高,产品质量稳定

数控机床是按数字形式给出的指令进行加工的,一般情况下工作过程不需要人工干预,这就消除了操作者人为产生的误差。在设计制造数控机床时,采取了许多措施,使数控机床的机械部分达到了较高的精度和刚度。数控机床工作台的移动当量普遍达到了 0.01 ～ 0.000 1 mm,而且进给传动链的反向间隙与丝杠螺距误差等均可由数控装置进行补偿,高档数控机床采用光栅尺进行工作台移动的闭环控制。数控机床的加工精度由过去的 ±0.01 mm 提高到 ±0.005 mm 甚至更高。20 世纪 90 年代初中期,定位精度已达到 ±0.002～±0.005 mm。此外,数控机床的传动系统与机床结构都具有很高的刚度和很好的热稳定性。通过补偿技术,数控机床可获得比本身精度更高的加工精度。尤其提高了同一批零件生产的一致性,产品合格率高,加工质量稳定。

3)自动化程度高,劳动强度低(改善劳动条件)

数控机床加工前经调整好后,输入程序并启动,机床就能自动连续地进行加工,直至加工结束。操作者主要负责程序的输入和编辑、装卸零件、准备刀具、观测加工状态、检验零件等工作,劳动强度极大降低,机床操作者的劳动趋于智力型工作。另外,机床一般是封闭式加工,既清洁又安全。

4)生产效率高,减少辅助时间和机动时间

零件加工所需的时间主要包括机动时间和辅助时间两部分。数控机床主轴的转速和进给量的变化范围比普通机床大,因此数控机床每一道工序都可选用最有利的切削用量。由于数控机床结构刚度高,因此允许进行大切削用量的强力切削,这就提高了数控机床的切削效率,节省了机动时间。数控机床的移动部件空行程运动速度快,工件装夹时间短,刀具可自动更换,辅助时间比一般机床大为缩短。数控机床更换被加工零件时几乎不需要重新调整机床,节省了零件安装调整时间。数控机床加工质量稳定,一般只做首件检验和工序间关键尺寸的抽样检验,因此节省了停机检验时间。在加工中心机床上加工时,一台机床实现了多道工序的连续加工,生产效率的提高更为显著。

5)良好的经济效益

数控机床虽然设备昂贵,加工时分摊到每个零件上的设备折旧费较高,但在单件、小批量生产的情况下,使用数控机床加工可节省画线工时,减少调整、加工和检验时间,节省直接生产费用。数控机床加工零件一般不需制作专用夹具,节省了工艺装备费用。数控机床加工精度稳定,降低了废品率,使生产成本进一步下降。此外,数控机床可实现一机多用,节省厂房面积和建厂投资。因此使用数控机床可获得良好的经济效益。

6)有利于生产管理的现代化

使用数控机床加工工件,可预先精确估算出工件的加工时间,所使用的刀具、夹具可进行规范化、现代化管理。数控机床使用数字信号与标准代码作为控制信息,易于实现加工信息的标准化,目前已和计算机辅助设计与制造(CAD/CAM)有机结合,是现代集成制造技术的基础。

7)价格较贵

数控机床是以数控系统为代表的新技术对传统机械制造产业渗透形成的机电一体化产品,它涉及机械、信息处理、自动控制、伺服驱动、自动检测、软件技术等许多领域,尤其采用了许多高、新、尖技术,使得数控机床的整体价格较高。

8)调试和维修较复杂

由于数控机床结构复杂,要求调试与维修人员经过专门的技术培训,才能胜任此项工作。此外,由于许多零件形状较为复杂,目前数控机床编程又以手工编程为主,故编程所需时间较长,这样会使机床等待时间变长,导致数控机床的利用率不高。

2. 数控机床的应用范围

数控机床具备普通机床所没有的许多优点,但这些优点只有在一定的具体条件下才能得以体现。数控机床的应用范围正在不断扩大,但它并不能完全取代其他类型的机床,也还不能以最经济的方式解决机械加工中的所有问题。根据数控机床自身的特点,它通常最适合加工以下类型的零件。

（1）结构复杂、精度高或必须用数学方法确定的复杂曲线、曲面类零件。通常数控机床适用于加工结构较为复杂,在普通机床上加工时需要准备复杂、贵重工艺装备的零件。

（2）多品种小批量生产的零件。加工零件批量大时,选择数控机床加工是不利的,原因之一是数控机床设备费用昂贵。此外,与大批量生产通常采用的专用机床相比,数控机床的效率还不够高。数控机床一般适用于单件小批生产加工,并有向中批量发展的趋势。

（3）需要频繁改型的零件。在军工企业和科研部门,零件会被频繁改型,这就为数控机床提供了用武之地。

（4）价值昂贵、不允许报废的关键零件。

（5）希望缩短生产周期的急需零件。

数控机床的应用范围如图 1-10 所示。

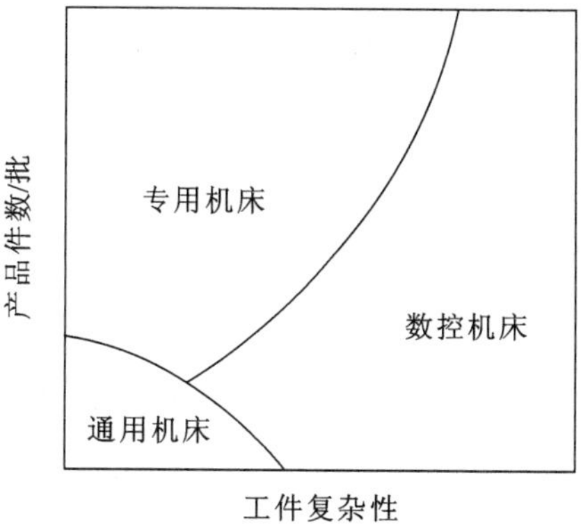

图 1-10 数控机床的应用范围

九、数控机床安全操作规程与日常维护

1. 数控机床安全操作规程

数控机床作为精密的加工设备,不光对操作者的编程和操作技术要求很高,而且要求机床操作人员能够养成遵守数控机床安全操作规程的习惯,避免人身伤害事故的发生。具体来说,数控机床的安全操作规程有如下几点。

（1）操作者必须熟悉机床的性能、结构、传动原理及控制,严禁超性能使用。

（2）操作机床前必须紧束服装,戴好工作帽,检查机床有无异常情况,工作时严禁戴手套。

（3）工作台不得放置工具或其他无关物件,注意不要使刀具与工作台撞击。机床通电启动后,先进行机械回零操作,低速运行 3～5 min,查看各部分运转是否正常。

（4）加工工件前,必须进行加工模拟或试运行,严格检查调整加工原点、刀具参数、加工参数、运动轨迹,并且要将工件清理干净,特别注意工件是否装夹牢固,调节工具是否已经移开。

（5）确认操作面板上进给轴的速度及其倍率开关状态,切削加工要在各轴与主轴的扭矩和功率范围内使用。

（6）装卸及测量工件时,把刀具移到安全位置,主轴停转。

（7）主轴旋转切削过程中不能用手去除铁屑或触摸工件,消除铁屑时应使用刷子,不能用嘴去吹或用棉纱擦。

（8）工作中发生不正常现象或故障时,应立即停机排除,或通知维修人员检修。

（9）工作完毕后,应及时清扫机床,并将机床恢复到原始状态,各开关、手柄放于非工作位置上,切断电源,认真执行交接班制度。

2. 数控机床的日常维护

为了更好地发挥数控机床的功效,应建立数控机床日常保养的长效机制。数控机床日常维护保养如表 1-3 所示,以供参考。

表 1-3　数控机床日常维护保养

序　号	检查周期	检查部位	检查要求
1	每天	导轨润滑	检查润滑油的油面、油量,及时添加油,润滑油泵能否定时启动、打油及停止,导轨各润滑点在打油时是否有润滑油流出
2	每天	X、Y、Z 轴及回旋轴导轨	清除导轨面上的切屑、污物、冷却水剂,检查导轨润滑油是否充分,导轨面上有无滑伤及锈斑,导轨防尘刮板上有无夹带铁屑,如果是安装滚动滑块的导轨,当导轨上出现划伤时应检查滚动滑块
3	每天	压缩空气气源	检查气源供气压力是否正常,含水量是否过大
4	每天	机床进气口的油水自动分离器和自动空气干燥器	及时清理油水自动分离器中滤出的水分,加入足够润滑油,空气干燥器是否能自动切换工作,干燥剂是否饱和
5	每天	气液转换器和增压器	检查存油面高度并及时补油
6	每天	主轴箱润滑恒温油箱	恒温油箱正常工作,由主轴箱上油标确定是否有润滑油,调节油箱制冷温度后能正常启动,制冷温度不要低于室温太多(相差 2~5℃,否则主轴容易产生空气水分凝聚)
7	每天	机床液压系统	油箱、油泵无异常噪声,压力表指示正常压力,油箱工作油面在允许的范围内,回油路上背压不得过高,各管接头无泄漏和明显振动
8	每天	主轴箱液压平衡系统	平衡油路无泄漏,平衡压力指示正常,主轴箱上下快速移动时压力波动不大,油路补油机构动作正常
9	每天	数控装置及输入/输出装置	如光电阅读机的清洁,机械结构润滑良好,外接快速穿孔机或程序服务器连接正常
10	每天	各种电气装置及散热通风装置	数控柜、机床电气柜进气排气扇工作正常,风道过滤网无堵塞,主轴电动机、伺服电动机、冷却风道正常,恒温油箱、液压油箱的冷却散热片通风正常
11	每天	各种防护装置	导轨、机床防护罩应动作灵敏而无漏水,刀库防护栏杆、机床工作区防护栏检查门开关应动作正常,恒温油箱、液压油箱的冷却散热片通风正常
12	每周	各电柜进气过滤网	清洗各电柜进气过滤网
13	半年	滚珠丝杠螺母副	清洗丝杠上旧的润滑油脂,涂上新的油脂,清洗螺母两端的防尘网
14	半年	液压油路	清洗溢流阀、减压阀、滤油器、油箱,更换或过滤液压油,注意加入油箱的新油必须经过过滤和去水分

序　号	检查周期	检查部位	检查要求
15	半年	主轴润滑恒温油箱	清洗过滤器,更换润滑油,检查主轴箱各润滑点是否正常供油
16	每年	检查并更换直流伺服电动机碳刷	从碳刷窝内取出碳刷,用酒精清除碳刷窝内和整流子上的碳粉,当发现整流子表面有被电弧烧伤痕迹时,抛光表面、去毛刺,检查碳刷表面和弹簧有无失去弹性,更换长度过短的碳刷,并抱合后才能正常使用
17	每年	润滑油泵、过滤器等	清理润滑油箱池底,清洗更换滤油器
18	不定期	各轴导轨上镶条,压紧滚轮,丝杠	按机床说明书的规定调整
19	不定期	冷却水箱	检查水箱液面高度,冷却液装置是否工作正常,冷却液是否变质,经常清洗过滤器,疏通防护罩和床身上各回水通道,必要时更换并清理水箱底部
20	不定期	排屑器	检查有无卡位现象
21	不定期	清理废油池	及时取走废油以免外溢,当发现油池中油量突然增多时,应检查液压管路中漏油点

【思考与练习】

一、选择题

1.计算机数控简称(　　)。

A. NC　　　　　　　　B. DNC　　　　　　　C. CNC　　　　　　　D. PNC

2.加工(　　)零件,宜采用数控加工设备。

A. 大批量　　　　　　　　　　　　B. 多品种小批量

C. 单件　　　　　　　　　　　　　D. 简单

3.世界上第一台数控机床是(　　)年研制出来的。

A. 1942　　　　　　B. 1948　　　　　　C. 1952　　　　　　D. 1959

4.(　　)是数控机床的核心。

A. 输入/输出装置　　B. 数控装置　　　　C. 伺服系统　　　　D. 机床本体

5.开环、闭环及半闭环数控机床的类型是按(　　)方式分类。

A. 工艺用途　　　　　　　　　　　B. 运动轨迹

C. 伺服系统控制方式　　　　　　　D. 功能水平

6.闭环控制系统的检测反馈装置是装在(　　)。

A. 传动丝杠上　　　B. 电动机轴上　　　C. 机床工作台上　　　D. 刀具上

7. 下列( )的精度最高。

A. 开环伺服系统 　　　　　　　B. 闭环伺服系统

C. 半闭环伺服系统 　　　　　　D. 闭环、半闭环系统

8. 按照机床运动的控制轨迹分类,加工中心属于( )。

A. 点位控制 　　　　　　　　　B. 直线控制

C. 轮廓控制 　　　　　　　　　D. 远程控制

二、判断题

1. 世界上生产的第一台数控机床是数控车床。　　　　　　　　　　( )

2. 数控机床最适合多品种小批量形状复杂的零件生产。　　　　　　( )

3. 半闭环、闭环数控机床带有检测反馈装置。　　　　　　　　　　( )

4. FMS 是柔性制造系统的缩写。　　　　　　　　　　　　　　　　( )

5. 数控机床伺服系统包括主轴伺服和进给伺服系统。　　　　　　　( )

6. 目前数控机床只有数控铣、数控磨、数控车、电加工等几种。　　( )

7. 数控机床工作时,数控装置发出的控制信号可直接驱动各轴的伺服电机。( )

8. 开机前,应检查机床各部分机构是否完好,各传动手柄、变速手柄位置是否正确。( )

9. 定期检查、清洗润滑系统,添加或更换油脂油液,使丝杠、导轨等运动部件保持良好的润滑状态,目的是降低机械的磨损。　　　　　　　　　　　　　　　　　( )

三、问答题

1. 什么是数控机床? 如何进行分类?

2. 数控机床由哪几部分组成? 各部分的作用是什么?

3. 数控机床具有哪些特点? 其应用场合有哪些?

◀ 任务2　数控编程基础 ▶

【知识目标】

(1)掌握数控编程的概念、过程和方法。

(2)掌握数控机床坐标系的确定方法。

(3)掌握华中世纪星数控系统加工程序的结构和常用编程指令的含义及用途。

【能力目标】

掌握数控机床坐标系的确定方法;了解数控编程基础知识及华中世纪星数控系统常用编程指令的含义及用途。

【任务引入】

本任务包括数控编程的基本概念、数控机床的坐标系和华中世纪星数控系统常用编程指令三部分内容。

【相关知识】

一、数控编程的基本概念

1. 数控编程的定义

所谓数控编程,是指把零件的图形尺寸、加工顺序、刀具运动轨迹的尺寸数据、工艺参数(主运动和进给运动速度、切削深度)以及辅助操作(换刀、主轴正反转、冷却液开关、刀具夹紧和松开等)加工信息,用规定的文字、数字、符号组成的代码,按照数控机床的编程格式和能识别的语言记录在程序单上的全过程;为了能实现加工还要将编写出来的程序制作成控制介质如穿孔纸带等传输到数控机床上,由数控装置读入后控制机床产生主运动和进给运动,从而加工出合格的产品。简单的说,从零件图样到制成控制介质的整个过程就称为数控编程。

编制数控加工程序是使用数控机床的一项重要技术工作,理想的数控程序不仅应该保证加工出符合零件图样要求的合格零件,还应该使数控机床的功能得到合理的应用与充分的发挥,使数控机床能安全、可靠、高效工作。

2. 数控程序编制的过程

数控程序编制主要包括以下几个过程。

1)分析零件图样

这项工作的内容包括:零件图样分析,明确加工的内容和要求;选择合适的数控机床。

2)确定工艺过程

选择或设计刀具和夹具,确定合理的走刀路线及选择合理的切削用量等。这一工作要求编程人员能够对零件图样的技术特性、几何形状、尺寸及工艺要求进行分析,并结合数控机床使用的基础知识,如数控机床的规格、性能、数控系统的功能等,确定加工方法和加工路线。

3)数值计算

在确定了工艺方案后,就需要根据零件的几何尺寸、加工路线等,计算刀具中心运动轨迹,以获得刀位数据。数控系统一般均具有直线插补与圆弧插补功能,加工由圆弧和直线组成的较简单的平面零件,只需要计算出零件轮廓上相邻几何元素交点或切点的坐标值,得出各几何元素的起点和终点、圆弧的圆心坐标值等,就能满足编程要求。当零件的几何形状与控制系统的插补功能不一致时,就需要进行较复杂的数值计算,一般需要使用计算机辅助计算,否则难以完成。

4)编写程序

在完成上述工艺处理及数值计算工作后,即可编写零件加工程序。程序编制人员使用数控系统的程序指令,按照规定的程序格式,逐段编写加工程序。程序编制人员应对数控机床的功能、程序指令及代码十分熟悉,才能编写出正确的加工程序。

5)制作控制介质,输入程序

将编写好的加工程序制作成控制介质如穿孔纸带等,由数控装置读入后就可控制数控机床的加工工作,也可通过键盘直接将程序输入数控机床。

6)程序调试和检验

一般在正式加工之前,要对程序进行检验。通常可采用机床空运转的方式,来检查机床动作和运动轨迹的正确性,以检验程序。在具有图形模拟显示功能的数控装置上,可通过显示走刀轨迹或模拟刀具对工件的切削过程进行检查,对程序进行检查。对于形状复杂和要求高的零件,也可采用铝件、塑料或石蜡等易切材料进行试切来检验程序。通过检查试件,不仅可确认程序是否正确,还可知道加工精度是否符合要求。若能采用与被加工零件材料相同的材料进行试切,则更能反映实际加工效果,当发现加工的零件不符合加工技术要求时,可修改程序或采取尺寸补偿等措施。也可采用数控仿真软件进行模拟加工,但要注意数控仿真软件的模拟结果并不一定是完全正确的,还是要在模拟成功后在机床上再重新进行校验一次。

3. 数控程序编制的方法

数控加工程序的编制方法主要有手工编程和自动编程两种。

1)手工编程

手工编程指主要由人工来完成数控编程中各个阶段的工作。手工编程流程图如图 1-11 所示。

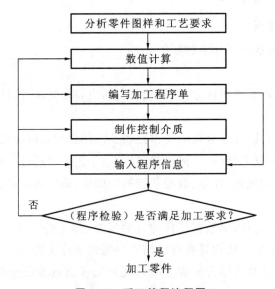

图 1-11　手工编程流程图

一般几何形状不太复杂的零件,所需的加工程序不多,计算比较简单,用手工编程比较合适。手工编程的特点:耗费时间较长,容易出现错误,无法胜任复杂形状零件的编程。据国外资料统计,当采用手工编程时,一段程序的编写时间与其在机床上运行加工的实际时间之比平均约为 30∶1,而数控机床不能开动的原因有 20%～30%是加工程序编制困难,编程时间较长。由于手工编程不需要配置专门的编程设备,不同文化程度的人均可以掌握和运用,因此在国内外,手工编程仍然是一种运用十分普遍的编程方法。

2)自动编程

自动编程是指在编程过程中,除了分析零件图样和制订工艺方案由人工进行外,其余工作均由计算机辅助完成。

采用计算机自动编程时,数学处理、编写程序、检验程序等工作是由计算机自动完成的,由于计算机可自动绘制出刀具中心运动轨迹,使编程人员可及时检查程序是否正确,需要时可及时修改,以获得正确的程序。又由于计算机自动编程代替程序编制人员完成了烦琐的数值计算,可几十倍乃至上百倍提高编程效率,因此解决了手工编程无法解决的许多复杂零件的编程难题。因而,自动编程特点就在于编程工作效率高,可解决复杂形状零件的编程难题。

根据输入方式,可将自动编程分为图形数控自动编程、语言数控自动编程和语音数控自动编程等类别。图形数控自动编程是指将零件的图形信息直接输入计算机,通过自动编程软件的处理,得到数控加工程序。目前,图形数控自动编程是使用最为广泛的自动编程方式。语言数控自动编程是指将加工零件的几何尺寸、工艺要求、切削参数及辅助信息等用数控语言编写成源程序后,输入到计算机中,再由计算机进一步处理得到零件加工程序。语音数控自动编程是指采用语音识别器,将编程人员发出的加工指令声音转变为加工程序。

国内外图形交互自动编程软件很多,流行的集成 CAD/CAM(computer aided design/computer aided manufacturing)系统大都具有图形自动编程功能。以下是目前市面上流行的几种 CAD/CAM 系统软件。

(1)Pro/Engineer(简称 Pro/E)软件:美国 PTC 公司开发的机械设计自动化软件,也是最早实现参数化技术商品化的软件,在全球拥有广泛影响,在我国也是使用非常广泛的 CAD/CAM 软件之一。

(2)UG 软件:美国 EDS 公司的产品,多年来,该软件汇集了美国航空航天,以及汽车工业丰富的设计经验,发展成为一个世界一流的集成化 CAD/CAE/CAM 系统,在世界各国都占有重要的市场份额。

(3)SolidWorks 软件:SolidWorks 公司的 CAD/CAM 系统,从一开始就是面向微型计算机系统,并基于窗口风格设计的,同时它采用著名的 Parasolid 为造型引擎,因此该系统的性能卓越,主要功能几乎可以和上述大型 CAD/CAM 系统相媲美。

(4)Mastercam 软件:美国 CNC Software NC 公司研制开发的一套 PC 级套装软件,可以在一般的计算机上运行。它既可以设计绘制所要加工的零件,也可以产生加工这个零件的数控程序,还可以将 AutoCAD、CADKEY、SolidWorks 等软件绘制的图形调入到 Mastercam 软件中进行数控编程,该软件简单实用。

(5)国内市场信誉较好的 CAD/CAM 软件有北航海尔软件有限公司开发的 CAXA 数控车、CAXA 制造工程师等软件。

二、数控机床的坐标系

1. 坐标系的定义

数控机床是靠数字化的信息去控制机床可动部件移动来加工零件的,要想实现控制机床刀具或工作台移动到某一具体位置,就必须将零件放置在一个空间的坐标区域内,让此空间所有的位置都存在一个固定的坐标值。如图 1-12 所示的数控车床和铣床零件,只有将零件放置在坐标系中,零件上各个轨迹点才能有坐标值。当数控机床发出指令坐标时,刀具和工作台才能依次移动到各个轨迹坐标点位置,整个加工过程才能顺利完成。目前,国际上通用的数控机床坐标系是右手笛卡儿坐标系,如图 1-13 所示。

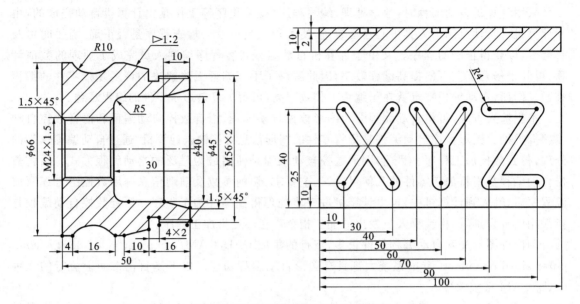

图 1-12　数控车床零件和数控铣床零件

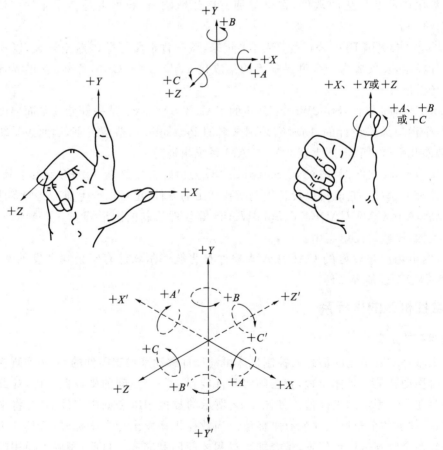

图 1-13　数控机床的坐标系

数控机床坐标系的命名如表 1-4 所示。

表 1-4　数控机床坐标系的命名

名　　称	指 令 字	含　　义	备　　注
直线进给坐标	X、Y、Z	工件不动,刀具移动数控机床的三个直线运动坐标轴	其相互关系用右手定则确定,即伸出右手,大拇指指向 X 轴,食指指向 Y 轴,中指指向 Z 轴。三轴相互之间是垂直的,交点为坐标原点
圆周进给坐标	A、B、C	工件不动,刀具移动数控机床的三个圆周运动坐标轴	其正方向用右手螺旋定则确定,即伸出右手,大拇指指向 X 轴,四指弯曲的方向就是 A 轴的正方向。大拇指指向 Y 轴,四指弯曲的方向就是 B 轴的正方向。大拇指指向 Z 轴,四指弯曲的方向就是 C 轴的正方向
相对直线运动坐标	X′、Y′、Z′	刀具不动,工件移动数控机床的三个直线运动坐标轴	X′=−X;Y′=−Y;Z′=−Z
相对圆周进给坐标	A′、B′、C′	刀具不动,工件移动数控机床的三个圆周运动坐标轴	A′=−A;B′=−B;C′=−C
附加坐标 1	U、V、W P、Q、R ……	机床在一个方向上存在多个部件可以移动时,在这个方向上要加上附加坐标轴	对应关系:U—P—X V—Q—Y W—R—Z

编程规则:编程人员编写程序时,均采用工件不动,刀具相对运动的原则编程,不必考虑数控机床的实际运动形式。

坐标轴方向规定:国际标准统一规定,以增大工件与刀具之间距离的方向(即增大工件尺寸的方向)为坐标轴的正方向。

2. 坐标系的确定方法

确定数控机床的坐标系应首先确定坐标轴,然后再确定其正方向。确定坐标轴应按照先 Z 轴,后 X 轴,再 Y 轴,最后确定附加坐标轴和圆周运动坐标轴的顺序来进行。

1)Z 轴

提供主要切削动力的轴为主运动轴,而主运动轴通常被设置为 Z 轴。当存在多个主轴时,垂直工件装夹平面的为主轴,平行于该轴方向的为 Z 轴;当无主轴时,垂直于工件装夹平面的方向为 Z 轴;刀具远离工件的方向为 Z 轴正方向。

2)X 轴

若主轴(Z 轴)是带工件旋转的机床如车床,则 X 轴分布在径向,平行于横向滑座,刀具远离主轴中心线的方向为正向。

若主轴(Z轴)带刀具旋转的机床,如铣床、钻床、镗床,X轴是水平的,平行于工件的装夹平面。对于立式机床即主轴垂直布置,由主轴向立柱看,X轴的正方向指向右;对于卧式机床,即主轴水平布置,面对立柱看,X轴的正方向指向左,如图1-14所示立式数控机床和卧式数控机床的坐标系。

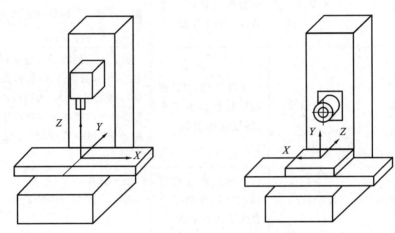

图1-14 立式数控机床和卧式数控机床的坐标系

3)Y轴

根据右手定则判断Y轴的正方向。

4)圆周进给坐标轴A、B、C

根据右手螺旋定则判断A、B、C三个圆周进给坐标轴的正方向。

5)附加坐标轴

机床在平行于X、Y、Z三个方向上还存在运动时,可定义为U、V、W和P、Q、R等附加坐标轴。

当机床除了A、B、C三个圆周进给坐标轴外还有其他回转坐标轴时,可定义为D、E等轴。

图1-15至图1-20所示为各类数控机床的坐标系。

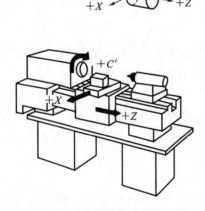

图1-15 卧式数控车床的坐标系

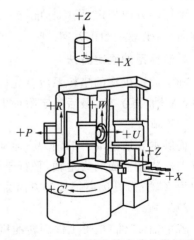

图1-16 立式双柱数控车床的坐标系

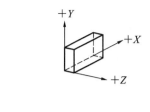

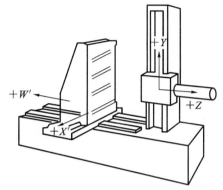

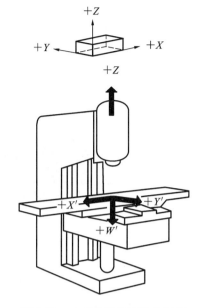

图 1-17　卧式数控镗床的坐标系　　　　图 1-18　立式数控铣床的坐标系

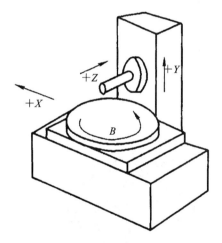

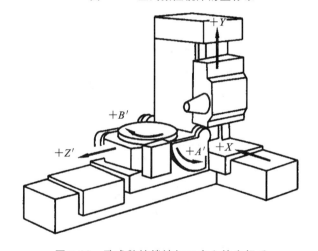

图 1-19　卧式数控铣床的坐标系　　　　图 1-20　卧式数控镗铣加工中心的坐标系

3. 机床坐标系和工件坐标系

机床坐标系是机床固有的坐标系,机床坐标系的原点也称为机床原点或机床零点。在机床经过设计制造和调整后,这个原点便被确定下来,它是固定的点。当数控装置通电时,系统并不知道机床零点在什么位置,每个坐标轴的机械行程是由最大和最小限位开关来限定的。

工件坐标系是编程人员编写程序时,根据图样上尺寸标注特点和机床实际装夹情况自己设定的一个坐标系,其坐标系原点称为工件坐标系原点。程序中的点坐标都是在工件坐标系下的坐标值,如图 1-21 所示的数控立式铣床的机床坐标系原点和工件坐标系原点。

工件坐标系原点选择要尽量满足编程简单、尺寸换算少、引起的加工误差小等条件,一般情况下以坐标式尺寸标注的零件,编程原点应选在尺寸标注的基准点;对称零件或以同心圆为主的零件,编程原点应选在对称中心线或圆心上;Z 轴的程序原点通常选在工件的上表面。车床

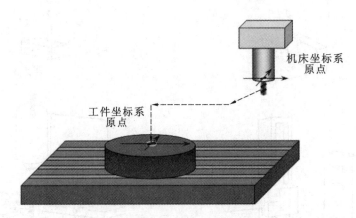

图 1-21　数控立式铣床的机床坐标系原点和工件坐标系原点

工件一般选右端面圆心为工件坐标系的原点,铣床工件一般选上表面中心点为工件原点。

　　在图 1-21 中,由于右端面和中心线是尺寸标注的基准,数控车床零件的工件原点应选取在工件右端面的中心处;而数控铣床零件的工件原点应选取在上表面左下角点,这是因为左端面和下端面是水平面内的两个尺寸标注基准,上表面是厚度方向的标注基准。如图 1-22 所示的数控加工中心零件,其工件原点应确定在工件上表面中心点处。

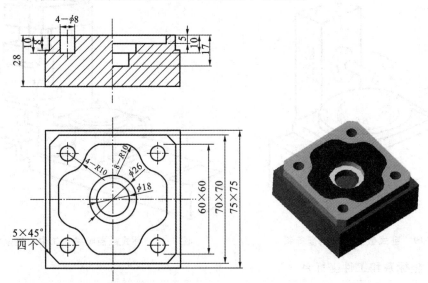

图 1-22　数控加工中心零件的工件原点

　　注意:因为数控装置发出的坐标指令都是机床坐标系下坐标指令,而机床坐标系与工件坐标系位置不同,如图 1-23 所示。所以必须将工件坐标系与机床坐标系联系起来,即将工件原点与机床原点在 X、Y、Z 三个方向的偏置量输入到数控系统,这个过程就称为对刀。对刀完成后,系统在执行坐标指令时就会自动将程序单中的坐标(工件坐标系坐标)加上对刀数据(X、Y、Z 三个方向的偏置量)得到机床坐标系值,从而控制机床的运动轨迹。

　　4. 机床参考点、刀位点和换刀点

　　机床参考点是机床上已知的确定的点。为了在机床工作时正确地建立机床坐标系,通常在

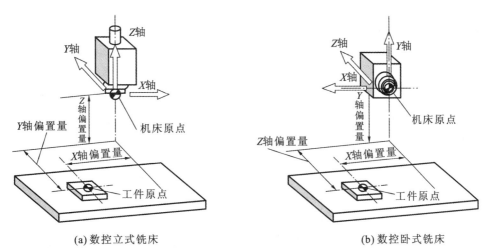

(a) 数控立式铣床   (b) 数控卧式铣床

图 1-23　机床坐标系和工件坐标系的位置

每个坐标轴的移动范围内设置一个机床参考点作为测量起点,机床启动时通常要进行机动或手动回参考点以建立机床坐标系。机床参考点可以与机床零点重合也可以不重合,通过参数指定机床参考点到机床零点的距离。机床回到了参考点位置也就知道了该坐标轴的零点位置,找到所有坐标轴的参考点之后,CNC 就建立了机床坐标系。

刀位点是反映几何形状的点,编程时是以刀位点位基准来确定轨迹坐标的。

换刀点是数控车床、加工中心及其他可实现自动换刀功能的机床在执行换刀指令前刀具移动到的位置点,也就是说原刀具只有先移动到一个安全的换刀点位置时,才能执行换刀指令。因此换刀点的选择要确保当执行换刀指令时机床不会发生机械冲撞事故。

如图 1-24 所示的机床原点、工件原点、机床参考点、换刀点和刀位点。

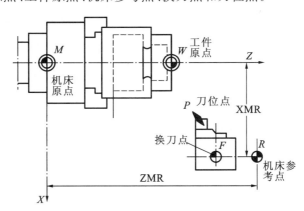

图 1-24　数控机床的机床原点、工件原点、机床参考点、换刀点和刀位点

三、华中世纪星数控系统常用编程指令

1. 数控加工程序的结构

每一个程序都是由程序名、程序内容和程序结束三部分组成,如图 1-25 所示。

```
%2012(程序名)
N01 G00 G40 G95 G97 M03 S500 F0.2 T0101；
N05 X58 Z2；
N10 G71 U3 R0.2 P15 Q45 X0.1 Z0.03；
N15 G01 X0；
N20 Z0；
N25 X20；                                    程序内容
N30 G02 X48 Z-14 R14；
N35 W-14；
N40 X56；
N45 W-10；
N50 G28 U0 W0；
N55 M30(程序结束)
```

图 1-25 数控加工程序的结构

由图 1-25 可知:程序是由多个程序段构成的,一个程序段由程序段号和若干个指令字组成,一个指令字由若干地址符和数字组成,各程序段用程序段结束符号";"分隔开。不同的指令字及其后续数值确定了每个指令字的含义,如表 1-5 所示。

表 1-5 指令字符一览表

机 能	地 址	意 义
程序文件名	O	每个程序不光有程序名,在输入到数控装置后还要为此程序单独建立一个文件,文件名就是以字母"O"开头后面加四位数字或字母
零件程序号	％	程序编号:％1 至 ％4294967295
程序段号	N	程序段编号:N0 至 N4294967295
准备机能	G	指令动作方式(直线、圆弧等)G00 至 G99
尺寸字	X、Y、Z A、B、C U、V、W	坐标轴的移动命令±99999.999
	R	圆弧的半径,固定循环的参数
	I、J、K	圆心相对于起点的坐标,固定循环的参数
进给速度	F	进给速度的指定(F0 至 F24000)
主轴机能	S	主轴旋转速度的指定(S0 至 S9999)
刀具机能	T	刀具编号的指定(T0 至 T99)
辅助机能	M	机床侧开/关控制的指定(M0 至 M99)

机 能	地 址	意 义
补偿号	D	刀具半径补偿号的指定(00 至 99)
暂停	P、X	暂停时间的指定,单位为秒
程序号的指定	P	子程序号的指定(P1 至 P4294967295)
重复次数	L	子程序的重复次数,固定循环的重复次数
参数	P、Q、R、U、W、I、K、C、A	车削复合循环参数
倒角控制	C、R	

1)程序名

在数控系统中,系统的存储器里可以存储多个程序。为了把这些程序相互区别开,在程序的开头,用地址"%"(华中数控系统)及后续 4~8 位数字构成的程序名,而其他系统有的采用"O"(FANUC 系统)及后续 4~8 位数字构成程序名。

2)程序内容

程序内容部分是整个程序的核心,它由许多程序段组成,每个程序段由一个或多个指令构成,它表示数控机床要完成的全部动作,程序段格式如图 1-26 所示。

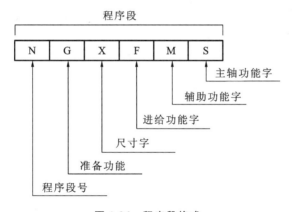

图 1-26　程序段格式

3)程序结束

程序结束的指令字是 M30 或 M02。在执行程序过程中,如果检测出程序结束代码 M30 或 M02,则系统结束执行程序,变成复位状态。

综上所述,控制数控机床完成零件加工的指令系列的集合称为程序。数控程序的编写顺序就是机床动作的工艺过程。数控机床就是按着指令的要求使刀具沿着直线、圆弧运动,或使主轴运动、停转,编程就是根据机床的实际运动顺序书写这些指令。

注意:在编写程序时,程序段段号和程序段结束符号,即"N××××"和";"是可以省略的,相邻两个指令字之间可以加空格也可以不加空格。现代编程采用的都是字地址程序段编程格式,也就是说程序段的长度、字数和字长都是可变的,字的顺序没有严格要求,只有便于阅读等习惯要求。这使得程序的可读性强,易于检验和修改。

2. 常用编程指令

数控机床是靠依次执行程序单中的指令来使机床产生运动来加工零件的。也就是说,程序单是描述整个零件加工工艺过程的指令合集。编程指令也称为工艺指令。根据各种工艺指令的功能,我们把常用的编程指令分为三类:准备性工艺 G 指令,辅助性工艺 M 指令,切削要素工艺 F、S、T 指令。

编程指令又称为编程代码,数控系统不同时,编程代码的功能会有所不同,编程时需参考机床制造厂的编程说明书。但编程的方法都是万变不离其宗的,所以本课程的学习重点应放在编程的方法的学习和运用上。

1)准备性工艺 G 指令

准备功能 G 代码又称为 G 功能或 G 指令,是用于建立机床或控制系统工作方式的一种指令,是在数控系统插补运算之前需要预先规定,为插补运算做好准备的工艺指令,如:坐标平面选择、走直线等插补方式的指定,孔加工等固定循环功能的指定等。G 代码以地址 G 后跟两位数字组成,常用的有 G00 至 G99,如表 1-6 所示。

表 1-6　准备性工艺指令

G 代 码	组	功　　能	参数(后续地址字)
G00	01	快速定位	X、Z
▶G01		直线插补	同上
G02		顺圆插补	X、Z、I、K、R
G03		逆圆插补	同上
G04	00	暂停	P
G20	08	英寸输入	
▶G21		毫米输入	
G28	00	返回刀参考点	X、Z
G29		由参考点返回	同上
G32	01	螺纹切削	X、Z、R、E、P、F
▶G36	17	直径编程	
G37		半径编程	
▶G40	09	刀尖半径补偿取消	
G41		左刀补	D
G42		右刀补	同上
G54	11	坐标系选择	
G55			
G56			
G57			
G58			
G59			

G 代码	组	功 能	参数(后续地址字)
G71		外径/内径车削复合循环	U、R、P、Q、X、Z
G72		端面车削复合循环	
G73		闭环车削复合循环	
G76	06	螺纹切削复合循环	
G80		外径/内径车削固定循环	X、Z、I、K、C、P
G81		端面车削固定循环	R、E
G82		螺纹切削固定循环	
▶G90	13	绝对编程	
G91		相对编程	
G92	00	工件坐标系设定	X、Z
▶G94	14	每分钟进给	F
G95		每转进给	
▶G96	16	恒线速度切削	S
G97		恒转速	

注:①00 组中的 G 代码是非模态的,其他组的 G 代码是模态的;

②▶标记为机床初始开机时的默认状态;

③模态代码表示该代码在一个程序段中被使用后就一直有效,直到出现同组中的其他任一代码后才失效;同一组的模态代码不能在同一程序段中出现,否则只有最后的代码有效;非同一组的 G 代码可以在同一程序段中出现。非模态代码只有在该代码的程序段中有效。

例如:

N0001　G00　G17　X—　Y—　M03　M08;

N0002　G01　G42　X—　Y—　F—;

N0003　X—　Y—;

N0004　G02　X—　Y—　I—　J—;

N0005　X—　Y—　I—　J—;

N0006　G01　X—　Y—;

N0007　G00　G40　X—　Y—　M05　M09;

2)辅助性工艺 M 指令

辅助功能代码也称 M 功能、M 指令或 M 代码。它是控制机床辅助动作的指令,主要用作机床加工时的工艺指令,如主轴的开、停、正反转,切削液的开、关,运动部件的夹紧与松开等。M 代码由地址码 M 和两位数字组成。从 M00 至 M99 共有 100 种,如表 1-7 所示。

表 1-7　M 代码及功能

代 码	模 态	功能说明	代 码	模 态	功能说明
M00	非模态	程序停止	M03	模态	主轴正转启动

代 码	模 态	功能说明	代 码	模 态		功能说明
M02	非模态	程序结束	M04	模态		主轴反转启动
M30	非模态	程序结束并返回程序起点	M05	模态	▶	主轴停止转动
			M07	模态		切削液打开
M98	非模态	调用子程序	M08	模态		切削液打开
M99	非模态	子程序结束	M09	模态	▶	切削液停止

以下为常用 M 代码的功能。

M00——程序停止。在完成该程序段的其他指令后,用于停止主轴转动、进给和冷却液,以便执行某一固定的手动操作。固定操作完成后,重按"启动"按钮,便可以继续执行下一段程序段。

M01——计划(任选)停止。其功能与 M00 的相同。但只有当机床操作面板上的"任意停止"按钮按下时,M01 才有效。

M02——程序结束。它必须出现在程序的最后一个程序段中。

M03、M04、M05——分别是主轴正转、反转、停止。

M07、M08、M09——分别是 2 号及 1 号切削液开,切削液关。

M30——程序结束并返回程序头。它不能和 M02 出现在同一个程序中。

3)切削要素工艺 F、S、T 指令

(1)进给功能 F 指令。F 指令为进给功能指令,表示工件被加工时刀具相对于工件的合成进给速度,其后的数值表示进给速度或进给量。F 的单位取决于 G94[刀具或工作台移动速度,单位为毫米/分(mm/min)]或 G95[主轴每转一转刀具的进给量,单位为毫米/转(mm/r)]。如:G94 F600 表示进给速度为 600 mm/min;而 G95 F0.2 则表示进给量为 0.2 mm/r,通常使用的是 G95 进给量单位。

使用式(1-1)可以实现每转进给量与每分钟进给量的转化。

$$f_m = f_r n \tag{1-1}$$

式中:f_m 为每分钟的进给量(mm/min);f_r 为每转进给量(mm/r);n 为主轴转速(r/min)。

注意:借助机床控制面板上的倍率按钮,可在一定范围内进行倍率修调。

(2)主轴功能 S 指令。S 指令为主轴功能指令,表示主轴的转动速度或工件切削点处的线速度,其后的数值表示主轴转速或切削恒线速度。S 的单位取决于 G96[恒线速度,是指每分钟主轴线速度(mm/min)]或 G97[主轴转速(r/min)]。如 G96 S500 表示主轴恒线速度为 500 mm/min;而 G97 S600 表示主轴转速为 600 r/min,通常使用的是 G97 主轴转速单位。

使用式(1-2)可以实现恒线速度与转速的转化。

$$v = \pi D n \tag{1-2}$$

式中:v 为主轴恒线速度(mm/min);D 为工件直径(mm);n 为主轴转速(r/min)。

注意:由式(1-2)可知,若 v 不变,当工件直径变小时,主轴转速将加快。因此,当切削端面时,直径趋近于零,此时主轴转速将趋近于无限快,容易引起飞车现象。S 编程的主轴转速可以借助机床控制面板上的主轴倍率开关进行修调。

（3）刀具功能T指令。T代码用于选刀,其后的四位数字分别表示选择的刀具号和刀具补偿号,如T0101表示选取01号刀具,调用01号刀具补偿值。对于华中数控车床,选择刀具时采用T后跟四位数字来表示换几号刀和调用几号刀具补偿值;而对于华中数控铣床和加工中心,选择刀具时采用T后跟两位数字来表示换几号刀和调用几号刀具补偿值,如T02表示选取02号刀具,调用02号刀具补偿值。T代码与刀具的关系是由机床制造厂规定的,请参考机床厂家的说明书。执行T指令时,机床转动转塔刀架,选用指定的刀具。

注意:当一个程序段同时包含T代码与刀具移动指令时,先执行T代码指令,而后执行刀具移动指令。T指令同时调入刀补寄存器中的补偿值。

F、S、T指令都是模态指令,一般在程序开头就要定义F、S、T指令。

【思考与练习】

一、选择题

1.一般取产生切削力的主轴轴线为（   ）。

A. X 轴   B. Y 轴   C. Z 轴   D. A 轴

2.数控机床的旋转轴之一 B 轴是绕（   ）旋转的轴。

A. X 轴   B. Y 轴   C. Z 轴   D. W 轴

3.数控机床坐标轴确定的步骤为（   ）。

A. $X \to Y \to Z$ B. $X \to Z \to Y$

C. $Z \to X \to Y$ D. $Z \to Y \to X$

4.根据ISO标准,数控机床在编程时采用（   ）规则。

A. 刀具相对静止,工件运动   B. 工件相对静止,刀具运动

C. 按实际运动情况确定   D. 按坐标系确定

5.确定机床 X 轴、Y 轴、Z 轴坐标时,规定平行于机床主轴的刀具运动坐标为（   ）,取刀具远离工件的方向为（   ）方向。

A. X 轴;正   B. Y 轴;正

C. Z 轴;正   D. Z 轴;负

6.以下指令中,（   ）是辅助功能指令。

A. M03   B. G90   C. X25   D. S700

7.主轴逆时针方向旋转的指令是（   ）。

A. G03   B. M04   C. M05   D. M06

8.程序结束并复位的指令是（   ）。

A. M02   B. M30   C. M17   D. M00

9.辅助功能指令M00的作用是（   ）。

A. 条件停止   B. 无条件停止

C. 程序结束   D. 单程序段

10.下列指令中,属于非模态的G功能指令是（   ）。

A. G03   B. G04   C. G17   D. G40

11. 辅助功能指令 M01 的作用是(　　)。

A. 有条件停止　　　　　　　　　　B. 无条件停止

C. 程序结束　　　　　　　　　　　D. 程序段

12. 程序中的"字"由(　　)组成。

A. 地址符和程序段　　　　　　　　B. 程序号和程序段

C. 地址符和数字　　　　　　　　　D. 字母"N"和数字

13. 只在本程序段有效,下一程序段需要时必须重写的指令称为(　　)。

A. 模态指令　　　　　　　　　　　B. 续效指令

C. 非模态指令　　　　　　　　　　D. 准备功能指令

14. 用于主轴旋转速度控制的指令是(　　)。

A. T　　　　　　B. G　　　　　　C. S　　　　　　D. H

15. 下列指令属于准备功能字的是(　　)。

A. G01　　　　　B. M08　　　　　C. T01　　　　　D. S500

二、判断题

1. 地址符 N 与 L 的作用是一样的,都表示程序段。　　　　　　　　(　　)

2. 在编制加工程序时,程序段号可以不写。　　　　　　　　　　　(　　)

3. 主轴的正反转控制是辅助功能。　　　　　　　　　　　　　　　(　　)

4. 数控机床的进给速度指令为 G 指令。　　　　　　　　　　　　(　　)

5. 数控机床采用的是笛卡儿坐标系,各轴的方向是用右手来判定的。　(　　)

三、问答题

1. 什么是数控编程? 简述其过程和方法。

2. 如何确定数控机床坐标系?

3. 程序由几部分组成? 模态和非模态指令有何区别?

4. 什么是机床坐标系和工件坐标系? 两者的区别是什么?

项目 2
数控车床编程与操作

　　通过学习本项目,读者能够了解数控车床加工的工艺设计,掌握数控车床编程的基础知识,掌握数控车床常用指令的格式并能灵活应用,掌握使用数控仿真软件对程序进行检验并模拟加工零件。

◀ 任务 1　销轴的数控加工 ▶

【知识目标】

(1)了解车削加工工艺分析的内容与方法。

(2)掌握数控车床的编程特点、工件坐标系的建立方法。

(3)掌握数控车床编程的标准格式。

(4)掌握数控车床编程指令(G90、G91、G94、G95、G96、G97、G00、G01、G02、G03 指令)。

(5)掌握简单轴类零件的数控加工程序。

(6)掌握宇龙数控车床仿真软件的操作方法。

【能力目标】

通过学习销轴的数控加工工艺设计、编程与加工,具备编制外圆柱、锥面、圆弧面、台阶等数控加工程序的能力。

【任务引入】

如图 2-1 所示的销轴零件,给定 $\phi42$ mm×110 mm 的棒料,材料为铝,要求分析零件的加工工艺、填写工艺文件、编写零件的加工程序,并进行仿真加工。

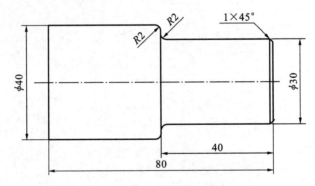

图 2-1　销轴零件图

数控车削适合于加工精度和表面粗糙度要求较高、轮廓形状复杂或难以控制尺寸、带特殊螺纹的回转体零件。本任务是加工一个较为简单的轴类零件,由于数控车床加工受零件加工程序的控制,因此在数控车床或车削加工中心上加工零件时,首先要根据零件图制订合理的工艺方案,然后才能进行编程、实际加工及零件测量检验。

【相关知识】

一、数控车削加工工艺分析

数控车床是目前使用较广泛的数控机床之一。数控车床主要用于加工轴类、套类等回转体零件。通过数控加工程序的运行,可自动完成内外圆柱面、圆锥面、成形表面、螺纹和端面等工序的切削加工,并能进行车槽、钻孔、扩孔、铰孔等工作。工艺分析是数控车削加工的前期工艺准备工作。工艺制订得合理与否,影响程序编制、机床的加工效率和零件的加工精度。因此,应遵循一般的工艺原则并结合数控车床的特点,认真而详细地制订零件的数控加工工艺。

1. 刀具选择

数控车床常用的刀具如图 2-2 所示。数控车床能兼作粗、精车削。为使粗车能大吃刀、大走刀,要求粗车刀具强度高、耐用度高;精车首先是保证加工精度,所以要求刀具的精度高、耐用度高。为减少换刀时间和方便对刀,应尽可能使用机夹刀和机夹刀片。由于机夹刀在数控车床上安装时,一般不采用垫片调整刀尖高度,刀尖高的精度在制造时就应得到保证。对于长径比较大的内径刀杆,应具有良好的抗震结构。

(a) 外圆车刀

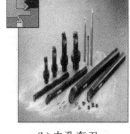

(b) 内孔车刀

(c) 螺纹车刀

(d) 切断(槽)车刀

图 2-2　车削刀具

车床主要用于回转表面的加工,如内外圆柱面、圆锥面、圆弧面、螺纹等切削加工。图 2-3 所示为常用车刀的种类、形状和用途。

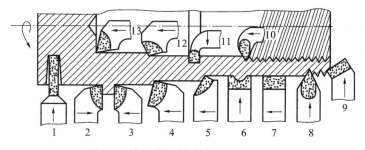

图 2-3　常用车刀的种类、形状和用途

1—切断刀;2—90°左偏刀;3—90°右偏刀;4—弯头车刀;5—直头车刀;6—成形车刀;7—宽刃精车刀;
8—外螺纹车刀;9—端面车刀;10—内螺纹车刀;11—内槽车刀;12—通孔车刀;13—盲孔车刀

2. 刀位点、对刀点、换刀点

1) 刀位点

刀位点是指刀具的定位基准点。在进行数控加工编程时,往往是将整个刀具浓缩视为一个点,那就是"刀位点"。它是在刀具上用于表现刀具位置的参照点。一般来说,立车刀、端车刀的刀位点是刀具轴线与刀具底面的交点;圆弧形车刀的刀位点为圆弧中心,常用车刀的刀位点如图 2-4 所示。其中图 2-4(a)是 90°偏刀,图 2-4(b)是螺纹车刀,图 2-4(c)是切断刀,图 2-4(d)是圆弧车刀。

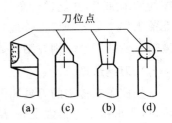

图 2-4　车刀的刀位点

前置刀架和后置刀架刀位点的情况如图 2-5 所示。

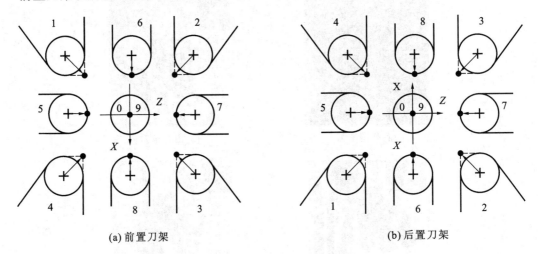

(a) 前置刀架　　　　　　　　(b) 后置刀架

图 2-5　刀位点情况

● 代表刀具刀位点 *A*,＋代表刀尖圆弧圆心 *O*

2) 对刀点

对刀点是指通过对刀确定刀具与工件相对位置的基准点。对于数控机床来说,在加工开始时,确定刀具与工件的相对位置是很重要的,这一相对位置是通过确认对刀点来实现的。对刀点可以设置在被加工零件上,也可以设置在夹具上与零件定位基准有一定尺寸联系的某一位置,对刀点往往就选择在零件的加工原点。对刀点的选择原则如下。

(1)所选的对刀点应使程序编制简单。

(2)对刀点应选择在容易找正、便于确定零件加工原点的位置。

(3)对刀点应选在加工时检验方便、可靠的位置。

(4)对刀点的选择应有利于提高加工精度。

3) 换刀点

换刀点是指刀架转位换刀时的位置。换刀点可以是某一固定点(如加工中心,其换刀机械手的位置是固定的),也可以是任意的一点(如数控车床)。为防止换刀时碰伤零件及其他部件,换刀点常常设置在被加工零件或夹具的轮廓之外,并留有一定的安全量。

3. 加工路线

加工路线的确定首先必须保证被加工零件的尺寸精度和表面质量,其次考虑数值计算简单、走刀路线尽量短、效率较高等方面。因精加工的进给路线基本上都是沿其零件轮廓顺序进行的,因此确定进给路线的工作重点是确定粗加工及空行程的进给路线。

1)轴套类零件

安排走刀的原则是轴向走刀、径向进刀,这样可以减少走刀次数。轴套类零件循环切除余量如图 2-6 所示。

2)盘类零件

安排走刀路线的原则是径向走刀、轴向进刀,与轴套类零件的走刀方向相反。盘类零件循环切除余量如图 2-7 所示。

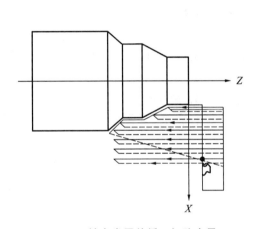

图 2-6　轴套类零件循环切除余量

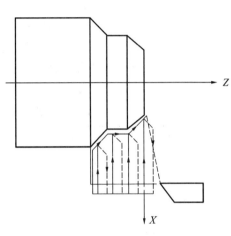

图 2-7　盘类零件循环切除余量

3)铸锻类零件

铸锻件毛坯形状与加工零件形状相似,留有较均匀的加工余量。循环去除余量的方式是刀具轨迹按工件轮廓线运动,逐渐逼近图样尺寸。这种方法实质上是采用轮廓仿形车削的方式。铸锻件毛坯零件循环切除余量如图 2-8 所示。

4. 切削用量

切削用量(a_p、f、v_c)选择是否合理,对于能否充分发挥机床潜力与刀具切削性能,实现优质、高产、低成本和安全操作具有很重要的作用。粗车时,首先考虑选择一个尽可能大的背吃刀量 a_p,其次根据机床动力和刚度的限制条件选择一个较大的进给量 f,最后根据刀具耐用度要求确定一个合适的切削速度 v_c。增大背吃刀量 a_p 可使走刀次数减少,增大进给量 f 有利于断屑,因此根据以上原则选择粗车切削用量对提高生产效率,减少刀具消耗,降低加工成本是有利的。精车时,加工精度和表面粗糙度要求较高,加工余量不大且较均匀,因此选择精车切削用量时,应着重考虑如何保证加工质量,并在此基础上尽量提高生产率。

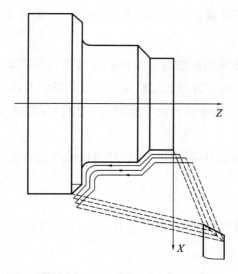

图 2-8 铸锻件毛坯零件循环切除余量

1)进给量

表 2-1、表 2-2 分别为硬质合金车刀粗车外圆及端面的进给量和按表面粗糙度选择进给量的参考值,供参考选用。

表 2-1 硬质合金车刀粗车外圆及端面的进给量

工件材料	车刀刀杆尺寸(BH)/mm	工件直径 d/mm	背吃刀量 a_p/mm				
			≤3	3~5	5~8	8~12	>12
碳素结构钢、合金结构钢及耐热钢	16×25	20	0.3~0.4	—	—	—	—
		40	0.4~0.5	0.3~0.4	—	—	—
		60	0.5~0.7	0.4~0.6	0.3~0.5	—	—
		100	0.6~0.9	0.5~0.7	0.5~0.6	0.4~0.5	—
		400	0.8~1.2	0.7~1.0	0.6~0.8	0.5~0.6	—
	20×30 25×25	20	0.3~0.4	—	—	—	—
		40	0.4~0.5	0.3~0.4	—	—	—
		60	0.5~0.7	0.5~0.7	0.4~0.6	—	—
		100	0.8~1.0	0.7~0.9	0.5~0.7	0.4~0.7	—
		400	1.2~1.4	1.0~1.2	0.8~1.0	0.6~0.9	0.4~0.6
铸铁及铜合金	16×25	40	0.4~0.5	—	—	—	—
		60	0.5~0.8	0.5~0.8	0.4~0.6	—	—
		100	0.8~1.2	0.7~1.0	0.6~0.8	0.5~0.7	—
		400	1.0~1.4	1.0~1.2	0.8~1.0	0.6~0.8	—

工件材料	车刀刀杆尺寸 (BH)/mm	工件直径 d/mm	背吃刀量 a_p/mm				
			≤3	3～5	5～8	8～12	>12
	20×30 25×25	40	0.4～0.5	—	—	—	—
		60	0.5～0.9	0.5～0.8	0.4～0.7	—	—
		100	0.9～1.3	0.8～1.2	0.7～1.0	0.5～0.8	—
		400	1.2～1.8	1.2～1.6	1.0～1.3	0.9～1.1	0.7～0.9

注：①加工断续表面及有冲击的工件时，表内进给量应乘系数 k 的取值范围为 $0.75～0.85$；

②在无外皮加工时，表内进给量应乘系数 $k=1.1$；

③加工耐热钢及其合金时，进给量不大于 1 mm/r；

④加工淬硬钢时，进给量应减少。当钢的硬度为 44～56 HRC 时，乘系数 $k=0.8$；当钢的硬度为 57～62 HRC 时，乘系数 $k=0.5$。

表 2-2　按表面粗糙度选择进给量的参考值

工件材料	表面粗糙度 Ra/μm	切削速度范围 v_c/(m/min)	刀尖圆弧半径 r/mm		
			0.5	1.0	2.0
			进给量 f/(mm/r)		
铸铁、青铜、铝合金	5～10	不限	0.25～0.40	0.40～0.50	0.50～0.60
	2.5～5		0.15～0.25	0.25～0.40	0.40～0.60
	1.25～2.5		0.10～0.15	0.15～0.20	0.20～0.35
碳钢及合金钢	5～10	<50	0.30～0.50	0.45～0.60	0.55～0.70
		>50	0.40～0.55	0.55～0.65	0.65～0.70
	2.5～5	<50	0.18～0.25	0.25～0.30	0.30～0.40
		>50	0.25～0.30	0.30～0.35	0.30～0.50
	1.25～2.5	<50	0.10	0.11～0.15	0.15～0.22
		50～100	0.11～0.16	0.16～0.25	0.25～0.35
		>100	0.16～0.20	0.20～0.25	0.25～0.35

注：①$r=0.5$ mm，用于 12 mm×12 mm 以下刀杆；

②$r=1.0$ mm，用于 30 mm×30 mm 以下刀杆；

③$r=2.0$ mm，用于 30 mm×45 mm 及以上刀杆。

2）主轴转速

主轴转速的确定应根据零件上被加工部位的直径，并按零件和刀具的材料及加工性质等条件所允许的切削速度来确定。在实际生产中，主轴转速可用式(2-1)计算：

$$n=1\,000v_c/(\pi d) \tag{2-1}$$

式中:n 为主轴转速(r/min);v_c 为切削速度(m/min);d 为零件待加工表面的直径(mm)。

在确定主轴转速时,首先需要确定切削速度,而切削速度又与背吃刀量和进给量有关。具体选择时,可参考表 2-3。

表 2-3　车削外圆的切削速度参考表

零件材料	刀具材料	a_p/mm			
		0.38～0.13	2.40～0.38	4.70～2.40	9.50～4.70
		f/(mm/r)			
		0.13～0.05	0.38～0.13	0.76～0.38	1.30～0.76
		v_c/(m/min)			
低碳钢	高速钢	—	70～90	45～60	20～40
	硬质合金	215～365	165～215	120～165	90～120
中碳钢	高速钢	—	45～60	30～40	15～20
	硬质合金	130～165	100～130	75～100	55～75
灰铸铁	高速钢	—	35～45	25～35	20～25
	硬质合金	135～185	105～135	75～105	60～75
黄铜/青铜	高速钢	—	85～105	70～85	45～70
	硬质合金	215～245	185～215	150～185	120～150
铝合金	高速钢	105～150	70～105	45～70	30～45
	硬质合金	215～300	135～215	90～135	60～90

如何确定加工时的切削速度,除了参考表 2-3 列出的数值外,主要根据实践经验进行确定。

5. 工件坐标系及编程特点

数控车床的坐标系如图 2-9 所示。

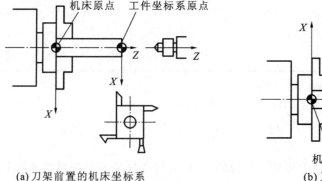

(a) 刀架前置的机床坐标系　　　　(b) 刀架后置的机床坐标系

图 2-9　数控车床的坐标系

与车床主轴平行的方向(卡盘中心到尾座顶尖的方向)为 Z 轴,与车床导轨垂直的方向为 X 轴。坐标原点位于卡盘后端面与中心轴线的交点 O 处。

(1)绝对和增量编程方式。采用绝对编程方式时,数控车削加工程序中目标点的坐标以地址 X、Z 表示;采用增量编程方式时,目标点的坐标以地址 U、W 表示。此外,数控车床还可以采用混合编程,即在同一程序段中绝对编程方式与增量编程方式同时出现,如 G00 X60 W20。

(2)数控车床的编程有直径、半径两种方法。在车削加工的数控程序中,大多数数控机床提供半径和直径两种编程方式,通过对应参数的设置即可实现编程方式的切换,默认方式为直径编程方式。所谓直径编程是指 X 轴上的有关尺寸为直径值,半径编程是指 X 轴上的有关尺寸为半径值。一般采用直径编程。X 轴的坐标值取为零件图样上的直径值 $X = 40$、$X = 30$,采用直径尺寸编程与零件图样中的尺寸标注一致(见图 2-10),这样可避免尺寸换算过程中可能造成的错误,给编程带来很大方便。

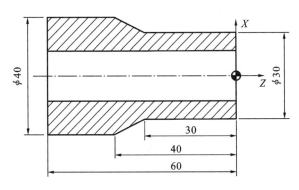

图 2-10　直径与半径编程

(3)数控车床的数控系统中都有刀具补偿功能。在加工过程中,刀具位置变化、刀具几何形状变化及刀尖的圆弧半径变化,都无须更改加工程序,只要将变化的尺寸或圆弧半径输入到存储器中,刀具便能自动进行补偿。

(4)数控车床上工件的毛坯大多为圆棒料,加工余量较大,一个表面往往需要进行多次加工。如果对每个加工循环都编写若干程序段,就会增加编程的工作量。为了简化加工程序,一般情况下,数控车床的数控系统中都有车外圆、车端面和车螺纹等不同形式的循环功能。

二、数控车床编程基础

1. 准备功能 G 指令

准备功能 G 指令也称为 G 功能或 G 代码。它是使机床或数控系统建立起某种加工方式的指令。G 代码由地址 G 和后面的两位数字组成,从 G00 至 G99 共 100 种。G 指令主要用于规定刀具和工件的相对运动轨迹(即插补功能)、机床坐标系、坐标平面、刀具补偿等多种加工操作。不同的数控系统,G 指令的功能不同,编程时需要参考机床制造厂的编程说明书。本部分主要介绍华中世纪星 HNC-21/22T 数控车床系统的 G 代码,见表 2-4。

表 2-4　华中世纪星 HNC-21/22T 数控车床系统的 G 代码

代　码	组　别	功　能	代　码	组　别	功　能
G00		快速定位	G57		坐标系选择 4
G01●	01	直线插补	G58	11	坐标系选择 5
G02		圆弧插补(顺时针)	G59		坐标系选择 6
G03		圆弧插补(逆时针)	G65		调用宏指令
G04	00	暂停	G71		外径/内径车削复合循环
G20	08	英制输入	G72		端面车削复合循环
G21●		米制输入	G73	06	闭环车削复合循环
G28	00	参考点返回检查	G76		螺纹车削复合循环
G29		参考点返回	G80		外径/内径车削固定循环
G32	01	螺纹切削	G81		端面车削固定循环
G36●	17	直径编程	G82		螺纹车削固定循环
G37		半径编程	G90●	13	绝对编程
G40●		取消刀尖半径补偿	G91		相对编程
G41	09	刀尖半径左补偿	G92	00	工件坐标系设定
G42		刀尖半径右补偿	G94●	14	每分钟进给
G54●		坐标系选择 1	G95		每转进给
G55	11	坐标系选择 2	G96	16	恒线速度切削
G56		坐标系选择 3	G97●		恒转速切削

注:①表中 00 组的为非模态 G 代码,其他均为模态 G 代码。

②不同组的 G 代码在同一程序段中可以指令多个,但如果在同一程序段中指令了两个或两个以上属于同一组的 G 代码时,只有最后面那个 G 代码有效。

③带●标记的为缺省值。

2. 辅助功能(M 功能)指令

辅助功能指令也称为 M 功能或 M 代码。辅助功能指令是用地址 M 及两位数字表示的。它主要用来表示机床操作时各种辅助动作及其状态。其特点是靠继电器的得电和失电来实现其控制过程。常用的辅助功能含义及用途如表 2-5 所示。

表 2-5　常用的辅助功能含义及用途

功　能	含　义	用　途
M00	程序停止	实际上是一个暂停指令。执行 M00 指令的程序段后,主轴的转动、进给切削液都将停止。它与单程序段停止相同,模态信息全部被保存,以便进行某一手动操作,如换刀、测量工件的尺寸等。重新启动机床后,继续执行后面的程序

功　能	含　义	用　途
M01	选择停止	与 M00 的功能基本相似,只有在按下"选择停止"键后,M01 才有效,否则机床继续执行后面的程序段;按"启动"键,继续执行后面的程序
M02	程序结束	该指令编在程序的最后一条,表示执行完程序内所有指令后,主轴停止、进给停止、冷却液关闭,机床处于复位状态
M03	主轴正转	用于主轴顺时针方向转动
M04	主轴反转	用于主轴逆时针方向转动
M05	主轴停止转动	用于主轴停止转动
M07	冷却液开	用于冷却液开
M08	冷却液开	用于冷却液开
M09	冷却液关	用于冷却液关
M30	程序结束	使用 M30 时,除表示执行 M02 的内容外,还返回到程序的第一条语句,准备下一个工件的加工
M98	子程序调用	用于调用子程序
M99	子程序返回	用于子程序结束及返回

M00、M01、M02、M30、M98、M99 为非模态代码,用于控制零件程序的走向,是 CNC 内定的辅助功能。其余的 M 代码为模态代码,用于机床各种辅助功能开关动作,由 PLC 程序指定。

1)程序暂停 M00 指令

当 CNC 执行到 M00 指令时,将暂停执行当前程序,以方便操作者进行刀具和工件的尺寸测量、工件调头、手动变速等操作。

当程序处于暂停状态时,机床的主轴、进给及冷却液全部停止,而全部现存的模态信息保持不变,欲继续执行后续程序,重按操作面板上的"循环启动"键。

2)程序结束 M02 指令

M02 指令一般放在主程序的最后一个程序段中。

当 CNC 执行到 M02 指令时,机床的主轴、进给、冷却液全部停止,加工结束。

使用 M02 指令的程序结束后,若要重新执行该程序,就得重新调用该程序,或在自动加工子菜单下按 F4 键(请参考 HNC-21T 操作说明书),然后再按操作面板上的"循环启动"键。

3)程序结束并返回到零件程序头 M30 指令

M30 和 M02 指令功能基本相同,只是 M30 指令还兼有控制返回到零件程序头(%)的作用。使用 M30 指令的程序结束后,若要重新执行该程序,则只需再次按操作面板上的"循环启动"键。

3. 主轴功能(S 功能)指令

主轴功能指令用于控制机床主轴的转速快慢,由地址 S 和其后的数字组成。数字表示主轴速度,单位为转/分(r/min)。S是模态指令,S功能只有在主轴速度可调节时有效。S所编程的主轴转速可以借助机床控制面板上的主轴倍率开关进行修调。

1)恒转速切削(G97)

编程格式:

G97 S_

G97是恒转速切削控制的指令。采用此功能,可设定主轴转速并恒转速控制,S后面的数字表示主轴每分钟的转数。该指令用于车削螺纹或工件直径变化较小的零件加工。例如,G97 S600表示主轴转速为600 r/min,系统开机状态为G97状态。

2)恒线速度控制(G96)

编程格式:

G96 S_

S后面的数字表示的是恒定的线速度,单位为米/分(m/min),G96是恒线速度控制的指令。该指令用于车削端面或工件直径变化较大的场合,采用此功能,可保证当工件直径变化时,主轴的线速度不变,从而保证切削速度不变,提高了加工质量。控制系统执行G96指令后,S后面的数字表示以刀尖所在的 X 坐标值为直径计算的切削速度。例如,G96 S120表示切削点线速度控制在120 m/min。

线速度与转速之间的关系为

$$n = 1\,000v/(\pi d)$$

式中:n 为转速(r/min);v 为线速度;d 为轴径(mm)。

【例2-1】 G96 S150表示切削点线速度控制在150 m/min。对图2-11所示的零件,为保持 A、B、C 各点的线速度为150 m/min,则各点在加工时的主轴转速分别为

A 点　　　　　　　$n = 1\,000 \times 150 \div (\pi \times 40)\text{r/min} = 1\,194\ \text{r/min}$

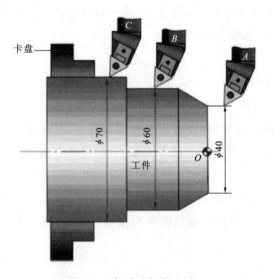

图2-11　恒线速切削方式

B 点　$n = 1\,000 \times 150 \div (\pi \times 60)\text{r/min}$
　　　　$= 796\ \text{r/min}$

C 点　$n = 1\,000 \times 150 \div (\pi \times 70)\text{r/min}$
　　　　$= 682\ \text{r/min}$

4.进给功能(F功能)指令

进给功能指令用于控制工件被加工时刀具相对于工件的合成进给速度,由F和其后面的数字指定,其单位取决于数控系统所采用的进给速度的指定方法。

1)每转进给量(G95)

编程格式:

G95 F_

F 后面的数值表示主轴每转刀具的进给量(mm/r)。例如,G95 F0.5,表示进给量为 0.5 mm/r。

2)每分钟进给量(G94)

编程格式:

G94 F_

F 后面的数字表示刀具每分钟的进给量(mm/min)。例如,G94 F100,表示进给量为100 mm/min。

注意:

(1)编写程序时,第一次遇到直线(G01)或圆弧(G02/G03)插补指令时,必须编写 F 指令,如果没有编写 F 指令,CNC 采用 F0 执行。当工作在快速定位方式(G00)时,机床将以通过机床主轴参数设定的快速进给率移动,与编写的 F 指令无关。

(2)G94、G95 均为模态指令,实际切削进给的速度可利用操作面板上的进给倍率修调旋钮调节(调节范围为 0%~150%),但在螺纹切削中无效。

5.刀具功能指令 T

编程格式:

T □□ □□(一个□代表一位数字)

T 功能指令用于指定加工所用刀具和刀具参数。T 后面通常用四位数字表示,前两位是刀具号,后两位是刀具长度补偿值同时也是刀尖圆弧半径补偿值。例如,T0303 表示选用 3 号刀及 3 号刀具长度补偿值和刀尖圆弧半径补偿值。T0300 表示取消刀具补偿。

三、相关加工编程指令

1.绝对值编程指令 G90 与相对值编程指令 G91

格式:

G90

G91

说明:

G90 为绝对值编程指令,每个编程坐标轴上的编程值是相对于程序原点的。

G91 为相对值编程指令,每个编程坐标轴上的编程值是相对于前一位置而言的,该值等于沿轴移动的距离。

绝对编程时用 G90 指令,后面的 X、Z 表示 X 轴、Z 轴的坐标值;增量编程时用 U、W 或 G91 指令,后面的 X、Z 表示 X 轴、Z 轴的增量值;G90、G91 指令为模态指令,可相互注销,G90 指令为缺省值。在一个程序段中,可以采用混合编程方式。

数控车床只有 X、Z 两个坐标轴,所以通常用 G91 代替 U、W,用 G90 代替 X、Z,即用 G90、G91 两个指令。G90 和 G91 在铣床编程中常用。

【例 2-2】 如图 2-12 所示,使用 G90、G91 指令编程:要求刀具由原点按顺序移动到 1、2、3 点。

选择合适的编程方式可使编程简化。当图样尺寸由一个固定基准给定时,采用绝对值编程

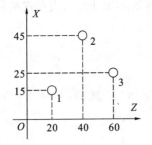

G90指令编程			G91指令编程		
N	X	Z	N	X	Z
N01	X15	Z20	N01	X15	Z20
N02	X45	Z40	N02	X30	Z20
N03	X25	Z60	N03	X-20	Z20

图 2-12　G90/G91 指令编程

方式较为方便;而当图样尺寸是以轮廓顶点之间的间距给出时,采用相对值编程方式较为方便。G90、G91 指令可用于同一程序段中,但要注意其顺序所造成的差异。

2. 快速点位运动指令 G00

功能:使刀具以点位控制方式,指令刀具相对于工件以各轴预先设定的速度,从当前位置快速移动到程序段指令的定位目标点。快移速度由机床参数"快移进给速度"对各轴分别设定,不能用 F 指定。一般用于加工前快速定位或加工后快速退刀。快移速度可利用面板上的快速修调按钮修正。

格式:

　　　G00　X(U)_　Z(W)_

说明:

(1)X、Z 为采用绝对坐标方式时的目标点坐标;U、W 为采用增量坐标方式时的目标点坐标。

(2)G00 为模态指令,可由 G01、G02、G03 指令注销。

(3)在执行 G00 指令过程中,由于各轴以各自速度移动,不能保证各轴同时到达终点,因而联动直线轴的合成轨迹不一定是直线。操作者必须格外小心,以免刀具与工件发生碰撞。常见的做法是,将 X 轴移动到安全位置,再放心地执行 G00 指令。

例如:在华中世纪星数控系统中,总是先沿 45°的直线移动,最后再在某一轴单向移动至目标点位置。

【例 2-3】　如图 2-13 所示,使用 G00 编程:要求刀具由原点按顺序移动到 A_1、B 点。

程序如下:

　　　G00　X20　Z20　F0.2;
　　　　　　X60　Z100　F0.2;

3. 直线插补指令 G01

功能:使刀具以联动的方式,按 F 指定的合成进给速度,从当前位置按线性路线(联动直线轴的合成轨迹为直线)移动到程序段指令的目标点。

格式:

　　　G01　X(U)_　Z(W)_　F_;

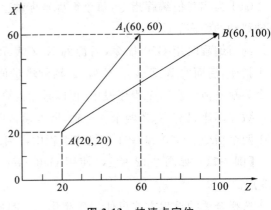

图 2-13　快速点定位

说明：

(1)X、Z 为采用绝对坐标方式时的目标点坐标；U、W 为采用增量坐标方式时的目标点坐标。

(2)F 是合成进给速度。如果在 G01 指令的程序段之前的程序段没有 F 指令，而现在的 G01 指令的程序段中也没有 F 指令，则机床不运动。因此，有 G01 指令程序中必须含有 F 指令。HNC-21T 系统中 G01 指令还可用于在两相邻轨迹线间自动插入倒角或倒圆控制功能。

(3)在指定直线插补或圆弧插补的程序段尾，若加上 C，则插入倒角控制功能；若加上 R，则插入倒圆控制功能。C 后的数值表示倒角起点和终点距未倒角前两相邻轨迹线交点的距离，R 后的值表示倒圆半径。

【例 2-4】　车削外圆柱面，如图 2-14 所示。

程序如下：

① 采用绝对坐标方式编程。

G01 X60 Z−80 F0.2；　　　　　或 G01 Z−80 F0.2；

② 采用增量坐标方式编程。

G01 U0 W−80 F0.2；　　　　　或 G01 W−80 F0.2；

③ 采用混合坐标方式编程。

G01 X60 W−80 F0.2；　　　　　或 G01 U0 Z−80 F0.2；

【例 2-5】　车削外圆锥面，如图 2-15 所示。

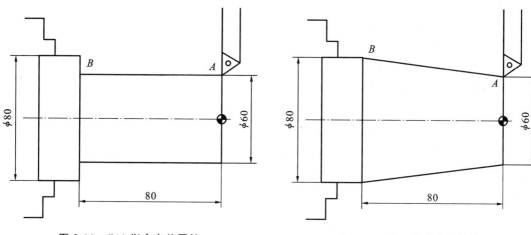

图 2-14　G01 指令车外圆柱　　　　　　　图 2-15　G01 指令车外圆锥

程序如下：

①采用绝对坐标方式编程。

G01 X80 Z−80 F0.2；

② 采用增量坐标方式编程。

G01 U20 W−80 F0.2；

【例 2-6】　车削外圆柱、圆锥面，如图 2-16 所示。

程序如下。

①采用绝对坐标方式编程。

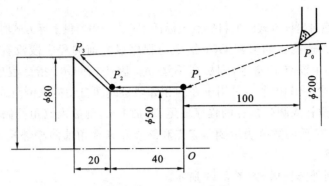

图 2-16 G00、G01 应用

N1 T0101 S500 M03;

N10 G00 X50.0 Z2.0;(P0→P1)

N20 G01 Z-40.0 F0.2;(P1→P2)

N30 X80.0 Z-60.0;(P2→P3)

N40 G00 X200.0 Z100.0;(P3→P0)

②采用增量坐标方式编程。

N1 T0101 S500 M03;

N10 G00 U-150.0 W-98.0;

N20 G01 W-42.0 F0.2;

N30 U30.0 W-20.0;

N40 G00 U120.0 W160.0;

4. 圆弧插补指令 G02、G03

圆弧插补,G02 为顺时针圆弧插补指令,G03 为逆时针圆弧插补指令,刀具进行圆弧插补时必须规定所在的平面,然后确定回转方向。沿圆弧所在平面(如 XOY 平面)的另一坐标轴的负方向($-Z$)看去,顺时针方向为 G02,逆时针方向为 G03。注意:数控车床的标准坐标系 XOZ 中,圆弧顺、逆的方向与我们的习惯方向正好相反。

格式:

$$\begin{Bmatrix} G17 \\ G18 \\ G19 \end{Bmatrix} \begin{Bmatrix} G90 \\ G91 \end{Bmatrix} \begin{Bmatrix} G02 \\ G03 \end{Bmatrix} \begin{Bmatrix} X\_Y\_ \\ X\_Z\_ \\ Y\_Z\_ \end{Bmatrix} \begin{Bmatrix} I\_J\_ \\ I\_K\_ \\ J\_K\_ \\ R\_ \end{Bmatrix} F\_;$$

说明:X、Y、Z 为圆弧的终点坐标值。在 G90 状态,X、Y、Z 中的两个坐标值为工件坐标系中的圆弧终点坐标值。在 G91 状态,则为圆弧终点相对于起点的距离。

在 G90 或 G91 状态,I、J、K 中的两个坐标值均为圆弧圆心相对圆弧起点在 X、Y、Z 轴方向上的增量值,也可以理解为圆弧起点到圆心的矢量(矢量方向指向圆心)在 X、Y、Z 轴上的投影。I、J、K 为 0 时可以省略。

R 为圆弧半径,R 带"$\pm$"号,取法:若圆心角 $\alpha \leqslant 180°$,则 R 为正值;若 $180° < \alpha < 360°$,则 R 为负值。

如图 2-17 所示,用 G02、G03 指令对所示的圆弧进行编程,设刀具从 A 点开始沿 A、B、C 切削。

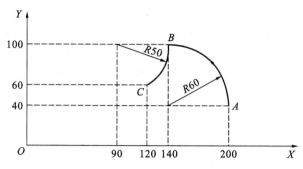

图 2-17 G02、G03 编程举例

用绝对值尺寸指令编程。

    G90 G03 X140 Y100 I—60 J0 F100;

    G02 X120 Y60 I—50 J0;

用增量尺寸指令编程。

    G91 G03 X—60 Y60 I—60 J0 F100;

    G02 X—20 Y—40 I—50 J0;

5. 数控车床编程标准格式

(1)程序格式:

    %×　×　×　×(程序名)

    N—(第一道工序所对应程序段号)

    G00 G40 G95 G97 M03 S— F— T—;

    X— Z—;(毛坯附近点)

    ……

    N—(第 N 道工序所对应程序段号)

    G00 G40 G95 G97 M03 S— F— T—;

    X— Z—;(加工部位附近点)

    ……

    M30;(程序结束)

(2)采用标准格式编程的优点。

①"N—"给每个工序所对应的那部分程序一个程序段号,这样便于程序调试时寻找出错的程序。

②"G00"程序开始时,刀具要么处于起刀点,要么处于参考点。离工件有一段不小的距离,而这段距离是空行程。为了节省加工时间,提高劳动生产率,应使用 G00 指令使刀具快速到达指定点。

③"G40"为取消刀具自动补偿。因为每道工序所用刀具都不一样,因此刀具补偿参数也不一样,所以在程序开头要首先取消前道工序所用刀具的刀具补偿,以免产生加工误差。

④"G95"用来指定 F 为主轴每转进给方式,在车床上加工螺纹必须用主轴每转进给方式,并且主轴每转进给方式并不影响其他部位加工。为了避免加工螺纹时误写 G94 的情况,故在

每道工序程序的开头用 G95 指令。

⑤"G97"用来指定 S 为主轴每分钟转速方式。在数控车床上加工端面时,若使用 G96 恒线速度方式,由于 $V=\pi Dn$,当刀具处于端面中心时,$D=0$,V 保持恒定,则主轴转速 n 接近∞,这是很危险的,必须在系统中设定主轴最高限速;而且,使用恒线速度方式时,主轴必须能够自动变速(如伺服主轴、变频主轴)。但 G96 恒线速度切削功能适用于加工外表面,可获得表面粗糙度小而均匀的工件表面。

⑥"M03"主轴正转。从安全角度出发,刀具开始移动的同时,主轴就应开始转动。

⑦"S"主轴转速,每道工序对应不同的主轴转速。

⑧"F"进给量,每道工序对应不同的进给量。

⑨"T"指定每道工序所用的刀具。

每道工序程序段的前两段直接显示这道工序的切削用量和所用刀具,一目了然。

【任务实施】

本任务的实施过程分为分析零件图样、确定工艺过程、数值计算、编写程序、程序调试与检验和零件检测六个步骤。

一、分析零件图样

如图 2-1 所示,该零件属于轴类零件,加工内容包括圆柱、倒角等。

二、确定工艺过程

1. 拟订工艺路线

(1)确定工件的定位基准。确定坯料轴线和右端面为定位基准。

(2)选择加工方法。该零件的加工表面均为回转体,加工表面的加工精度和表面粗糙度均无要求。采用加工方法为粗车。

(3)拟订工艺路线。

①按 $\phi42$ mm×110 mm 下料。

②车削各表面。

③去毛刺。

④检验。

2. 设计数控车加工工序

(1)选择加工设备。选用数控装置为华中数控世纪星 4 代 HNC-22T(平床身前置刀架)的数控车床。

(2)选择工艺装备。

①该零件采用三爪自动定心卡盘自定心夹紧。

②刀具:外圆机夹车刀 T0101。车端面,粗车各外圆。

③量具:量程为 200 mm,分度值为 0.02 mm 的游标卡尺;测量范围是 25~50 mm,分度值为0.001 mm 的外径千分尺。

(3)确定工步和走刀路线。按加工过程确定走刀路线:沿零件图轮廓粗车各外圆。

(4)确定切削用量。

主轴转速为 800 r/min。

进给速度为 60 mm/min。

3. 编制数控技术文档

1)编制数控加工工序卡

编制数控加工工序卡如表 2-6 所示。

表 2-6　销轴的数控加工工序卡

数控加工工序卡				产品名称	零件名称	零件图号
					销轴	
工序号	程序编号	材料	数量	夹具名称	使用设备	车间
2	%1001	铝		三爪卡盘	数控车床	数控加工实训中心
工步号	工步内容	切削用量			刀具		量具	备注
		n/(r/min)	f/(mm/min)	a_p/mm	编号	名称	名称	
1	粗车各外圆	800	60		T0101	外圆机夹车刀	游标卡尺	自动
2								
3								
编制		审核			批准		共　页	第　页

2)编制刀具调整卡

刀具调整卡如表 2-7 所示。

表 2-7　销轴的车削加工刀具调整卡

产品名称或代号			零件名称	销轴	零件图号	
序号	刀具号	刀具规格名称	刀具参数		刀补地址	
			刀尖半径	刀杆规格	半径	方位
1	T0101	外圆机夹车刀	0.4 mm	25 mm×25 mm	0.4 mm	3
编制		审核		批准	共　页	第　页

三、数值计算

此零件只需对基点的坐标进行计算,基点的坐标利用一般的解析几何或三角函数关系便可求得。图 2-18 所示为各基点的位置。

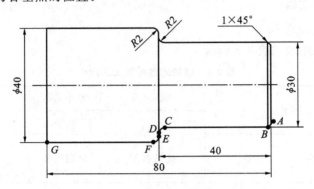

图 2-18 各基点的位置

若以轴线与右端面的交点为编程原点(0,0),则各基点的绝对坐标分别如下。切削始点 A 为(26,1),因刀具开始进给时有加速的过程,为保证在切削过程中切削速度的稳定,故切削始点需略微提前;基点 B 为(30,−1);基点 C 为(30,−38);基点 D 为(34,−40);基点 E 为(36,−40);基点 F 为(40,−42);基点 G 为(40,−80)。

四、编写程序

编程原点选择在工件右端面的中心处,可以用 G00、G01、G02、G03 指令编程。程序如表 2-8所示。

表 2-8 数控加工程序卡

零件图号		零件名称	销轴	编制日期	
程序号	％1001	数控系统	HNC-22T	编制	
程序内容			程序说明		
％1001			程序名		
G00 G40 G95 G97 M03 S500 F0.2 T0101			数控车床标准格式:换外圆机夹车刀;主轴正转,转速为 500 r/min;进给量 0.2 mm/r		
G00 X26 Z1			刀具快速定位至切削始点		
G01 X30 Z−1			车 AB 倒角,进给量 60 mm/min		
Z−38			车 BC 外圆		
G02 X34 Z−40 R2			车 CD 圆角		
G01 X36			车 DE 轴肩		
G03 X40 Z−42 R2			车 EF 圆角		
G01 Z−80			车 FG 外圆		
G00 X45			快速沿 X 方向退刀		

续表

零件图号		零件名称	销轴	编制日期	
程序号	％1001	数控系统	HNC-22T	编制	
程序内容			程序说明		
Z100			快速沿 Z 方向退刀至换刀点		
M30			程序结束		

五、程序调试与检验

1. 进入数控加工仿真系统

双击图标 ![icon],打开仿真系统,单击 ![icon],在图 2-19 所示的"选择机床"对话框中选择华中数控世纪星 4 代,选择机床类型为车床 HNC-22T(平床身前置刀架),单击"确定"按钮,即进入华中数控加工仿真系统。

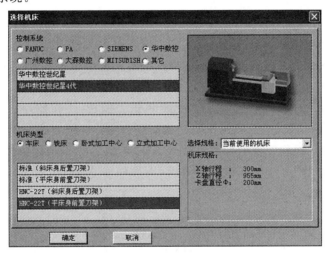

图 2-19 "选择机床"对话框

2. 回零

如果系统显示的当前工作方式不是回零方式,则单击控制面板上的"回参考点"按钮,确保系统处于回零方式。依次选择 **+X**、**+Z**,机床沿 X、Z 方向回参考点。X、Z 轴回到参考点后,按钮内的指示灯亮。

3. 手动移动机床,使各轴位于机床行程的中间位置

单击"手动"按钮(指示灯亮),按方向按钮 **-Z**、**-X**,使各轴移动到机床行程的中间位置。

4. 输入程序

输入程序有两种方法,第一种是通过数控加工仿真系统操作区的编辑键输入程序;第二种是通过记事本输入程序,然后导入。在此,介绍第二种方法。

执行"开始"→"程序"→"附件"→"记事本"命令。在记事本中输入程序。

程序输入完成后,执行"文件"→"保存"命令,可保存为 txt 文件,也可保存为 nc 文件。

5.调用程序

单击操作面板上的"DNC 通讯 F7"按钮，弹出"串口通讯"对话框，单击"导入程序"按钮，弹出"打开"对话框，选择已保存的 txt 文件或 nc 文件，单击"打开"按钮，程序即导入仿真系统。

6.定义和安装工件

执行"零件"→"定义毛坯"命令或在快捷工具栏上单击，系统弹出"定义毛坯"对话框，定义好工件的尺寸。

执行"零件"→"放置零件"命令或者在快捷工具栏上单击，系统弹出"选择零件"对话框，选择已定义的工件，单击"安装零件"按钮即可。

7.装刀并对刀

(1)装刀。T0101 为机夹外圆车刀。

(2)选用机夹外圆车刀试切工件外圆，切削深度不可太深，然后沿 Z 轴正方向退刀。

(3)执行"测量"→"剖面图测量"命令，在弹出的对话框中单击刀具所切线段，线段由红色变为黄色，记下对话框中对应的 X 的值(直径值)。

(4)单击操作面板中的刀具补偿 F4 按钮，再单击刀偏表 F1 按钮，将 X 值输入到对应刀号试切直径栏中。

(5)手动移动刀具，试切工件右端面。沿 X 正向退刀，在刀偏表试切长度栏中输入 0。

注意：试切零件外圆后，未输入试切直径前，不得移动 X 轴；试切工件端面后，未输入试切长度前，不得移动 Z 轴。

8.让刀具退到安全换刀点

选择"手动"模式，单击 快速 ，单击方向按钮 +X 、 +Z ，让刀具退到距离工件较远处。

9.自动加工

选择"自动"模式，单击"循环启动"按钮，车床开始自动加工零件。加工结果如图 2-20 所示。

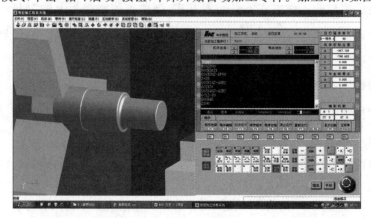

图 2-20 加工结果

六、零件检测

零件加工完成后,执行"测量"→"剖面图测量"命令,弹出"请您作出选择"对话框,若单击"是"按钮,则半径小于1的圆弧也可测量;若单击"否"按钮,则半径小于1的圆弧不能测量。选择完毕后,系统弹出"车床工件测量"对话框,可对已加工的工件进行测量,表 2-9 为零件检查与评分表。

表 2-9　零件检查与评分表

项　目	检验要点	配　分	评分标准及扣分	得　分
主要项目	外径尺寸 $\phi30$ mm	5分	误差每增大 0.02 mm 扣3分,误差大于 0.1 mm 该项得分为0	
	倒角尺寸 $1\times45°$	5分	误差每增大 0.05 mm 扣2分,误差大于 0.2 mm 该项得分为0	
	圆角 $R2$ mm(2处)	20分	误差每增大 0.05 mm 扣2分,误差大于 0.2 mm 该项得分为0	
	其他尺寸	15分	每处5分	
一般项目	程序无误,图形轮廓正确	10分	错误一处扣2分	
	对刀操作、补偿值正确	10分	错误一处扣2分	
	表面质量	5分	每处加工残余、划痕扣2分	
工、量、刀具的使用与维护	常用工、量、刀具的合理使用	5分	使用不当每次扣2分	
	正确使用夹具	5分	使用不当每次扣2分	
设备的使用与维护	能读懂报警信息,排除常规故障	5分	操作不当每项扣2分	
	数控机床规范操作	5分	未按操作规范操作不得分	
安全文明生产	正确执行安全技术操作规程	10分	每违反一项规定扣2分	
用时	规定时间(60分钟)之内		超时扣分,每超5分钟扣2分	
总分(100分)				

【思考与练习】

一、选择题

1.车削直径为 $\phi100$ mm 的工件外圆,若主轴转速设定为 1 000 r/min,则切削速度 v_c 为（　）m/min。

　　A. 100　　　　　　B. 157　　　　　　C. 200　　　　　　D. 314

2.编排数控加工工序时,采用一次装夹工位上多工序集中加工原则的主要目的是(　　)。

A.减少换刀时间　　　　　　　　B.减少重复定位误差

C.减少切削时间　　　　　　　　D.简化加工程序

3.数控车恒线速度功能可在加工直径变化的零件时(　　)。

A.提高尺寸精度　　　　　　　　B.保持表面粗糙度一致

C.增大表面粗糙度值　　　　　　D.提高形状精度

4.辅助功能字 M 的功能是设定(　　)。

A.机床辅助装置的开关动作　　　B.机床或系统工作方式

C.主轴转速　　　　　　　　　　D.刀具进给速度

5.绝对坐标编程时,移动指令终点的坐标值 X、Z 都是以(　　)为基准来计算的。

A.工件坐标系原点　　　　　　　B.机床坐标系原点

C.机床参考点　　　　　　　　　D.此程序段起点的坐标值

6.增量坐标编程中,移动指令终点的坐标值 X、Z 都是以(　　)为基准来计算的。

A.工件坐标系原点　　　　　　　B.机床坐标系原点

C.机床参考点　　　　　　　　　D.此程序段起点的坐标值

7.T0102 表示(　　)。

A.1 号刀 1 号刀补　　　　　　　B.1 号刀 2 号刀补

C.2 号刀 1 号刀补　　　　　　　D.2 号刀 2 号刀补

8.数控车床上一般在(　　)轴坐标平面内编程加工。

A.X-Y　　　　　B.Y-Z　　　　　C.Z-X　　　　　D.X-Y-Z

9.指定 G41 或 G42 指令必须在含有(　　)指令的程序段中才能生效。

A.G00 或 G01　　B.G02 或 G03　　C.G01 或 G02　　D.G01 或 G03

10.已知刀具沿一直线方向加工的起点坐标为(20,－10),终点坐标为(10,20),则其程序是(　　)。

A.G01 X20 Z－10 F0.2　　　　　B.G01 X－10 Z20 F0.2

C.G01 U－10 W30 F0.2　　　　　D.G01 U30 W－10 F0.2

二、判断题

1.精加工的主要目标是提高生产率。　　　　　　　　　　　　　　　　　　(　　)

2.数控加工路线的选择,尽量使加工路线缩短,以减少程序段,又可减少空走刀时间。　　　　　　　　　　　　　　　　　　　　　　　　　　　　　(　　)

3.每一工序中应尽量减少安装次数。因为多一次安装,就会多产生一次误差,而且增加辅助时间。　　　　　　　　　　　　　　　　　　　　　　　　　　(　　)

4.数控编程只与零件图有关,而与加工的工艺过程无关。　　　　　　　　(　　)

5.数控编程有绝对值和增量值编程,使用时不能将它们放在一个程序段内。(　　)

6.所有 G 代码都是模态代码。　　　　　　　　　　　　　　　　　　　(　　)

7.G02 X50 Z－20 I28 K5 F0.3 中 I28 K5 表示圆弧的圆心相对圆弧起点的增量坐标。　　　　　　　　　　　　　　　　　　　　　　　　　　　　　(　　)

8.对刀操作的目的是确定工件坐标系原点在机床坐标系中的位置。　　　(　　)

9. G00 指令是不能用于进给加工的。　　　　　　　　　　　　　( )
10. 取消刀尖圆弧半径补偿的指令为 G40。　　　　　　　　　　　( )

三、问答题

1. 数控车床的主要加工对象有哪些?
2. 数控车床常用的刀具有哪些?
3. 什么是刀位点、对刀点、换刀点?
4. 试解释指令:G90、G91、G92、G94、G95、G96、G97、G00、G01、G02、G03、M00、M02、M30、M03、M04、M05。

四、编程题

如图 2-21 所示的手柄,试编写该零件的加工程序。

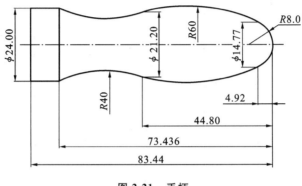

图 2-21　手柄

◀ 任务 2　阶梯轴的数控加工 ▶

【知识目标】

(1)掌握数控车编程指令(G04、M98、M99、G40、G41、G42、G71、G72、G73、G82、G76 指令)。
(2)掌握阶梯轴类零件的调头加工。

【能力目标】

通过阶梯轴的数控加工工艺设计、编程与加工的学习,具备编制需要调头加工阶梯轴的数控加工程序的能力。

【任务引入】

如图 2-22 所示的零件,给定的毛坯为 ϕ50 mm×122 mm,内孔 ϕ18 mm×22.15 mm 的棒料,材料为铝。工件坐标系原点分别为左右端面中心点。要求分析零件的加工工艺、填写工艺文件、编写零件的加工程序,并进行仿真加工。

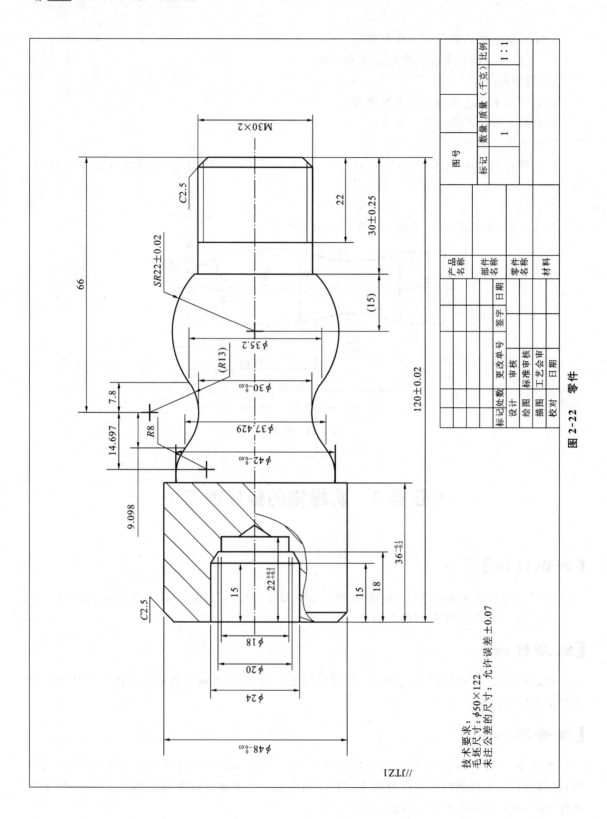

图 2-22 零件

技术要求:
毛坯尺寸:φ50×122
未注公差的尺寸:允许误差±0.07

【相关知识】

一、相关加工编程指令

1. 暂停指令 G04

G04 指令可使刀具做短暂的无进给光整加工,一般用于钻孔等加工场合。

格式:

$$G04\begin{cases}X\_ \\ P\_\end{cases}$$

地址码 X 或 P 为暂停时间,其中 X 后面可用带小数点的数,单位为毫秒(ms),如 G04 X5000 表示在前一程序执行完后,要经过 5 s,后一程序段才执行。地址 P 后面不允许用小数点,单位为毫秒(ms)。如 G04 P1 表示暂停 1 s。

例如:图 2-23 零件的 4 mm×2 mm 退刀槽加工(左端面中心点为工件坐标系原点,刀具为 3 mm 宽外切槽刀),孔底有表面粗糙度要求。程序如下:

G00 G40 G95 G97 M03 S300 T0202 F0.2;	选择刀具,正转
X68 Z−16;	移动至退刀槽附近
G01 X52;	纵向切削到槽底,一刀加工宽度为 3 mm
G04 P3;	刀具在孔底停留 3 s
G00 X68;	
W1;	向右移动 1 mm
G01 X52;	纵向切削到槽底,保证退刀槽宽度为 4 mm
G04 P3;	刀具在孔底停留 3 s
G00 X63;	

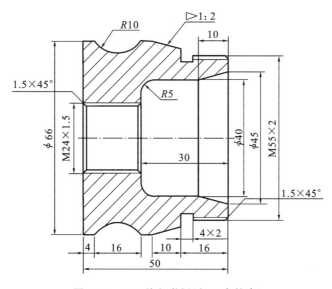

图 2-23 G04 编程举例(加工内轮廓)

2. 子程序

数控车床程序的编写也可以采用主、子程序的形式。CNC 系统按主程序指令运行,在主程序中遇见调用子程序的指令(M98)时,将开始执行子程序指令,在子程序最后一段遇见子程序结束指令(M99)时,自动返回主程序并从调用子程序段的下一段继续运行。

一些顺序固定或反复出现的结构加工图形的加工程序可写成子程序,然后由主程序来调用,这样可以大大简化整个程序的编写。

格式:

　　M98　P—　L—；

说明:P 后跟子程序号;L 后跟子程序的调用次数。

注意:在一些系统中,主程序和子程序必须写在一个文件中,并以"％"开头,以"％××××"单独作为一程序行书写,子程序中还可调用其他子程序,即可多重嵌套调用。子程序以"M99"作程序结束行,可被主程序多次(最多为 999 次)调用。但在 MDI 方式下使用子程序调用指令无效。

【**例 2-7**】　试使用 M98、M99 指令编程加工四个槽,如图 2-24 所示。

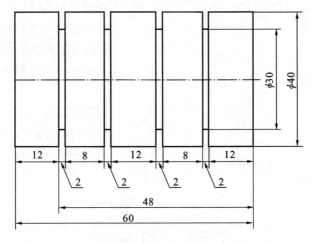

图 2-24　四个槽

程序如下:

％2006(主程序)

N1；

G00 G40 G95 G97 M03 S500 T0101 F0.2；

X42 Z0；

M98 P0010 L2；

G00 X100；

Z100；

M30；

％0010(子程序)

G00 W—14；

G01 X30；

G00 X42；

W−10；

G01 X30；

G00 X42；

M99；

3. 刀具半径补偿指令(G41、G42、G40)

1)刀尖圆弧半径的概念

编制数控车床加工程序时,理论上是将车刀刀尖看成一个点,按这个刀尖点或圆心来编程,如图 2-25 所示的 P 点就是理论刀尖。但为了延长刀具的使用寿命和降低加工工件的表面粗糙度,通常将刀尖磨成半径不大的圆弧(一般圆弧半径 R 在 0.2~1.6 mm 之间,球头车刀可达4 mm),如图 2-25 所示 X 向和 Z 向的交点 P 称为假想刀尖,该点是编程时确定加工轨迹的点,数控系统控制该点的运动轨迹。然而实际切削时起作用的切削刃是圆弧的切点 A、B,它们是实际切削加工时形成的工件表面的点。很显然,假想刀尖点 P 或圆心与实际切削点 A、B 是不同的点,所以如果在数控加工或数控编程过程中不对刀尖圆角半径进行补偿,仅按照工件轮廓进行编制的程序来加工,势必会产生加工误差。而刀尖圆弧半径补偿功能就是用来补偿由于刀尖圆弧半径引起的工件形状误差。编程过程中,只需按工件的实际轮廓尺寸编程即可,不必考虑刀尖圆弧半径的大小,加工时数控系统能根据刀尖圆弧半径自动计算出补偿量,生成刀具路径,完成对工件的合理加工。避免少切或过切现象的产生。

如图 2-26 所示,切削工件右端面时,车刀圆弧切点 A 与理论刀尖 P 的 Z 坐标值相同,车外圆时车刀圆弧的切点 B 与 P 点的 X 坐标值相同,切出的工件没有形状误差和尺寸误差,因此可以不考虑刀尖半径补偿。如果切削外圆后继续车台阶面,则在外圆与台阶面的连接处,存在加工误差,即 BCD 区域(误差为刀尖圆弧半径),这一加工误差是不能靠刀尖半径补偿方法来修正的。

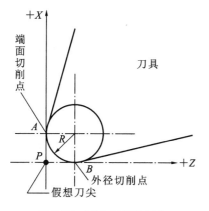

图 2-25 圆头刀假想刀尖

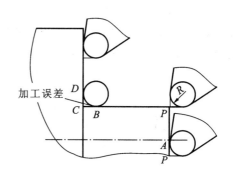

图 2-26 过切削及欠切削现象 1

如图 2-27 所示,车圆锥和圆弧部分时,若仍然以理论刀尖 P 来编程,则刀具运动过程中与工件接触的各切点轨迹为图 2-27 中所示无刀具补偿时的轨迹。该轨迹与工件加工要求的轨迹之间存在着图 2-27 中斜线部分的误差,直接影响工件的加工精度,且刀尖圆弧半径越大,加工误差越大。可见,对刀尖圆弧半径进行补偿是十分必要的。

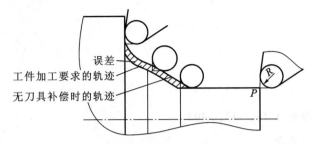

图 2-27　过切削及欠切削现象 2

刀尖半径补偿的原理是当加工轨迹到达圆弧或圆锥部位时,并不马上执行所读入的程序段,而是再读入下一段程序,判断两段轨迹之间的转接情况,然后根据转接情况计算相应的运动轨迹。由于多读了一段程序进行预处理,故能进行精确补偿,自动消除车刀存在刀尖圆弧带来的加工误差,从而能实现精密加工。

2)车刀补偿的应用

车刀刀具补偿功能由程序中指定的 T 指令来实现。T 指令由字母 T 后面跟四位(或两位)数码组成,其中前两位为刀具号,后两位为刀具补偿号,刀具补偿号实际上是刀具补偿寄存器的地址号,该寄存器中存放有刀具的 X 轴偏置量和 Z 轴偏置量(各把刀具的长度、宽度不同)、刀尖圆弧半径及假想刀尖位置序号。

编程时可假设刀具圆角半径为零,在数控加工前必须在数控机床上的相应刀具补偿号输入刀具圆弧半径值,加工过程中数控装置根据加工程序和刀具圆弧半径自动计算假想刀尖轨迹,进行刀具圆角半径补偿,完成零件的加工。刀具半径变化时,不需修改加工程序,只需修改相应刀具补偿号刀具圆弧半径值即可。

3)刀具半径补偿指令

格式:

G40/G41/G42(G00/G01)X _ Z _ F _

刀尖半径补偿是通过 G40、G41、G42 指令及 T 指令指定的刀尖圆弧半径补偿号来加入或取消半径补偿的。其功能为:G41 为刀尖圆弧半径左补偿指令,沿着刀具前进方向看,刀具位于工件左侧;G42 为刀尖圆弧半径右补偿指令,沿着刀具前进方向看,刀具位于工件右侧;G40 为取消刀尖圆弧半径补偿指令,用于取消刀具半径补偿,如图 2-28 所示。

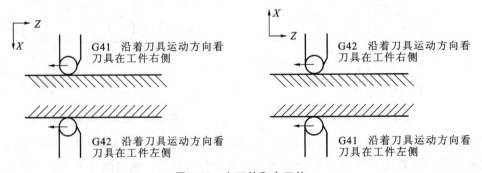

图 2-28　左刀补和右刀补

说明如下。

①X(U)、Z(W)是 G01、G00 运动的目标点坐标。

②G40、G41、G42 只能用 G00、G01 指令组合完成。不允许与 G02、G03 等其他指令结合编程,否则报警。

③在 G41、G42 指令模式中,不允许有两个连续的非移动指令,否则刀具在前面程序段终点的垂直位置停止,且产生过切或欠切现象。非移动指令包括 M、S、G04、G96 等。

④在远离工件处建立、取消刀补。

⑤G40、G41、G42 都是模态指令,可相互注销。

4)刀具半径补偿量的设定

数控车床加工时,采用不同的刀具,其假想刀尖相对圆弧中心的方位不同,它直接影响圆弧车刀补偿计算结果。图 2-5(a)所示为刀架前置的数控车床假想刀尖位置的情况;图 2-5(b)所示为刀架后置的数控车床假想刀尖位置的情况。如果以刀尖圆弧中心作为刀位点进行编程,则应选用 0 或 9 作为刀尖方位号,其他号码都是以假想刀尖编程时采用的。只有在刀具数据库内按刀具实际放置情况设置相应的刀尖位置序号,才能保证对它进行正确的刀补;否则,将会出现不合要求的过切或少切现象。刀尖半径补偿值可以通过刀具补偿设定界面设定,T 指令要与刀具补偿号相对应,并且要输入刀尖位置序号。刀具补偿设定画面中,在刀具代码 T 中的补偿号对应的存储单元中,存放一组数据,有圆弧半径补偿值和假想刀尖位置序号(0~9),操作时,可以将每一把刀具的圆弧半径补偿值和假想刀尖位置序号分别输入刀补表对应的存储单元中,即可实现自动补偿。

【例 2-8】 如图 2-29 所示零件,编程原点选择在工件右端面的中心处,在配置后置式刀架的数控车床上加工,数控精加工程序编制如下。

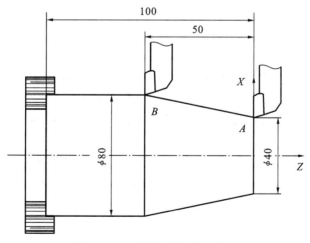

图 2-29 刀尖圆弧半径补偿应用

程序如下。

%1104

N5 T0101;   调用 1 号外圆刀

N10 M03 S800;   主轴正转,速度为 800 r/min

N15 G00 X82 Z2;   刀具快速定位

N20 G42 G01 X40 Z0 F80;	加入刀尖圆弧半径补偿,刀具接触工件
N25 X80 Z−50;	车锥面
N30 G40 G01 X82;	退刀并取消刀补
N35 G00 X100 Z100;	刀具回换刀点
N40 M30;	程序结束

4. 复合固定循环指令

在复合固定循环中,定义零件的轮廓之后,即可完成从粗加工到精加工的全过程。复合固定循环应用于必须重复多次加工才能达到规定尺寸的场合,零件外径、内径或端面的加工余量较大时,采用车削固定循环功能可以缩短程序的长度,使程序简化。

1)外径、内径粗车复合循环指令 G71

(1)无凹槽内(外)径粗车复合循环。

功能:该指令只需指定精加工路线,系统会自动给出粗加工路线,该指令适用于用圆柱棒料粗车阶梯轴的外圆或内孔需切除较多余量的情况。

格式:

G71 U(Δd) R(r) P(ns) Q(nf) X(Δx) Z(Δz) F(f) S(s) T(t);

说明:

该指令执行如图 2-30 所示的粗加工路线,加工完成后刀具回到循环起点 C。精加工路径 A→A′→B′→B 的轨迹按后面的指令顺序执行。

Δd:切削深度(每次切削量),用半径指定,指定时不加符号。

r:每次退刀量,用半径指定,无符号。

ns:精加工路径第一程序段的顺序号。

nf:精加工路径最后程序段的顺序号。

Δx:X 方向精加工余量,用直径值,不指定时按"0"处理。

Δz:Z 方向精加工余量。

f、s、t:粗加工时 G71 中编程的 F、S、T 有效,而精加工时处于 ns 到 nf 程序段之间的 F、S、T 有效。

当加工内径轮廓时,G71 就自动成为内径粗车循环,此时径向精车余量 Δx 应指定为负值。零件轮廓符合 X 方向、Z 方向同时单调增大或单调减小,"ns"的循环第一个程序段中不能指定 Z 轴的运动指令。

【例 2-9】 用外径粗加工复合循环指令编制图 2-31 所示零件的加工程序,要求循环起始点在 A(42,2),切削深度为 1.5 mm(半径量)。退刀量为 1 mm,X 方向精加工余量为 0.4 mm,Z 方向精加工余量为 0.1 mm。

程序如下。

%2201	
N10 T0101;	换 1 号刀
N20 G00 X100 Z100;	到程序起点位置
N30 M03 S500;	主轴以 500 r/min 正转
N40 G01 X42 Z2 F0.2;	刀具到循环起点位置

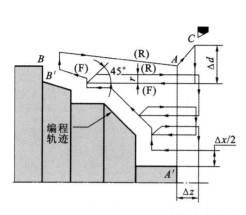

图 2-30 外圆粗车复合循环示意图

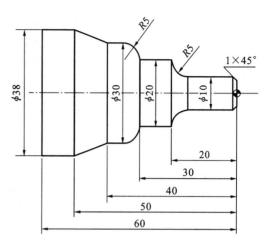

图 2-31 G71 指令外径复合循环编程实例

N50 G71 U1.5 R1 P60 Q140 X0.4 Z0.1；	粗切量 1.5 mm；精切量 X0.4 mm，Z0.1 mm
N60 G00 X4；	精加工轮廓起始，到倒角延长线
N70 G01 X10 Z−1 F80；	精加工 1×45°倒角
N80 Z−15；	精加工 ϕ 10 外圆
N90 G02 X20 W−5 R5；	精加工 R5 圆弧
N100 G01 Z−30；	精加工 ϕ20 外圆
N110 G03 X30 W−5 R5；	精加工 R5 圆弧
N120 G01 Z−40；	精加工 ϕ30 外圆
N130 X38 W−10；	精加工外圆锥
N140 Z−60；	精加工 ϕ38 外圆，精加工轮廓结束
N150 X42；	退出已加工面
N160 G00 X100 Z100；	回对刀点
N170 M05；	主轴停
N180 M30；	主程序结束并复位

【例 2-10】 毛坯有孔且孔径为 ϕ30 mm，试用 G71 指令编写孔粗加工程序，如图 2-32 所示，编程如下：

程序如下。

％2104	
T0101；	换 1 号镗刀
G00 X100 Z100；	到程序起点位置
M03 S500；	主轴以 500 r/min 正转
G01 X28 Z2 F0.2；	刀具到循环起点位置
G71 U1.5 R1 P10 Q20 X−0.4 Z0.1；	粗切量 1.5 mm；精切量 X0.4 mm，Z0.1 mm
N10 G00 X49；	精加工轮廓起始
G01 Z0 F80；	
X44 Z−25；	精加工圆锥

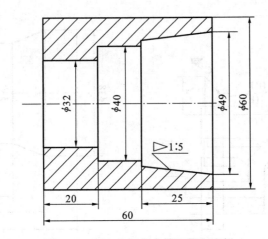

图 2-32 G71 内径复合循环编程实例

X40；	
W－15；	
X32；	
N20 Z－60；	精加工 ϕ32 圆,精加工轮廓结束行
X28；	退出已加工面
G00 Z100；	
X100；	回换刀点
M05；	主轴停
M30；	主程序结束并复位

(2)有凹槽内(外)径粗车复合循环。

格式：

G71 U(△d) R(r) P(ns) Q(nf) E(e) F(f) S(s) T(t)；

说明：

该指令执行如图 2-33 所示的粗加工和精加工,其中精加工路径为 $A \rightarrow A' \rightarrow B' \rightarrow B$ 的轨迹。(虚线为返回路径)

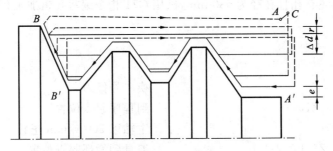

图 2-33 有凹槽内(外)径粗车复合循环

△d:切削深度(每次切削量),指定时不加符号,方向由矢量 AA' 决定。

r:每次退刀量。

ns:精加工路径第一程序段的顺序号。

nf:精加工路径最后程序段的顺序号。

e:精加工余量,其为 X 方向的等高距离;外径切削时为正,内径切削时为负。

f、s、t:粗加工时 G71 中编程的 F、S、T 有效,而精加工时处于 ns 到 nf 程序段之间的 F、S、T 有效。

注意:

①G71 指令必须带有 P、Q 地址 ns 和 nf,且与精加工路径起、止顺序号对应,否则不能进行该循环加工;

②ns 的程序段必须为 G00/G01 指令,即从 A 到 A′的动作必须是直线或点定位运动;

③在顺序号为 ns 到顺序号为 nf 的程序段中,不应包含子程序;

④在加工循环中可以进行刀具补偿。

2)端面粗加工循环指令 G72

格式:

G72 W(Δd) R(r) P(ns) Q(nf) X(Δx) Z(Δz) F(f) S(s) T(t);

说明:

该循环指令应用于圆柱棒料毛坯端面方向粗车。该循环与 G71 的区别仅在于切削方向平行于 X 轴。该指令执行如图 2-34 所示的粗加工和精加工,其中精加工路径为 $A→A′→B′→B$ 的轨迹。

Δd:切削深度(每次切削量),指定时不加符号,方向由矢量 $AA′$ 决定。

r:每次退刀量。

ns:精加工路径第一程序段的顺序号。

nf:精加工路径最后程序段的顺序号。

Δx:X 方向精加工余量。

Δz:Z 方向精加工余量。

f、s、t:粗加工时 G72 中编程的 F、S、T 有效,而精加工时处于 ns 到 nf 程序段之间的 F、S、T 有效。

该指令应用时的注意事项同 G71 指令,这里不再重复。

【例 2-11】 编制图 2-35 所示零件的加工程序:要求循环始点在(42,2),切削深度为 2 mm。退刀量为 1 mm,X 方向精加工余量为 0.1 mm,Z 方向精加工余量为 0.2 mm,其中毛坯为 ϕ40 mm。

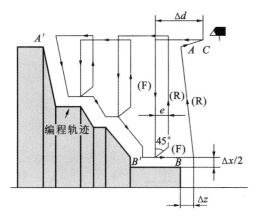

图 2-34 端面粗车复合循环示意图

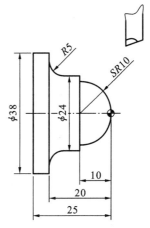

图 2-35 G72 指令端面粗车复合循环编程实例

程序如下。

```
%2105
T0101;                                   换 1 号刀
M03 S400;                                 主轴以 400 r/min 正转
G00 X42 Z2;                               到循环起点位置
G72 W2 R1 P10 Q20 X0.1 Z0.2 F0.2;        端面粗车循环加工
N10 G00 Z－25;                           精加工轮廓开始
G01 X38 F80;
Z－20;                                    精加工 φ38 外圆
X34;
G03 X24 W5 R5;                            精加工 R5 圆弧
G01 Z－10;                               精加工 φ24 外圆
X20;
G02 X0 Z0 R10;                            精加工 SR10 球面
N20 G01 Z2;                               精加工轮廓结束
G00 X100 Z100;                            返回换刀点位置
M30;                                      主程序结束并复位
```

3)成形车削复合循环(封闭切削循环)指令 G73

格式：

G73 U(ΔI) W(ΔK) R(r) P(ns) Q(nf) X(Δx) Z(Δz) F(f) S(s) T(t)

说明：

该功能在切削工件时刀具轨迹为图 2-36 所示的封闭回路,刀具逐渐进给,使封闭切削回路逐渐向零件最终形状靠近,最终切削成工件的形状。这种指令能对铸造、锻造等粗加工中已初步成形的工件进行高效率切削。

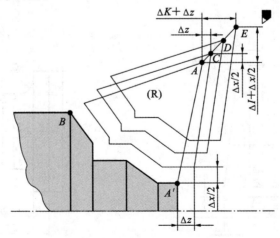

图 2-36 外圆成形车削复合循环

ΔI:X 轴方向的粗加工总余量,为半径值。

ΔK:Z 轴方向的粗加工总余量。

r:粗切削重复次数。

ns:精加工路径第一程序段的顺序号。

nf:精加工路径最后程序段的顺序号。

Δx:X 轴方向精加工余量。

Δz:Z 轴方向精加工余量。

f、s、t:粗加工时 G73 编程的 F、S、T 有效,而精加工时处于 ns 到 nf 程序段之间的 F、S、T 有效。

注意:

①ΔI 和 ΔK 表示粗加工时总的切削量,粗加工次数为 r,则每次 X 轴方向和 Z 轴方向的切削量分别为 ΔI/r、ΔK/r;

②按 G73 段中的 P 和 Q 指令值实现循环加工,要注意 Δx、Δz、ΔI、ΔK 的正负号。

4)螺纹切削单一固定循环指令 G82

适用于对直螺纹和锥螺纹进行循环切削,每指定一次,系统将切入、螺纹切削、退刀、返回四个动作作为一个循环,螺纹切削自动进行一次循环。

(1)直螺纹切削循环。图 2-37 所示为用 G82 车直螺纹示意图。

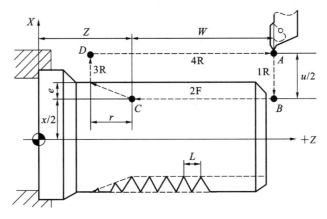

图 2-37 用 G82 车直螺纹示意图

格式:

    G82 X(U)_ Z(W)_ R_ E_ C_ P_ F_

说明:

X、Z:有效螺纹终点 C 的坐标。

U、W:螺纹终点 C 对循环起点 A 的增量坐标。

R、E:螺纹切削的退尾量,R 为 Z 向回退量,E 为 X 向回退量,R、E 可以省略,表示不用回退功能。

C:螺纹头数,为 0 或 1 时切削单头螺纹。

P:单头螺纹切削时,为主轴基准脉冲处距离切削起始点的主轴转角(缺省值为 0);多头螺纹切削时,为相邻螺纹头的切削起始点之间对应的主轴转角。

F:螺纹导程。

(2)锥螺纹切削循环。图 2-38 所示为用 G82 车锥螺纹示意图。

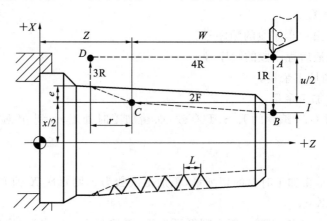

图 2-38　用 G82 车锥螺纹示意图

格式:

  G82 X(U)_ Z(W)_ I_ R_ E_ C_ P_ F_

说明:

I:螺纹起点 B 与螺纹终点 C 的半径差。其符号为差的符号(无论是绝对值编程还是增量值编程)。

其他参数与直螺纹切削循环中相应参数意义相同。

螺纹车削加工为成形车削,其切削量较大,一般要求分数次进给。表 2-10 列出了常用螺纹切削的进给次数与吃刀量。

表 2-10　常用螺纹切削的进给次数与吃刀量

螺距/mm		1.0	1.5	2.0	2.5	3	3.5	4
牙深(半径量)		0.649	0.974	1.299	1.624	1.949	2.273	2.598
切削次数与吃刀量(直径量)	1 次	0.7	0.8	0.9	1.0	1.2	1.5	1.5
	2 次	0.4	0.6	0.6	0.7	0.7	0.7	0.8
	3 次	0.2	0.4	0.6	0.6	0.6	0.6	0.6
	4 次		0.16	0.4	0.4	0.4	0.6	0.6
	5 次			0.1	0.4	0.4	0.4	0.4
	6 次				0.15	0.4	0.4	0.4
	7 次					0.2	0.2	0.4
	8 次						0.15	0.3
	9 次							0.2

【例 2-12】　如图 2-39 所示,毛坯为 45 mm×100 mm,用 G82 指令编程。

程序如下。

%3103　　　　　　　　　　　　程序名

T0101;　　　　　　　　　　　　外圆车刀

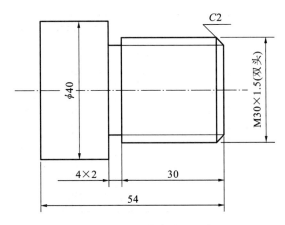

图 2-39 G82 指令编程实例

M03 S600；

G00 X47 Z2；

G71 U1.5 R1 P10 Q20 X0.5 Z0.1 F100；　　　加工外圆

N10 G00 X22；　　　延长线倒角

G01 X30 Z－2 F80；

Z－34；

X40；

N20 Z－54；

G00 X100 Z100；

T0202；　　　切槽刀

G00 X42 Z－34；

G01 X26 F80；

G00 X100；

Z100；

T0303；　　　螺纹加工

M03 S400；

G00 X32 Z3；

G82 X29.2 Z－32 C2 P180 F3；　　　第一次循环切螺纹,切深 0.8 mm

X28.6 Z－32 C2 P180 F3；　　　第二次循环切螺纹,切深 0.4 mm

X28.2 Z－32 C2 P180 F3；　　　第三次循环切螺纹,切深 0.4 mm

X28.04 Z－32 C2 P180 F3；　　　第四次循环切螺纹,切深 0.16 mm

G00 X100 Z100；

M30；　　　程序结束

【例 2-13】 如图 2-40 所示,编写加工程序,ϕ10 mm 的孔已事先钻好,试用 G71 指令编写内轮廓和使用 G82 指令编写内螺纹程序。

螺纹数值计算:$D_大 \approx D_{公称} - 0.1 \times 螺距 = (42 - 0.1 \times 1.5)$ mm $= 41.85$ mm

$D_小 = D_{公称} - 1.3 \times 螺距 = (42 - 1.3 \times 1.5)$ mm $= 40.05$ mm

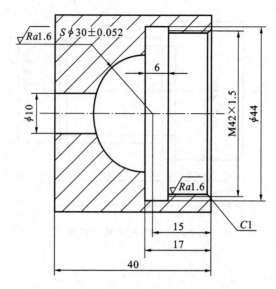

图 2-40　G82 指令编程内螺纹实例

程序如下。

％3104；	程序名
T0101；	换 1 号镗刀
S500　M03；	
G00　X8.0　Z2.0；	循环起点
G71　U2.0　R1　P10　Q20　X−0.5　Z0.1　F0.2；	
N10　G00　X42.05；	
G01　Z0　F80；	
X40.05　Z−1；	
Z−17.0；	
X29.054；	
G03　X10.0　Z−28.868　R15.0；	
N20　G01　X8.0；	
G00　Z100.0；	
X100.0；	
T0202；	换切槽刀 3 mm
M03　S500；	
G00　X35.0　Z2.0；	
G01　Z−14.0　F80；	
X44.0；	
G04　P2.0；	
G00　X38.0；	
Z−17.0；	
X44.0；	

G04　P2.0;

G00　X38.0;

G00　Z100.0;

X100.0;

T0303;　　　　　　　　　　　　　　　　　　　　换内螺纹刀

M03　S300;

G00　X35.0　Z2.0;

G82　X40.85　Z−14.0　F1.5;

X41.45　Z−14.0　F1.5;

X41.85　Z−14.0　F1.5;

G00　Z100.0;

X100.0;

M05;

M30;　　　　　　　　　　　　　　　　　　　　程序结束

5)螺纹切削复合循环指令 G76

功能:该指令用于多次自动循环车螺纹,数控加工程序中只需指定一次,并在指令中定义好有关参数,则能自动进行加工,车削过程中,除第一次车削深度外,其余各次车削深度自动计算,该指令的执行过程如图 2-41 所示。

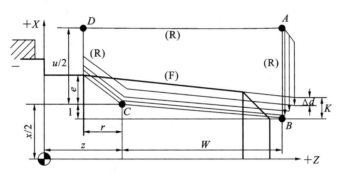

图 2-41　螺纹切削复合循环指令 G76 的执行过程

格式:

G76　C(c)　R(r)　E(e)　A(a)　X(x)　Z(z)　I(i)　K(k)　U(d)　V(Δdmin)　Q(Δd)　P(p)　F(L)

说明:G76 切削循环执行如图 2-41 所示的加工轨迹。其单边切削及参数如图 2-42 所示。

c:精整次数(1～99),为模态值。

r:螺纹 Z 向退尾长度,为模态值。

e:螺纹 X 向退尾长度,为模态值。

a:刀尖角度(两位数字),为模态值;取值要大于 10°、小于 80°。通常在 80°、60°、55°、30°、29° 和 0°六个角度中选一个。

x、z:绝对值编程时,为有效螺纹终点 C 的坐标。

i:螺纹两端的半径差为 0 时,为直螺纹(圆柱螺纹)切削方式。

k:螺纹高度;该值由 X 轴方向上的半径值指定。

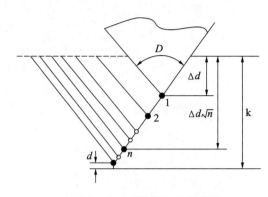

图 2-42 G76 单边切削及其参数

Δdmin:最小切削深度(半径值);

d:精加工余量(半径值)。

Δd:第一次切削深度(半径值)。

p:主轴基准脉冲处距离切削起始点的主轴转角。

L:螺纹导程。

注意:

G76 循环进行单边切削,减小了刀尖的受力。第一次切削时切削深度为 Δd,第 n 次的切削总深度为 $\Delta d \sqrt{n}$,使每次循环的切削量保持恒定。图 2-41 中,C 点到 D 点的切削速度由 F 代码指定,而其他轨迹均为快速进给。

【例 2-14】 用螺纹切削复合循环 G76 指令编程,加工螺纹为 ZM60×2,工件尺寸如图2-43所示,其中括号内的尺寸是根据标准得到的。

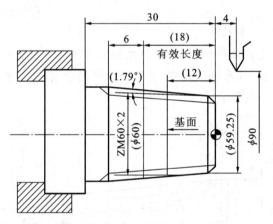

图 2-43 G76 循环切削编程实例

程序如下。

％3104	程序名
T0101;	换 1 号刀外圆车刀
M03 S400;	主轴以 400 r/min 正转
G00 X90 Z4;	到简单循环起点位置
G80 X61.125 Z−30 I−1.063 F80;	加工锥螺纹外表面
G00 X100 Z100 M05;	到程序起点或换刀点位置
T0202;	换 2 号刀螺纹刀
M03 S300;	主轴以 300 r/min 正转
G00 X90 Z4;	到螺纹循环起点位置
G76 C2 R−3 E1.3 A60 X58.15 Z−24 I−0.875 K1.299 U0.1 V0.1 Q0.9 F2;	
G00 X100 Z100;	返回程序起点位置或换刀点位置

| M05; | 主轴停 |
| M30; | 主程序结束并复位 |

二、轴类零件的调头加工

对于两端直径尺寸小、中间直径尺寸大的零件,一般都需要二次装夹,调头加工。两端加工的分界位置一般取某一最大横截面处。

注意事项如下。

(1)提前考虑好先加工哪一端。如一端有螺纹,则应将螺纹端后加工,以免调头后卡盘将螺纹夹坏。

(2)提前考虑好两端分别需要哪些刀具。因为调头后需要再次进行对刀,应避免同一把刀的重复对刀。

(3)调头之后对刀试切端面时,要注意保证零件的总长。

(4)零件两端的加工程序,应分别建立独立的程序文件,避免将两端的加工程序写在同一个程序文件中。

【任务实施】

本任务的实施过程包括分析零件图样、确定工艺过程、数值计算、编写程序、程序调试与检验和零件检测六个步骤。

一、分析零件图样

如图 2-22 所示,该零件属于轴类零件,加工内容包括圆柱、倒角、圆弧轮廓曲面、外螺纹、轴向孔。需要调头加工,轴向孔在左端,螺纹在右端,故先加工左端后加工右端,且两端加工的分界位置取距左端面 36 mm 的横截面。

二、确定工艺过程

1. 拟订工艺路线

(1)确定工件的定位基准。确定坯料轴线和左、右端面为定位基准。

(2)选择加工方法。该零件的加工表面均为回转体,加工表面的加工精度有要求(未注公差的尺寸,允许误差±0.07 mm),表面粗糙度无要求。采用加工方法为粗车、精车。

(3)拟订工艺路线。

①按 $\phi50$ mm×122 mm 下料。

②钻 $\phi18$ mm×22.15 mm 的轴向孔。

③车削左端外圆柱。

④车削左端轴向孔。

⑤调头装夹,并对刀。

⑥车削右端外圆柱及圆弧轮廓曲面。

⑦车削螺纹。

⑧去毛刺。

⑨检验。

2. 设计数控车加工工序

(1)选择加工设备。选用系统为华中数控世纪星4代HNC-22T(平床身,前置刀架)的数控车床。

(2)选择工艺装备。

①该零件采用三爪自动定心卡盘自定心夹紧。

②刀具:T0101外圆车刀(C形,刃长12 mm,主偏角93°,刀尖半径0.8 mm);T0202内孔车刀(T形,刃长6 mm,最小直径ϕ12 mm,主偏角90°,刀尖半径0.2 mm);T0303外圆车刀(选择定制菱形刀片,刀尖角度为35°,主偏角为90°);T0404螺纹车刀(α=60°)。

刀具半径补偿值:T0101外圆车刀,半径为0.8 mm、刀尖方位3;T0202内孔车刀,半径为0.2 mm、刀尖方位2。

③量具:量程为200 mm,分度值为0.02 mm的游标卡尺;测量范围是25~50 mm,分度值为0.001 mm的外径千分尺。

(3)确定工步和走刀路线。按加工过程确定走刀路线如下:沿零件图轮廓先粗车后精车各外圆,粗车轴向孔。

(4)确定切削用量。

主轴转速:车外圆为500 r/min,车内孔为600 r/min,车螺纹为650 r/min。

进给速度:车外圆为0.2 mm/r,车内孔为0.15 mm/r,车螺纹为2 mm/r。

3. 编制数控技术文档

(1)编制数控加工工序卡。数控加工工序卡如表2-11所示。

表2-11 阶梯轴的数控加工工序卡

数控加工工序卡				产品名称	零件名称	零件图号		
					阶梯轴			
工序号	程序编号	材料	数量	夹具名称	使用设备	车间		
6	%2001	铝		三爪卡盘	数控车床	数控实训中心		
工步号	工步内容	切削用量			刀具		量具名称	备注
		n/(r/min)	f/(mm/r)	a_p/mm	编号	名称		
1	车左端各外圆	500	0.2	2	T0101	外圆机夹车刀	游标卡尺	自动
2	车左端轴向孔	600	0.15	3	T0202	内孔机夹车刀	游标卡尺	自动
3	粗车右端各外圆	500	0.2	2	T0303	外圆机夹车刀	游标卡尺	自动
4	精车右端各外圆	500	0.2	0.5	T0303	外圆机夹车刀	游标卡尺	自动
5	车螺纹	650	2	2.6	T0404	外螺纹机夹车刀	游标卡尺	自动
编制		审核		批准		共 页	第 页	

（2）编制刀具调整卡。刀具调整卡如表 2-12 所示。

表 2-12　阶梯轴的车削加工刀具调整卡

产品名称或代号			零件名称	阶梯轴	零件图号	
序号	刀具号	刀具规格名称	刀具参数		刀补地址	
			刀尖半径	刀杆规格	半径	形状
1	T0101	外圆机夹车刀	0.8 mm	25 mm×25 mm	0.8	03
2	T0202	内孔机夹车刀	0.2 mm	25 mm×25 mm	0.2	02
3	T0303	外圆机夹车刀	0	25 mm×25 mm		
4	T0404	外螺纹机夹车刀	0	25 mm×25 mm		
编制		审核	批准		共　页	第　页

三、数值计算

只需对此零件基点的坐标进行计算，各基点的坐标利用一般的解析几何或三角函数关系便可求得。如图 2-44 所示基点的位置。

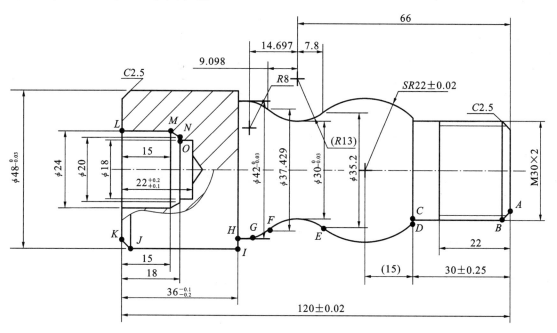

图 2-44　基点的位置

若左端以轴线与左端面的交点为编程原点(0,0)，右端以轴线与右端面的交点为编程原点(0,0)，则各基点的绝对坐标如下。

右端中心为编程原点(0,0)，切削始点 A 为(21,2)，因刀具开始进给时有加速的过程，为保证在切削过程中切削速度稳定,故切削始点需略微提前;基点 B 为$(30,-2.5)$;基点C为$(30,-30)$;基点 D 为$(32.187,-30)$;基点 E 为$(35.2,-58.2)$;基点F为$(37.429,-75.098)$;基点 G 为$(42,-80.697)$;基点 H 为$(42,-84.15)$。

根据尺寸 $36(-0.1/-0.2)$ 得出左端中心为编程原点$(0,0)$,基点 I 为$(48,-36)$,加工时 Z 方向宜多加工 1 mm,即切削至$(48,-37)$;基点 J 为$(48,-2.5)$;基点 K 为$(43,0)$,加工时切削始点宜提前至$(37,3)$;基点 L 为$(24,0)$,加工时切削始点宜提前至$(24,5)$;基点 M 为$(24,-15)$;基点 N 为$(20,-18)$;基点 O 为$(18,-18)$。

四、编写程序

数控加工程序卡如表 2-13 所示。

表 2-13　数控加工程序卡

零件图号		零件名称	阶梯轴	编制日期	
程序号	％2001	数控系统	HNC-22T	编制	
程序内容			程序说明		
左端加工程序					
N1;					
G95 G97 S500 M03 T0101;			主轴正转,转速为 500 r/min,换 1 号外圆机夹车刀		
G00 G42 X50 Z3;			刀具快速定位至起刀点,建立刀补		
X37;			刀具快速定位至切削始点		
G01 X48 Z−2.5 F0.2;			车 KJ 倒角,进给速度为 0.2 mm/r		
Z−37;			车 JI 外圆		
X55;			沿 X 方向退刀		
G00 G40 X100 Z50;			沿 X、Z 方向快速退刀至换刀点,取消刀补		
N2;					
G95 G97 S600 M03 T0202;			主轴正转,转速为 600 r/min,换 2 号内孔机夹车刀		
G00 G41 X24 Z5;			刀具快速定位至切削始点,建立刀补		
G01 Z−15 F0.15;			车 LM 内圆柱面,进给速度为 0.15 mm/r		
X20 Z−18;			车 MN 内圆锥面		
X15;			车 NO 圆环面		
G00 Z5;			沿 Z 方向快速退刀		

续表

零件图号		零件名称	阶梯轴	编制日期	
程序号	‰2001	数控系统	HNC-22T	编制	
程序内容			程序说明		
G00 G40 X100 Z50；			沿 X、Z 方向快速退刀,取消刀补		
M30；			程序结束		
右端加工程序					
N3；					
G95 G97 S500 M03 T0303；			主轴正转,转速为 500 r/min,换 3 号外圆机夹车刀		
G00 X52 Z2；			刀具快速定位至循环起点		
G71 U2 R1 P10 Q20 X0.5 Z0.3 F0.2；			调用循环指令 G71,下面 N10 至 N20 为精车路径		
N10 G00 X21；			刀具快速定位至切削始点		
G01 X30 Z－2.5；			精车 AB 倒角		
Z－30；			精车 BC 外圆		
X32.187；			精车 CD 轴肩		
G03 X35.2 Z－58.2 R22；			精车 DE 圆球面		
G02 X37.429 Z－75.098 R13；			精车 EF 圆弧轮廓曲面		
G03 X42 Z－80.697 R8；			精车 FG 圆弧轮廓曲面		
G01 Z－84.15；			精车 GH 外圆		
N20 X52；			精车 HI 轴肩		
G00 X100 Z50；			沿 X、Z 方向快速退刀至换刀点		
N4；					
G95 G97 S650 M03 T0404；			主轴正转,转速为 650 r/min,换 4 号外螺纹机夹车刀		
G00 X35 Z2；			刀具快速定位至循环起点		
G82 X29.1 Z－22 F2；			调用螺纹切削单一固定循环指令 G82		
X28.5；			二次循环		
X27.9；			三次循环		
X27.5；			四次循环		

续表

零件图号		零件名称	阶梯轴	编制日期	
程序号	%2001	数控系统	HNC-22T	编制	
程序内容			程序说明		
X27.4;			五次循环		
G00 X100 Z50;			沿 X、Z 方向快速退刀		
M30;			程序结束		

五、程序调试与检验

项目 2 任务 1 中已详细讲解,这里不再重复。

(1)进入数控加工仿真系统(上海宇龙数控仿真系统)。

(2)回零。

(3)手动移动机床,使各轴位于机床行程的中间位置。

(4)输入程序。

(5)调用程序。

(6)定义和安装工件。

(7)装刀并对刀。

①装刀。将四把刀按顺序装夹到对应的刀位上。

②对刀。对 1 号和 2 号刀。

③调头后对 3 号和 4 号刀。

(8)让刀具退到安全换刀点。

(9)自动加工,加工结果如图 2-45。

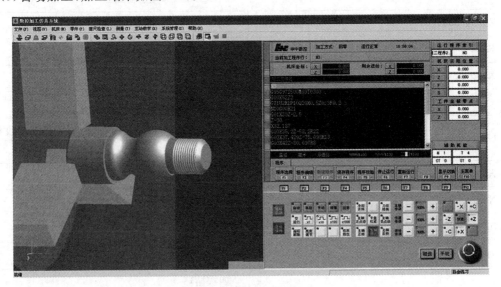

图 2-45　加工结果

六、零件检测

零件加工完成后,执行"测量"→"剖面图测量"命令,弹出"请您作出选择"对话框,若单击"是"按钮,则可测量半径小于 1 的圆弧;若单击"否"按钮,则不能测量半径小于 1 的圆弧。选择完毕后,系统弹出"车床工件测量"对话框,可对已加工的工件进行测量。表 2-14 为零件检查与评分表。

表 2-14 零件检查与评分表

项 目	检验要点	配 分	评分标准及扣分	得 分
主要项目	孔深度尺寸 22 mm	5 分	误差每增大 0.02 mm 扣 3 分,当误差大于 0.1 mm 时该项得分为 0	
	孔径 ϕ24 mm	5 分	误差每增大 0.05 mm 扣 2 分,当误差大于 0.2 mm 时该项得分为 0	
	零件总长 120 mm	10 分	误差每增大 0.02 mm 扣 3 分,当误差大于 0.1 mm 时该项得分为 0	
	圆弧 SR22 mm、R13 mm、R8 mm	10 分	误差每增大 0.05 mm 扣 2 分,当误差大于 0.2 mm 时该项得分为 0	
	其他尺寸	15 分	每处 5 分	
一般项目	程序无误,图形轮廓正确	10 分	错误一处扣 2 分	
	对刀操作、补偿值正确	10 分	错误一处扣 2 分	
	表面质量	5 分	每处加工残余、划痕扣 2 分	
工、量、刀具的使用与维护	常用工、量、刀具的合理使用	5 分	使用不当每次扣 2 分	
	正确使用夹具	5 分	使用不当每次扣 2 分	
设备的使用与维护	能读懂报警信息,排除常规故障	5 分	操作不当每项扣 2 分	
	数控机床规范操作	5 分	未按操作规范操作不得分	
安全文明生产	正确执行安全技术操作规程	10 分	每违反一项规定扣 2 分	
用时	规定时间(60 分钟)之内		超时扣分,每超 5 分钟扣 2 分	
总分(100 分)				

【思考与练习】

一、选择题

1.锻造毛坯应使用(   )复合型固定循环指令进行车削加工。

A. G70   B. G71   C. G72   D. G73

2.程序段 G71 U1 R0.5 中的 U1 指的是(   )。

A.每次的切削深度(半径值)   B.每次的切削深度(直径值)

C. 精加工余量(半径值)   D. 精加工余量(直径值)

3. G76 指令中的 A(a)指定的是(　　)。

A. 精车次数   B. 刀尖角度

C. 最小车削深度   D. 螺纹锥度值

4. 在程序段 G71 U(Δd) R(e)……中,Δd 表示(　　)。

A. 切深,无正负号,半径值   B. 切深,有正负号,半径值

C. 切深,无正负号,直径值   D. 切深,有正负号,直径值

5. 编制车螺纹指令时,F 参数是指(　　)。

A. 进给速度   B. 螺距   C. 头数   D. 不一定

二、判断题

1. G71 指令适用于车削圆棒料毛坯零件。 (　　)

2. G73 指令适用于加工铸造、锻造的已成形毛坯零件。 (　　)

3. 螺纹切削时,应尽量选择高的主轴转速,以提高螺纹的加工精度。 (　　)

4. 用 G71 指令进行内孔粗加工切削循环时,指令中指定的 X 方向精加工预留量 U 应取负值。 (　　)

5. 用 G71 编程进行粗车时,程序段号 ns 至 nf 之间的 F、S、T 功能均有效。 (　　)

6. 使用 G73 时,零件沿 X 轴的外形曲线必须是单调递增或单调递减的。 (　　)

7. G71 和 G73 的走刀轨迹一样。 (　　)

8. 需要多次自动循环的螺纹加工,应选择 G76 指令。 (　　)

9. G82 指令适用于对直螺纹和锥螺纹进行循环切削,每指定 1 次,螺纹切削自动进行 1 次循环。 (　　)

10. 数控车床可以车削直线、斜线、圆弧、公制和英制螺纹、圆柱管螺纹、圆锥螺纹,但是不能车削多头螺纹。 (　　)

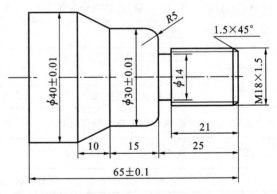

图 2-46　零件图

三、编程题

1. 加工如图 2-46 所示零件,数量为 1 件,毛坯为 ϕ45 mm×100 mm 棒料。要求设计数控加工工艺、编写数控加工程序,并进行仿真加工。

2. 加工如图 2-47 所示零件,数量为 1 件,毛坯为 ϕ40 mm×120 mm 棒料。要求设计数控加工工艺、编写数控加工程序,并进行仿真加工。

3. 加工如图 2-48 所示零件,毛坯为 ϕ50 mm×100 mm 棒料。要求分析零件的加工工艺、编写零件的加工程序,并进行仿真加工。

4. 加工如图 2-49 所示零件,毛坯为 ϕ40 mm×102 mm 棒料。要求分析零件的加工工艺、编写零件的加工程序,并进行仿真加工。

5. 加工如图 2-50 所示零件,毛坯为 ϕ50 mm×100 mm 棒料。要求分析零件的加工工艺、编

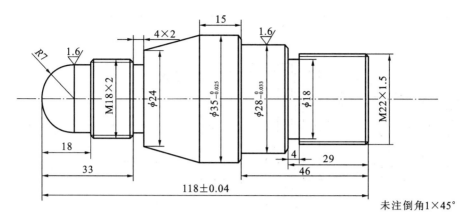

图 2-47 零件图

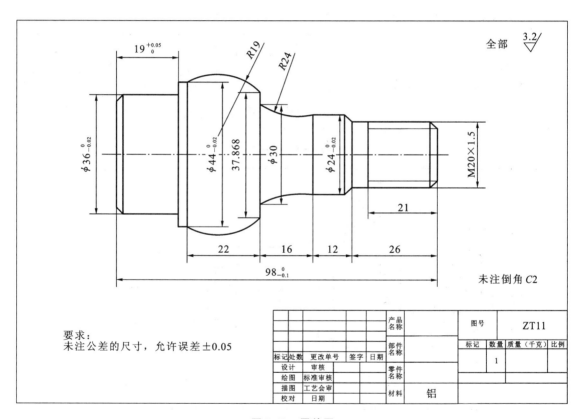

要求:
未注公差的尺寸,允许误差±0.05

图 2-48 零件图

写零件的加工程序,并进行仿真加工。

6. 加工如图 2-51 所示零件,毛坯为 $\phi38$ mm×80 mm 棒料。要求分析零件的加工工艺、编写零件的加工程序,并进行仿真加工。

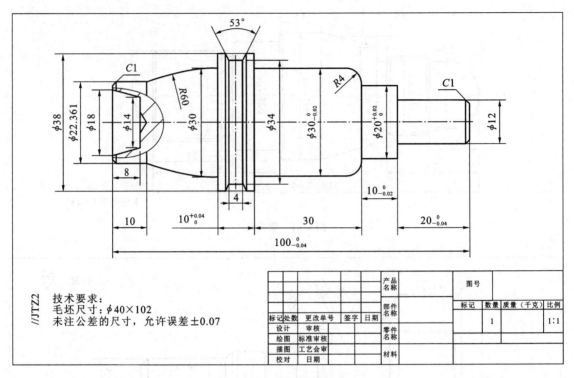

技术要求:
毛坯尺寸:φ40×102
未注公差的尺寸,允许误差±0.07

//JTZ2

					产品名称		图号			
							标记	数量	质量(千克)	比例
					部件名称			1		1:1
标记处数	更改单号	签字	日期							
设计		审核			零件名称					
绘图		标准审核								
描图		工艺会审			材料					
校对		日期								

图 2-49 零件图

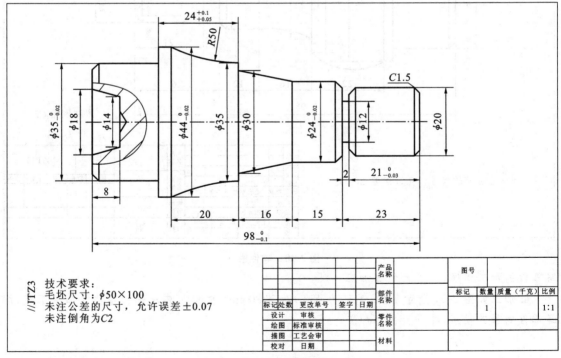

技术要求:
毛坯尺寸:φ50×100
未注公差的尺寸,允许误差±0.07
未注倒角为C2

//JTZ3

					产品名称		图号			
							标记	数量	质量(千克)	比例
					部件名称			1		1:1
标记处数	更改单号	签字	日期							
设计		审核			零件名称					
绘图		标准审核								
描图		工艺会审			材料					
校对		日期								

图 2-50 零件图

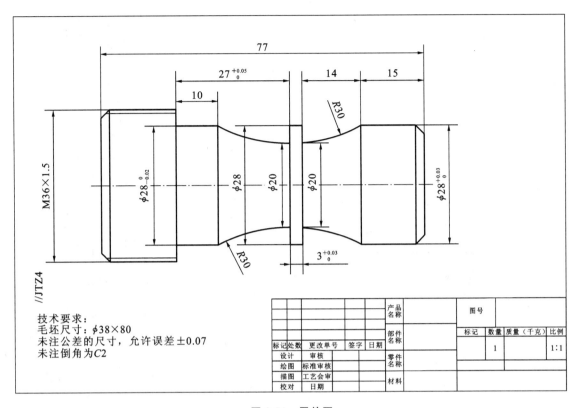

图 2-51　零件图

◀ 任务 3　非圆弧曲面轴的数控加工 ▶

【知识目标】

(1)了解车削非圆弧轮廓曲面的走刀路线设计。

(2)掌握宏指令编程基础知识。

(3)掌握子程序的应用。

【能力目标】

通过较复杂零件的数控加工工艺设计、编程与加工的学习,具备利用宏指令编制加工零件中非圆弧轮廓曲面的数控加工程序的能力。

【任务引入】

如图 2-52 所示的任务零件,给定的毛坯为 $\phi 50$ mm×105 mm 棒料,材料为铝。工件坐标系原点分别为左、右端面的中心点。要求分析零件的加工工艺、填写工艺文件、编写零件的加工程序,并进行仿真加工。

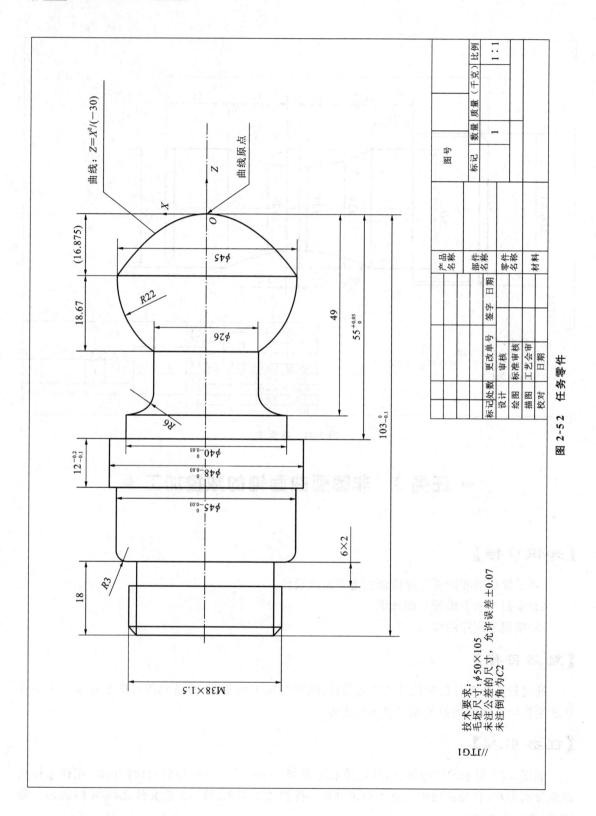

技术要求：
毛坯尺寸：$\phi 50 \times 105$
未注公差尺寸的尺寸公差±0.07，允许误差±0.07
未注倒角为C2

曲线：$Z = X^2/(-30)$

曲线原点

R22

$\phi 45$

$\phi 26$

(16.875)

18.67

49

$55^{+0.05}_{0}$

$103^{0}_{-0.1}$

R6

$12^{-0.2}_{-0.1}$

$\phi 40^{0}_{-0.03}$

$\phi 48^{0}_{-0.03}$

$\phi 45^{0}_{-0.03}$

6×2

18

R3

M38×1.5

$\sqrt{Ra1}$

图 2-52　任务零件

			比例	1：1
		质量（千克）		
		数量	1	
	图号	标记		

产品名称				
部件名称				
零件名称				
材料				

	签字	日期		
设计			更改单号	
绘图			审核	
描图			标准审核	
校对			工艺会审	
			日期	
标记处数				

【相关知识】

一、车削非圆弧轮廓曲面的走刀路线设计

一般情况下,数控系统只有直线和圆弧插补功能,要对椭圆、双曲线、抛物线等非圆曲线进行加工,数控系统无法直接实现插补,需要通过一定的数学处理。数学处理的方法是,用直线段或圆弧段去逼近非圆曲线,逼近线段与被加工曲线的交点称为结点,各几何要素之间的连接点称为基点。

如图 2-53 所示,OE 是一段椭圆弧,在 OE 之间插入结点 A、B、C、D,相邻两点之间在 Z 方向的距离相等,均为 a。结点数目的多少或 a 的大小决定了椭圆加工的精度和程序的长度。

采用直线段 OA、AB、BC、CD、DE 去逼近椭圆,关键是求出结点 O、A、B、C、D、E 的坐标。结点的计算一般比较复杂,必须借助宏程序的转移和循环指令处理。求得各结点后,就可按相邻两结点间的直线来编写加工程序。

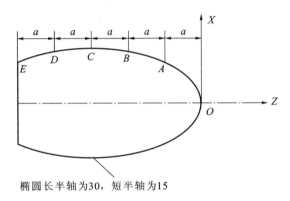

椭圆长半轴为30,短半轴为15

图 2-53　椭圆的走刀路线

二、宏指令编程基础知识

1. 宏程序的概念

宏程序是类似于高级语言的程序,程序员可以使用变量进行算术运算、逻辑运算和函数的混合运算,此外还可以使用循环语句、分支语句和子程序调用语句对刀具路径进行控制,利于编制各种复杂的零件加工程序,减少乃至免除手工编程时进行烦琐的数值计算,以及精简程序量,使程序应用更加灵活、方便。

2. 变量

普通数控加工程序直接用数值指定 G 代码和移动距离,使用宏程序时,数值可以直接指定或用变量指定。

1)变量的表示

变量由符号"#"和变量号组成,例如 #i(i=1,2,3,…)。

表达式可以用于指定变量号。

此时,表达式必须封闭在方括号中,例如 #[#1+#2−10]。

2)变量的引用

当在程序中定义变量值时,应指定变量号的地址。例如:

G01 X[#100] Y[#101] F[#102]

当#100＝800,#101＝500,#102＝80时,上面这段程序即表示为 G01 X800 Y500 F80。

3)变量的类型

变量可分为局部变量、全局变量和系统变量三种。

(1)局部变量(编号#0 至#49)在宏程序中局部使用,作用范围是当前程序。在主程序或不同子程序里,相同名称(编号)的变量不会相互干扰,值也可以不同。

(2)全局变量(编号#50 至#199)在整个程序中使用,作用范围是整个零件程序。不管是主程序还是子程序,只要名称(编号)相同就是同一个变量,带有相同的值,修改某一处该变量的值,其他位置的该变量都会发生变化。

(3)系统变量(编号#300 以上)指系统固定用途的变量,它们是数控系统内部定义好了的,用户不能改变它们的用途。系统变量是全局变量,使用时可以直接调用。#300 至#599 变量是可读写的,#600 以上的变量是只读的,不能直接修改。

4)变量的赋值

赋值是指将一个数据赋予一个变量。例如#1＝0,表示#1 的值是 0。其中#1 代表变量,0 就是给变量#1 赋的值。这里"＝"是赋值符号,起语句定义作用。

赋值的规律如下。

(1)赋值号"＝"两边内容不能随意互换,左边只能是变量,右边可以是表达式、数值或变量。

(2)一条赋值语句只能给一个变量赋值。

(3)在赋值运算中,表达式可以是变量自身与其他数据的运算结果,如#1＝#1＋1,表示#1 的值为#1＋1。

(4)在赋值表达式中用方括号来表示运算顺序,优先级与数学运算顺序相同。

3. 常量

常量在整个程序中数值始终不变,华中数控系统常量有"PI""TRUE"和"FALSE",其中 PI 表示圆周率、TRUE 表示条件成立(真)、FALSE 表示条件不成立(假)。

4. 算术运算

算术运算符号有"＋""－""＊""/",算术运算函数有正弦函数、余弦函数和平方根等。表2-15 所示为用户宏程序功能 B 的算术运算指令。

表 2-15　用户宏程序功能 B 的算术运算指令

算 术 运 算	表 达 形 式
变量的定义和替换	#i＝#j
加	#i＝#j＋#k
减	#i＝#j－#k
乘	#i＝#j＊#k

算 术 运 算	表 达 形 式
除	#i＝#j/#k
正弦函数[单位:弧度(rad)]	#i＝SIN[#j]
余弦函数[单位:弧度(rad)]	#i＝COS[#j]
正切函数[单位:弧度(rad)]	#i＝TAN[#j]
反正切函数[单位:弧度(rad)]	#i＝ATAN[#j]
平方根	#i＝SQRT[#j]
取绝对值	#i＝ABS[#j]

运算的先后顺序是表达式中括号的运算、函数运算、乘除运算、加减运算。

5. 控制指令

1)条件判别指令 IF

如果需要选择性地执行程序,就要用 IF 命令。

格式 1:(条件成立则执行)

    IF 条件表达式

    条件成立执行的语句组

    ENDIF

功能:若指定的条件表达式成立,则执行 IF 至 ENDIF 之间的程序段;若指定的条件表达式不成立,则跳过,执行下一程序段,其中 IF、ENDIF 称为关键词,不区分大小写。IF 为开始标志,ENDIF 为结束标志。IF……ENDIF 语句的执行流程如图 2-54(a)所示。

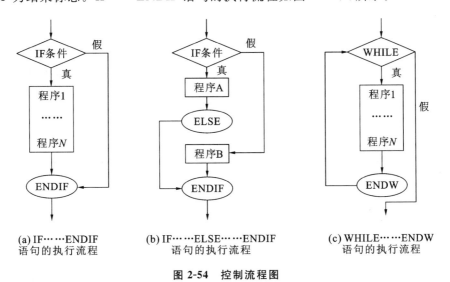

(a) IF……ENDIF
语句的执行流程

(b) IF……ELSE……ENDIF
语句的执行流程

(c) WHILE……ENDW
语句的执行流程

图 2-54 控制流程图

【例 2-15】

    IF ＃1 EQ 10   如果＃1＝10

M99	条件成立,执行此句(子程序返回)
ENDIF	条件不成立,跳到此句后面

格式 2:(二选一,并执行)

    IF 条件表达式

    条件成立执行的语句组

    ELSE

    条件不成立执行的语句组

    ENDIF

功能:若指定的条件表达式成立,则执行 IF 与 ENDIF 之间的程序段;若指定的条件表达式不成立,则执行 ELSE 与 ENDIF 之间的程序段。IF······ELSE······ENDIF 语句的执行流程如图 2-54(b)所示。

【例 2-16】

IF ＃2 LT 20	如果＃1 小于 20,则执行 G01 X10
G01 X10	
ELSE	如果＃1 不小于 20,则执行 G01 X35
G01 X35	
ENDIF	

条件表达式必须包括运算符。运算符插在两个变量中间或变量和常量中间。表达式可以替代变量。运算符(见表 2-16)由两个字母组成,用于两个值的比较,以决定它们是相等还是一个值小于或大于另一个值。

表 2-16 运算符

运 算 符	含 义	英 文 注 释
EQ	等于(＝)	Equal
NE	不等于(≠)	Not Equal
GT	大于(＞)	Great Than
GE	大于或等于(≥)	Great Than or Equal
LT	小于(＜)	Less Than
LE	小于或等于(≤)	Less Than or Equal

2)条件循环指令 WHILE

格式:

    WHILE 条件表达式

    条件成立循环执行的语句

    ENDW

功能:

条件成立,执行 WHILE 与 ENDW 之间的程序段,然后返回到 WHILE,再次判断条件,直到条件不成立才跳到 ENDW 后面。WHILE······ENDW 语句的执行流程如图 2-54(c)所示。

【例 2-17】

＃2＝30	
WHILE ＃2 GT 0	如果＃2＞0
G91 G01 X10	条件成立就执行
＃2＝＃2－3	修改变量,重新赋值
ENDW	返回
G90 G00 Z50	条件不成立,跳到这里执行

WHILE 中必须有修改条件变量的语句,使得其循环若干次后条件变为不成立,而退出循环,不然就成为死循环。

【例 2-18】 用宏程序编制如图 2-55 所示抛物线 $Z＝X^2/8$ 从 O 点至 A 点的程序。

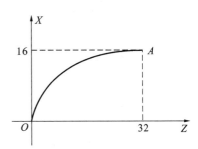

```
……
G00 X0 Z0
＃2＝0
WHILE ＃2LT32
＃2＝＃2＋0.1
＃1＝SQRT[8＊＃2]
G01 X[＃1] Z[＃2] F300
ENDW
……
```

图 2-55 宏程序编制例图 1

6. 宏程序编程步骤

1)选定自变量及其起止点坐标值

非圆曲线中的 X 和 Z 坐标任意一个都可以被定义为自变量,通常选择变化范围大的一个作为自变量(宏程序函数不好表达可除外),且其起止点坐标作为自变量的变化范围。如图 2-55 所示,X 坐标变化量从图中可以看出比 Z 坐标要小得多,所以将 Z 坐标选定为自变量,且 Z 轴起止点坐标分别为 0 和 32,自变量的初始值为起点坐标 0,自变量的终止值为终点坐标 32。

2)确定因变量与自变量的变化关系

根据数控曲线公式确定因变量与自变量的变化关系,如图 2-55 所示,非圆曲线表达式为 $z＝x^2/8$,则因变量 $x＝\sqrt{8z}$,即 x＝SQRT[8＊z]。

3)确定非圆曲线偏移量

该偏移量是相对于编程原点而言的,是曲线的数学原点相对于编程原点的偏移量。

【例 2-19】 用宏程序编制如图 2-56 所示椭圆 $\dfrac{x^2}{10^2}＋\dfrac{z^2}{20^2}＝1$ 的程序。

(1)选定自变量及其起止点坐标值。

将 Z 坐标选定为自变量,Z 轴起止点坐标分别为 0 和 −20,自变量的初始值为起点坐标 0,自变量的终止值为终点坐标 20。

(2)确定因变量与自变量的变化关系。

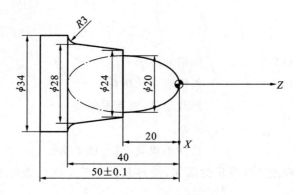

图 2-56　宏程序编制例图 2

非圆曲线表达式为 $\dfrac{x^2}{10^2}+\dfrac{z^2}{20^2}=1$，则因变量 $x=\dfrac{10}{20}\sqrt{20^2-z^2}$，即 $X=\dfrac{10}{20}*\text{SQRT}[20*20-Z*Z]$。

(3)确定非圆曲线偏移量。

椭圆曲线的原点相对于编程原点的 X 轴和 Z 轴的偏移量分别为 0、−20。

(4)非圆曲线的程序。

```
……
G01  X0  Z0  F300
#2＝20
WHILE  #2GT0
#2＝#2−0.1
#1＝10/20*SQRT[20*20−#2*#2]
#11＝#1*2
#22＝#2−20
G01  X[#11]  Z[#22]
ENDW
……
```

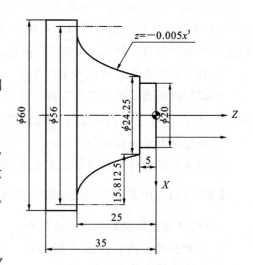

图 2-57　宏程序编制例图

【例 2-20】　用宏程序编制如图 2-57 所示的非圆曲线的程序。

(1)选定自变量及其起止点坐标值。

Z 坐标的变化量比 X 轴的大，如果 Z 作自变量，非圆曲线表达式 $z=-0.005x^3$，则因变量 $x=\sqrt[3]{200z}$，三次开方的函数在宏程序中无法表达。所以选定 x 为自变量，X 轴变化量为 15.812 5。

(2)确定因变量与自变量的变化关系。

非圆曲线表达式为 $z=-0.005x^3$，即 $Z=-0.005*X*X*X$。

(3)确定非圆曲线偏移量。

非圆曲线的原点相对于编程原点的 X 轴和 Z 轴的偏移量分别为 28、-25。

(4)非圆曲线的程序。

```
……
G01 X24.25 Z-5 F300
#1=-15.8125
WHILE #1LT0
#1=#1+0.1
#2=-[0.005*#1*#1*#1]
#11=[#1+28]*2
#22=#2-25
G01 X[#11] Z[#22]
ENDW
……
```

三、主程序与子程序

1. 数控加工程序分为主程序和子程序两类

在一个加工程序中,如果有几个连续的程序段在多处重复出现(例如在一个较大的工件上加工多个相同形状和尺寸的轮廓),就可将这些重复使用的程序段按规定的格式独立编写成子程序。程序中子程序以外的部分便称为主程序。在执行主程序的过程中,如果需要,则可调用子程序,并可以多次重复调用。有些数控系统子程序执行过程还可以调用其他的子程序,即子程序嵌套。这样可以简化程序设计,缩短程序的长度。带子程序的程序执行过程如图 2-58 所示。

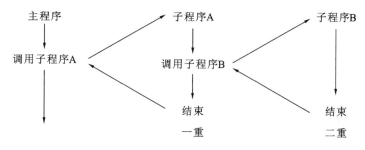

图 2-58 带子程序的程序执行过程

2. 子程序调用指令格式

格式:

    M98 P_ L_

其中:P 后跟子程序号,L 后跟子程序调用次数(默认值为 1,调用 1 次时可省略)。子程序和主程序必须写在同一个文件中,都是以"%"开头,以"%××××"单独作为一程序行书写,子程序还可以再调用其他子程序。一个子程序应以"M99;"作为程序结束行,可被主程序多次调用。

需要注意的是,在 MDI 方式下使用子程序调用指令是无效的。

【例 2-21】 用子程序编制如图 2-59 所示零件的加工程序。

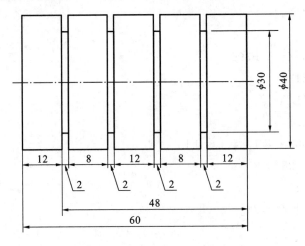

图 2-59 子程序编制例图

程序内容如下。

%3006(主程序)

N1;

G00 G40 G95 G97 M03 S500 T0101 F0.2;

X40 Z2;

G01 Z-65;

G28;

N2;

G00 G40 G95 G97 M03 S500 T0202 F0.2;

X42 Z0;

M98 P0010 L2;

G28;

M30;

%0010(子程序)

G00 W-14;

G01 X30;

G00 X42;

W-10;

G01 X30;

G00 X42;

M99;

【任务实施】

本任务的实施过程包括分析零件图样、确定工艺过程、数值计算、编写程序、程序调试与检验、零件检测六个步骤。

一、分析零件图样

如图 2-52 所示,该零件属于轴类零件,加工内容包括非圆弧曲面、球面、圆柱、圆角、倒角、螺纹、沟槽。需要调头加工,螺纹在左端,非圆曲面在右端,右端不容易装夹,故先加工左端后加工右端,左端加工完成后在 $\phi 45$ mm 圆柱面处调头装夹,且两端加工的分界位置取距右端原点 55 mm 的横截面。

二、确定工艺过程

1. 拟订工艺路线

(1)确定工件的定位基准。确定坯料轴线和左、右端面为定位基准。

(2)选择加工方法。该零件的加工表面均为回转体,加工表面的加工精度有要求(未注公差的尺寸,允许误差±0.07 mm),表面粗糙度无要求。采用加工方法为粗车、精车。

(3)拟订工艺过程。

①按 $\phi 50$ mm×105 mm 下料。

②车削左端外圆。

③车削左端退刀槽。

④车削左端螺纹。

⑤调头装夹,并对刀。

⑥车削右端非圆弧轮廓曲面、球面及外圆柱。

⑦去毛刺。

⑧检验。

2. 设计数控车加工工序

(1)选择加工设备。选用系统为华中数控世纪星 4 代 HNC-22T(平床身前置刀架)的数控车床。

(2)选择工艺装备。

①该零件采用三爪自动定心卡盘自定心夹紧。

②刀具:T0101 外圆车刀(C 形,刃长 12 mm,主偏角 93°,刀尖半径 0.8 mm);T0202 外圆切槽刀(宽 6 mm,切槽深度 15 mm);T0303 外螺纹车刀($\alpha=60°$);T0404 外圆车刀(选择定制菱形刀片,刀尖角度为 35°,主偏角为 90°)。

刀具半径补偿值:T0101 外圆车刀,半径为 0.8 mm,刀尖方位 3。

③量具:量程为 200 mm,分度值为 0.02 mm 的游标卡尺;测量范围是 25~50 mm,分度值为 0.001 mm 的外径千分尺。

(3)确定工步和走刀路线。按加工过程确定走刀路线如下:沿零件轮廓先粗车后精车各外圆。

(4)确定切削用量。

主轴转速:车外圆取 500 r/min、车沟槽取 600 r/min、车螺纹取 650 r/min。

进给速度:车外圆取 0.2 mm/r、车沟槽取 0.15 mm/r、车螺纹取 1.5 mm/r。

3. 编制数控技术文档

(1)编制数控加工工序卡。

数控加工工序卡如表 2-17 所示。

表 2-17　螺纹轴的数控加工工序卡

数控加工工序卡				产品名称	零件名称	零件图号	
					螺纹轴		
工序号	程序编号	材料	数量	夹具名称	使用设备	车间	
6	%3001	铝		三爪卡盘	数控车床	数控实训中心	
工步号	工步内容	切削用量			刀具		量具名称	备注
		n/(r/min)	f/(mm/r)	a_p/mm	编号	名称		
1	粗车左端各外圆	500	0.2	2	T0101	外圆机夹车刀	游标卡尺	自动
2	精车左端各外圆	500	0.2	0.5	T0101	外圆机夹车刀	游标卡尺	自动
3	车沟槽	600	0.15	2	T0202	外圆切槽刀	游标卡尺	自动
4	车螺纹	650	1.5	2	T0303	外螺纹车刀	游标卡尺	自动
5	车右端各外圆	500	0.2	2	T0404	外圆机夹车刀	游标卡尺	自动
编制		审核		批准		共　页	第　页

(2)编制刀具调整卡。

刀具调整卡如表 2-18 所示。

表 2-18　螺纹轴的车削加工刀具调整卡

产品名称或代号			零件名称	螺纹轴	零件图号	
序号	刀具号	刀具规格名称	刀具参数		刀补地址	
			刀尖半径	刀杆规格	半径	形状
1	T0101	外圆机夹车刀	0.8 mm	25 mm×25 mm	0.8 mm	03
2	T0202	外圆切槽刀	0	25 mm×25 mm		

续表

产品名称或代号			零件名称	螺纹轴	零件图号	
序号	刀具号	刀具规格名称	刀具参数		刀补地址	
			刀尖半径	刀杆规格	半径	形状
3	T0303	外螺纹车刀	0	25 mm×25 mm		
4	T0404	外圆车刀	0	25 mm×25 mm		
编制		审核		批准	共　页	第　页

三、数值计算

只需计算此零件基点的坐标,基点的坐标利用一般的解析几何或三角函数关系便可求得。各基点的位置如图 2-60 所示。

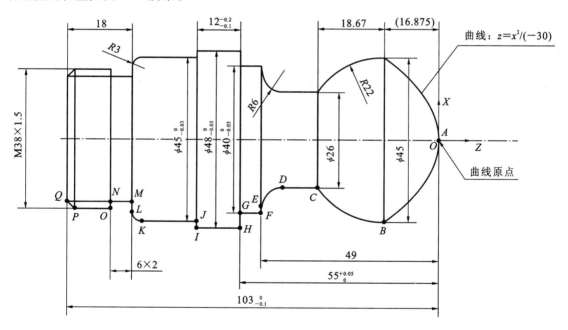

图 2-60　基点的位置

若左端以轴线与左端面的交点为编程原点(0,0),右端以轴线与右端面的交点为编程原点(0,0),则各基点的绝对坐标如下。

右端中心为编程原点(0,0);基点 A 为(0,0);基点 B 为(45,−16.875);基点 C 为(26,−35.545);基点 D 为(26,−43);基点 E 为(38,−49);基点 F 为(40,−49);基点 G 为(40,−55)。

左端中心为编程原点(0,0);基点 H 为(48,−48),加工时 Z 方向宜多加工 1 mm,即切削至(48,−49);基点 I 为(48,−36);基点 J 为(45,−36);基点 K 为(48,−21);基点 L 为(39,

—18);基点 M 为(34,—18);基点 N 为(34,—12);基点 O 为(38,—12);基点 P 为(38,—2);基点 Q 为(34,0)。

四、编写程序

数控加工程序卡如表2-19所示。

表 2-19　数控加工程序卡

零件图号		零件名称	螺纹轴	编制日期	
程序号	%3001	数控系统	HNC-22T	编制	
程序内容			程序说明		
左端加工程序					
N1					
G95 G97 S500 M03 T0101;			主轴正转,转速为 500 r/min,换 1 号外圆机夹车刀		
G00 G42 X52 Z2;			刀具快速定位至起刀点,建立刀补		
G71 U2 R1 P10 Q20 X0.5 Z0.3 F0.2;			复合循环加工外圆、进给速度为 0.2 mm/r		
N10 G00 X30;			快速定位至精加工切削起点		
G01 X38 Z—2;			精车 QP 倒角		
Z—18;			精车外圆		
X39;			精车轴肩		
G03 X45 Z—21 R3;			精车 LK 圆角		
G01 Z—36;			精车 KJ 外圆		
X48;			精车 JI 轴肩		
N20 Z—49;			精车 IH 外圆		
G00 G40 X100 Z50;			沿 X、Z 方向快速退刀至换刀点,取消刀补		
N2					
G95 G97 S600 M03 T0202;			主轴正转,转速为 600 r/min,换 2 号外圆切槽刀		
G00 X50 Z—18;			快速定位至切削起点		
G01 X34 F0.15;			切槽、进给速度为 0.15 mm/r		
G00 X100;			沿 X 方向退刀		
Z50;			沿 Z 方向退刀至换刀点		
N3					
G95 G97 S650 M03 T0303;			主轴正转,转速为 650 r/min,换 3 号外螺纹车刀		
G00 X50 Z2;			刀具快速定位至循环起点		
G82 X37.2 Z—13 F1.5;			循环切削螺纹、导程为 1.5 mm,1 次吃刀量为 0.8 mm		
X36.6;			2 次吃刀量为 0.6 mm		
X36.2;			3 次吃刀量为 0.4 mm		

续表

零件图号		零件名称	螺纹轴	编制日期	
程序号	%3001	数控系统	HNC-22T	编制	
程序内容			程序说明		
X36.04;			4 次吃刀量为 0.16 mm		
G00 X100 Z50;			快速退刀		
M30;			程序结束		
右端加工程序					
G95 G97 S500 M03 T0404;			主轴正转,转速为 500 r/min,换 4 号外圆车刀		
G00 X50 Z0;			刀具快速定位至切削起点		
G01 X−1 F0.2;			切端面、进给速度为 0.2 mm/r		
G00 X47 Z2;			刀具快速定位至起刀点		
#51=44;			给全局变量#51 赋值 44		
M98 P0002 L23;			调用子程序(%0002)23 次		
G00 X50 Z−15;			刀具快速定位至循环起点		
G71 U2 R1 P10 Q20 X0.5 Z0.2;			复合循环加工外圆		
N10 G00 X45;			快速定位至精加工切削起点		
G01 Z−16.875;			切削至 B 点		
G03 X26 Z−35.545 R22;			精车 BC 圆球面		
G01 Z−43;			精车 CD 外圆		
G02 X38 Z−49 R6;			精车 DE 圆角		
G01 X40;			精车 EF 轴肩		
N20 Z−55;			精车 FG 外圆		
G00 X100 Z50;			沿 X、Z 方向快速退刀		
M30;			程序结束		
%0002			子程序名称		
G00 X[#51];			快速定位至切削起点,此时#51=44		
G90 G01 Z0;			切削至 Z=0 平面		
#0=#51+45;			将#51 与 45 的和赋值给变量#0		
WHILE #51 LE #0;			循环条件为#51≤#0		
#2=#51 * #51/120;			函数关系式		
G90 G01 X[#51] Z[−#2];			直线切削至#51 和−#2 对应的坐标点		
#51=#51+0.05;			每循环一次#51 的值加上 0.05		
ENDW;			结束循环		
G00 X[#0+2];			沿 X 方向退刀,每调用一次子程序 X 值加上 2		
Z2;			沿 Z 方向退刀		
#51=#51−47;			每调用一次子程序,#51 的值减去 47		
M99;			结束子程序,返回主程序		

五、程序调试与检验

关于仿真软件的操作步骤在任务1中已详细讲解,这里不再重复。

(1)进入数控加工仿真系统(上海宇龙数控仿真系统)。

(2)回零。

(3)手动移动机床,使各轴位于机床行程的中间位置。

(4)输入程序。

(5)调用程序。

(6)定义和安装工件。

(7)装刀并对刀。

①装刀。将四把刀按顺序装夹到对应的刀位上。

②对刀。对1号、2号和3号刀。

③调头后对4号刀。

(8)让刀具退到安全换刀点。

(9)自动加工。加工结果如图2-61所示。

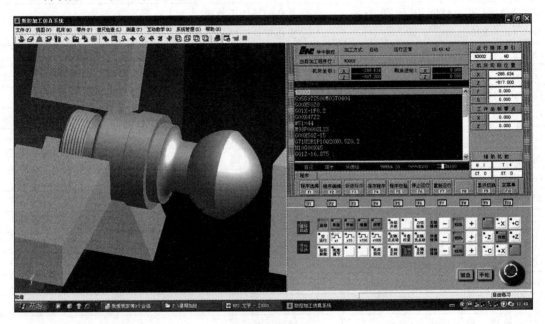

图 2-61　加工结果

六、零件检测

零件加工完成后,执行"测量"→"剖面图测量"命令,弹出"请您作出选择"对话框,若单击"是"按钮,则可测量半径小于1的圆弧;若单击"否"按钮,则不能测量半径小于1的圆弧。选择完毕后,系统弹出"车床工件测量"对话框,可测量已加工的工件。表2-20所示为零件检查与评分表。

表 2-20　零件检查与评分表

项　　目	检验要点	配　　分	评分标准及扣分	得　　分
主要项目	外径尺寸 $\phi45$ mm（2 处）、$\phi48$ mm、$\phi40$ mm、$\phi26$ mm	5 分	误差每增大 0.02 mm 扣 3 分，误差大于 0.1 mm 该项得分为 0	
	零件总长 103 mm	5 分	误差每增大 0.05 mm 扣 2 分，误差大于 0.1 mm 该项得分为 0	
	圆弧 $R22$ mm、$R6$ mm、$R3$ mm	10 分	误差每增大 0.02 mm 扣 3 分，误差大于 0.1 mm 该项得分为 0	
	曲线轮廓尺寸 16.875 mm、$\phi45$ mm	10 分	误差每增大 0.05 mm 扣 2 分，误差大于 0.2 mm 该项得分为 0	
	其他尺寸	15 分	每处 5 分	
一般项目	程序无误，图形轮廓正确	10 分	错误一处扣 2 分	
	对刀操作、补偿值正确	10 分	错误一处扣 2 分	
	表面质量	5 分	每处加工残余、划痕扣 2 分	
工、量、刀具的使用与维护	常用工、量、刀具的合理使用	5 分	使用不当每次扣 2 分	
	正确使用夹具	5 分	使用不当每次扣 2 分	
设备的使用与维护	能读懂报警信息，排除常规故障	5 分	操作不当每项扣 2 分	
	数控机床规范操作	5 分	未按操作规范操作不得分	
安全文明生产	正确执行安全技术操作规程	10 分	每违犯一项规定扣 2 分	
用时	规定时间（60 分钟）之内		超时扣分，每超 5 分钟扣 2 分	
总分（100 分）				

【思考与练习】

一、选择题

1.(　　)不是宏程序功能。

A. 可以使用变量进行算术运算　　B. 可以对刀具路径进行控制

C. 可以用于加工不规则零件　　D. 可以精简程序，使程序更加灵活、方便

2. 在运算指令中，#i＝SQRT[#j]代表的意义是(　　)。

A. 矩阵　　　　　B. 数列　　　　　C. 平方根　　　　　D. 求和

3. 在运算指令中，#i＝#jAND#k 代表的意义是(　　)。

A. 逻辑与　　　　B. 逻辑乘　　　　C. 倒数和余数　　　D. 负数和正数

4. 下列宏程序加工(　　)曲线，采用(　　)段直线插补逼近曲线。

A. 抛物线；16　　B. 抛物线；32　　C. 椭圆；32　　　　D. 椭圆；16

　　……

　　G00　X0　Z0

#2＝8

WHILE ＃2GT－8

#2＝#2－0.5

#1＝0.5＊SQRT[100－#2＊#2]

G01 X[#1＊2] Z[#2] F300

ENDW

......

二、判断题

1. 每个用户变量内数据的定义由用户在编程时确定。 (   )

2. 所有的变量内的数据都可以被读出和写入。 (   )

3. 宏程序的特点是可以使用变量,变量之间不能进行运算。 (   )

4. #j GE #k 表示#j 大于#k。 (   )

5. 在非圆曲线中的 X 和 Z 坐标任意一个都可以被定义为自变量,但只能选择变化范围大的一个作为自变量。 (   )

三、编程题

1. 如图 2-62 所示零件,给定的毛坯为 $\phi52$ mm×132 mm 棒料,材料为铝。工件坐标系原点分别为左右端面中心点。要求设计零件的加工工艺、编写零件的加工程序,并进行仿真加工。

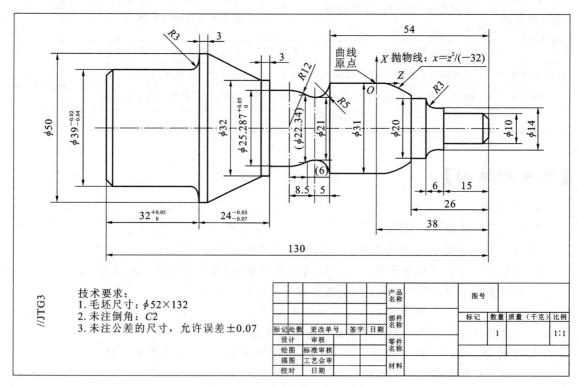

图 2-62 零件图

2. 如图 2-63 所示零件,给定的毛坯为 $\phi52$ mm×132 mm 棒料,材料为铝。工件坐标系原点分别为左右端面中心点。要求设计零件的加工工艺、编写零件的加工程序,并进行仿真加工。

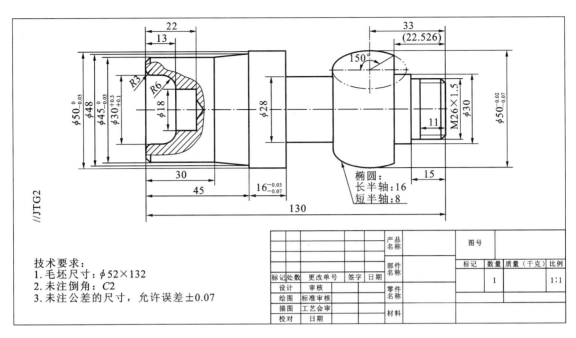

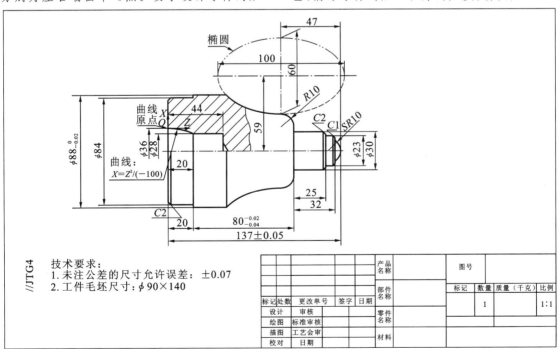

技术要求：
1. 毛坯尺寸：$\phi52\times132$
2. 未注倒角：C2
3. 未注公差的尺寸，允许误差±0.07

图 2-63 零件图

3. 如图 2-64 所示零件,给定的毛坯为 $\phi90$ mm×140 mm 棒料,材料为铝。工件坐标系原点分别为左右端面中心点。要求设计零件的加工工艺、编写零件的加工程序,并进行仿真加工。

技术要求：
1. 未注公差的尺寸允许误差：±0.07
2. 工件毛坯尺寸：$\phi90\times140$

图 2-64 零件图

项目 3
数控铣床编程与操作

通过学习本项目,读者能够独立分析零件图样,制订数控铣床零件加工工艺,编写中等难度的零件加工程序及进行数控仿真系统软件的模拟操作。

◀◆ 任务 1　S 形槽的数控加工 ◆▶

【知识目标】

(1)掌握槽的加工方法。

(2)了解铣削用夹具、量具、刀具,掌握槽类零件刀具的选择。

(3)掌握数控铣床加工基本工艺。

(4)掌握数控铣床 F、S、T 指令。

(5)掌握数控铣床常用编程指令(G90、G91、G00、G01、G02、G03、G54 至 G59)。

(6)掌握宇龙数控铣床仿真软件的操作。

【能力目标】

(1)通过 S 形槽零件的数控加工,具备铣削轮廓数控加工工艺设计及编制程序的能力。

(2)掌握基本的数控铣床编程指令,能为具有直线、圆弧等简单轮廓的数控铣床零件编制程序。

(3)掌握宇龙数控铣床仿真软件的操作。

【任务引入】

加工如图 3-1 所示 S 形槽零件,数量为 1 件,毛坯为 70 mm×70 mm×10 mm 的 45 钢。

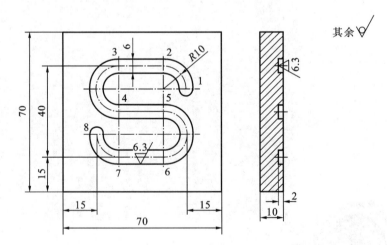

图 3-1　S 形槽零件图

要求设计数控加工工艺方案,编制数控加工工序卡、数控铣床刀具调整卡、数控加工程序卡,并进行仿真加工,优化走刀路线和程序。

【相关知识】

一、数控铣削加工工艺分析

铣削加工是机械加工中常用的加工方法之一,它主要包括平面铣削和轮廓铣削,也包括对零件进行钻、扩、铰、镗、锪加工及螺纹加工等。

1. 刀具选择

1)面铣刀

如图 3-2 所示,面铣刀的圆周表面和端面上都有切削刃,端部切削刃为副切削刃。面铣刀多制成套式镶齿结构,刀齿由高速钢或硬质合金制成,刀体为 40 Cr。面铣刀主要用于面积较大的平面铣削和较平坦的立体轮廓的多坐标加工。

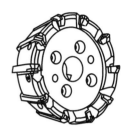

图 3-2 面铣刀

2)立铣刀

立铣刀(见图 3-3)按其端部切削刃可分为过中心刃和不过中心刃两种。过中心刃立铣刀可直接轴向进刀。由于不过中心刃立铣刀的端面中心处无切削刃,因此它不能做轴向进给,端面刃主要用来加工与侧面相垂直的底平面。图 3-3 所示为各种类型立铣刀。

3)键槽铣刀

如图 3-4 所示,键槽铣刀有两个刀齿,圆柱面和端面都有切削刃,端面刃延至中心,既像立铣刀,又像钻头。用键槽铣刀铣削键槽时,先轴向进给达到槽深,然后沿键槽方向铣出键槽全长。由于切削力引起刀具和工件变形,一次走刀铣出的键槽形状误差较大,槽底一般不是直角。为此,通常采用两步法铣削键槽,即先用小号铣刀粗加工出键槽,然后以逆铣方式精加工四周,可得到真正的直角。直柄键槽铣刀直径 d 为 2~22 mm,锥柄键槽铣刀直径 d 为 14~50 mm。键槽铣刀直径的偏差有 e8 和 d8 两种。键槽铣刀的圆周切削刃仅在靠近端面的一小段长度内发生磨损,重磨时,只需刃磨端面切削刃,因此重磨后铣刀直径不变。

4)球头铣刀

球头铣刀适用于加工空间曲面零件,有时也用于平面类零件较大的转接凹圆弧的补加工,如图 3-5 所示。

2. 刀位点、对刀点、换刀点

1)刀位点

铣刀的刀位点是刀具轴线与刀具底面的交点。

2)对刀点

数控铣床在对刀时主要靠刀具的外圆柱面去接触零件来对刀,因此无确定的对刀点。

3)换刀点

数控铣床的换刀点通常在工件上表面一定高度范围内选择。

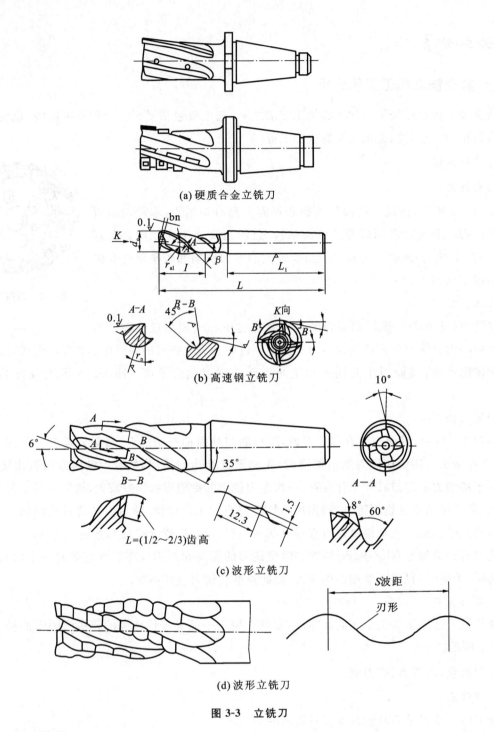

(a) 硬质合金立铣刀

(b) 高速钢立铣刀

$L=(1/2\sim2/3)$齿高

(c) 波形立铣刀

(d) 波形立铣刀

图 3-3　立铣刀

3. 加工路线

1)顺铣和逆铣的选择

铣削有顺铣和逆铣(见图 3-6)两种方式。铣刀的旋转方向和工件的进给方向相反时称为逆铣,相同时称为顺铣。当工件表面无硬皮,机床进给机构无间隙时,应选用顺铣,按照顺铣安排

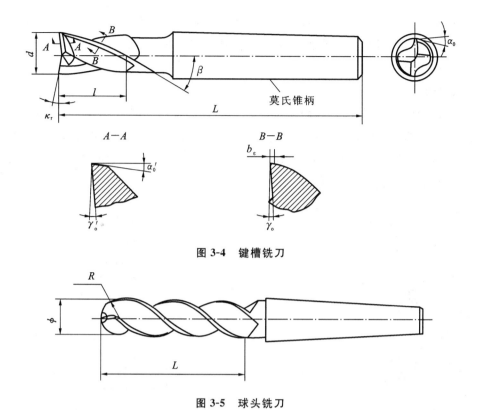

图 3-4　键槽铣刀

图 3-5　球头铣刀

进给路线。因为采用顺铣加工后,零件已加工表面质量好,刀齿磨损小。精铣时,尤其是零件材料为铝镁合金、钛合金或耐热合金时,应尽量采用顺铣。当工件表面有硬皮,机床的进给机构有间隙时,应选用逆铣,按照逆铣安排进给路线。因为逆铣时,刀齿是从已加工表面切入,不会崩刀;机床进给机构的间隙不会引起振动和爬行。

2)铣削外轮廓的进给路线

(1)铣削平面零件外轮廓时,一般采用立铣刀侧刃切削。如图 3-7 所示,刀具切入工件时,应避免沿零件外轮廓的法向切入,而应沿切削起始点的延伸线逐渐切入工件,保证零件曲线的平滑过渡;切离工件时,也应避免在切削终点处直接抬刀,要沿着切削终点延伸线逐渐切离工件。

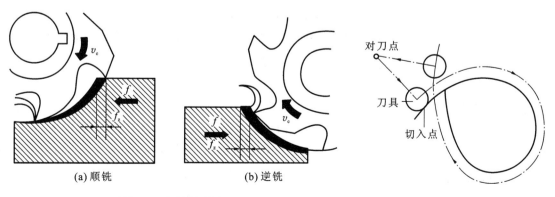

图 3-6　顺铣与逆铣

图 3-7　外轮廓加工刀具的切入

（2）当用圆弧插补方式进行外圆铣削（见图3-8）时，要安排刀具从切向进入圆周铣削加工，圆加工完毕后，不要在切点处直接退刀，而应让刀具沿切线方向多运动一段距离，以免取消刀补时，刀具与工件表面相碰，造成工件报废。

3）铣削内轮廓的进给路线

（1）铣削封闭的内轮廓表面，若内轮廓曲线不允许外延，如图3-9所示，刀具只能沿内轮廓曲线的法向切入、切出，此时刀具的切入点、切出点应尽量选在内轮廓曲线两几何元素的交点处。当内部几何元素相切无交点时，如图3-10所示，为防止刀补取消时在轮廓拐角处留下凹口，刀具切入点、切出点应远离拐角。

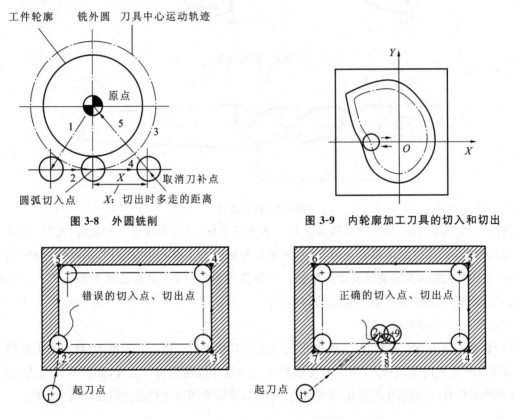

图3-8　外圆铣削　　　　　　　图3-9　内轮廓加工刀具的切入和切出

图3-10　无交点内轮廓加工刀具的切入和切出

（2）当用圆弧插补铣削内圆弧时也要遵循从切向切入、切出的原则，最好安排从圆弧过渡到圆弧的加工路线，如图3-11所示，提高内孔表面的加工精度和质量。

4）铣削内槽的进给路线

所谓内槽是指以封闭曲线为边界的平底凹槽。内槽一律用平底立铣刀加工，刀具圆角半径应符合内槽的图样要求。图3-12所示为加工内槽的三种进给路线。图3-12（a）和图3-12（b）分别为用行切法、环切法加工内槽。两种进给路线的共同点是都能切净内腔的全部面积，不留死角，不伤轮廓，同时尽量减少重复进给的搭接量。不同点是行切法的进给路线比环切法的进给路线短，但行切法将在每两次进给的起点与终点间留下残留面积，而达不到所要求的表面粗糙

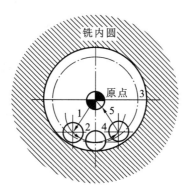

图 3-11 内圆铣削

度;用环切法比用行切法获得的表面粗糙度要好,但环切法需要逐次向外扩展轮廓线,刀位点计算稍微复杂一些。采用图 3-12(c)所示的进给路线,即先用行切法切去中间部分余量,最后用环切法环切一刀,使轮廓表面光整,既能使总的进给路线较短,又能获得较低的表面粗糙度。

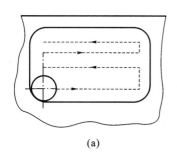 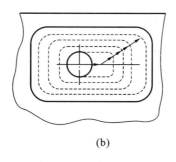 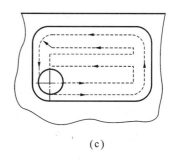

(a) (b) (c)

图 3-12 加工内槽的三种进给路线

5)铣削曲面轮廓的进给路线

铣削曲面时,常用球头刀采用行切法进行加工。所谓行切法是指刀具与零件轮廓的切点轨迹是一行一行的,而行间的距离是按零件加工精度的要求确定的。

对于边界敞开的曲面加工,可采用两种加工路线,如图 3-13 所示,当采用图 3-13(a)所示的加工方案时,每次沿直线加工,刀位点计算简单,程序少,加工过程符合直纹面的形成,可以保证母线的直线度。当采用图 3-13(b)所示的加工方案时,符合这类零件数据给出情况,便于加工后检验,准确度较高,但程序较多。由于曲面零件的边界是敞开的,没有其他表面限制,因此曲面边界可以延伸,球头刀应由边界外开始加工。当边界不敞开时,确定进给路线要另行处理。

注意:轮廓加工中应避免进给停顿,否则会在轮廓表面留下刀痕;若在被加工表面范围内垂直下刀和抬刀,则也会划伤表面。为提高工件表面的精度和降低粗糙度,可以采用多次走刀的方法,精加工余量一般以 0.2~0.5 mm 为宜。

选择工件在加工后变形小的走刀路线。横截面积小的细长零件或薄板零件应采用多次走刀加工达到最后尺寸,或采用对称去余量法安排走刀路线。

6)进给路线确定原则

确定进给路线时,要在保证被加工零件获得良好的加工精度和表面质量的前提下,力求计

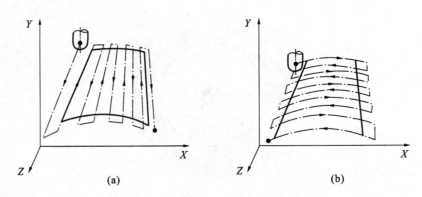

(a)　　　　　　　　　　　　　　　(b)

图 3-13　曲面加工的进给路线

算容易,走刀路线短,空刀时间少。进给路线与工件表面状况、要求的零件表面质量、机床进给机构的间隙、刀具耐用度及零件轮廓形状等有关。确定进给路线主要考虑以下几个方面。

(1)铣削零件表面时,要正确选用铣削方式。

(2)进给路线尽量短,以减少加工时间。

(3)进刀、退刀位置应选在零件不太重要的部位,并且使刀具沿零件的切线方向进刀、退刀,以避免产生刀痕。在铣削内表面轮廓时,切入/切出无法外延,铣刀只能沿法线方向切入和切出,此时切入点、切出点应选在零件轮廓的两个几何元素的交点上。

(4)先加工外轮廓,后加工内轮廓。

4. 切削用量的选择

切削用量(见图 3-14)包括切削速度、进给速度、背吃刀量和侧吃刀量。

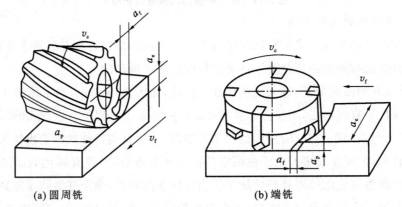

(a)圆周铣　　　　　　　　　　　　(b)端铣

图 3-14　铣削切削用量

从不损害刀具寿命的角度出发,切削用量的选择方法:首先选取背吃刀量或侧吃刀量,其次确定进给速度,最后确定切削速度。

1)背吃刀量(端铣)或侧吃刀量(圆周铣)

背吃刀量 a_p 为平行于铣刀轴线测量的切削层尺寸,单位为毫米。端铣时,a_p 为切削层深度;而圆周铣削时,a_p 为被加工表面的宽度。

侧吃刀量 a_e 为垂直于铣刀轴线测量的切削层尺寸,单位为毫米。端铣时,a_e 为被加工表面宽度;而圆周铣削时,a_e 为切削层深度。

背吃刀量或侧吃刀量主要根据加工余量和表面质量的要求确定。

(1)当工件表面粗糙度值要求为 12.5~25 μm 时,如果圆周铣削的加工余量小于 5 mm,端铣的加工余量小于 6 mm,粗铣一次进给就可以达到要求。但在余量较大,工艺系统刚度较低或机床动力不足时,可分两次进给完成。

(2)当工件表面粗糙度值要求为 6.2~12.5 μm 时,可分粗铣和半精铣两步进行。粗铣时背吃刀量或侧吃刀量选取同前。粗铣后留 0.5~1.0 mm 余量,在半精铣环节切除。

(3)当工件表面粗糙度值要求为 0.8~6.2 μm 时,可分粗铣、半精铣、精铣三步进行。半精铣时背吃刀量或侧吃刀量取 1.5~2 mm;精铣时,圆周铣侧吃刀量取 0.3~0.5 mm,面铣刀背吃刀量取 0.5~1 mm。

2)进给速度

进给速度 v_f 是单位时间内工件与铣刀沿进给方向的相对位移,单位为毫米/分(mm/min)。它与铣刀转速 n、铣刀齿数 Z 及每齿进给量 f_z[单位为毫米/齿(mm/z)]的关系为

$$v_f = f_z Z n \tag{3-1}$$

每齿进给量 f_z 的选取主要取决于工件材料的力学性能、刀具材料、工件表面粗糙度等因素。工件材料的强度和硬度越高,f_z 越小;反之,则越大。硬质合金铣刀的每齿进给量高于同类高速钢铣刀。

每齿进给量的确定可参考表 3-1 选取,工件刚度低或刀具强度低时,应取小值。

表 3-1 铣刀每齿进给量 f_z

工件材料	每齿进给量 f_z/(mm/z)			
	粗 铣		精 铣	
	高速钢铣刀	硬质合金铣刀	高速钢铣刀	硬质合金铣刀
钢	0.10~0.15	0.10~0.25	0.02~0.05	0.10~0.15
铸铁	0.12~0.20	0.15~0.30		

3)切削速度

铣削的切削速度计算公式为

$$v_c = \frac{C_V d^q}{T^m f_z^{\,y_v} a_p^{\,x_v} a_e^{\,p_v} Z^{x_v} 60^{1-m}} K_V \tag{3-2}$$

由式(3-2)可知,铣削的切削速度与刀具耐用度 T、每齿进给量 f_z、背吃刀量 a_p、侧吃刀量 a_e 及铣刀齿数 Z 成反比,而与铣刀直径 d 成正比。其原因是:f_z、a_p、a_e 和 Z 增大时,刀刃负荷增加,而且工作齿数也增多,使切削热增加,刀具磨损加快,从而限制了切削速度的提高。刀具耐用度的提高,使允许使用的切削速度降低。但是加大铣刀直径 d 则可改善散热条件,因而可

提高切削速度。

式(3-2)中的系数及指数是经过试验求出的,可参考有关切削用量手册选用。

此外,铣削的切削速度也可简单地参考表 3-2 选取。

表 3-2　切削时的切削速度

工件材料	硬度/HBW	切削速度 v_c/(m/min)	
		高速钢铣刀	硬质合金铣刀
钢	低于 225	18～42	140～200
	225～325	12～36	100～130
	325～425	6～21	70～90
铸铁	低于 190	21～36	130～150
	190～260	9～18	90～115
	260～320	4.5～10	60～90

5. 编程特点

(1)编写程序时,可以用绝对值编程,也可以采用相对值编程。

(2)确定铣削加工顺序时,尽量采用基准重合、先粗后精、先面后孔、先外后内、先主后次的顺序安排。

(3)确定走刀路线时,应在保证零件加工精度和表面质量的条件下,尽量缩短加工路线,以提高生产效率。

(4)由于铣削加工时通常刀具的刀位点与工件的接触点并不重合,因此编程时应尽可能使用刀具补偿功能。

(5)对于钻孔类零件的加工,编写程序可以选择钻孔类固定循环,使程序书写简单、阅读方便。

(6)对于具有特殊形状的零件结构(如同一零件图形中出现相同结构、相同尺寸或成比例尺寸等),可选择特殊编程方法进行编程,如子程序、坐标系旋转、比例缩放和镜像加工等。

二、数控铣床编程基础

常用指令包括辅助功能 M 代码、主轴功能 S、进给功能 F、刀具功能 T、准备功能 G 代码。

1. 辅助功能 M 代码

M 代码是机床加工过程的工艺操作指令,即控制机床的各种功能开关,由地址符 M 和规定的两位数字表示。

华中世纪星 HNC-21M 数控装置 M 代码及功能如表 3-3 所示。

表 3-3 M 代码及功能

M 代 码	功 能	说 明	M 代 码	功 能	说 明
M00	程序停止	非模态	M08	冷却液开	模态
M01	选择程序停止		M09	▶冷却液关	
M02	程序结束		M30	程序结束并返回	非模态
M03	主轴顺时针旋转	模态	M98	调用子程序	
M04	主轴逆时针旋转		M99	子程序取消	
M05	▶主轴停止				

注:①模态代码也称绩效代码,一旦该代码在一个程序段中被使用后就一直有效,直到被同组中的其他任一代码注销。非模态代码也称非绩效代码,只在书写该代码的程序段中有效。

②表中标注 ▶ 者为系统缺省值,即机床上电时即被初始化该功能。

2. 主轴功能 S、进给功能 F、刀具功能 T

1)主轴功能 S

主轴功能 S 控制主轴转速,其后的数值表示主轴速度,单位为转/分(r/min)。

S 是模态指令,当主轴速度可调节时 S 功能才有效。S 所编程的主轴转速可以借助机床控制面板上的主轴倍率开关进行修调。

2)进给功能 F

F 指令表示工件被加工时刀具相对于工件的合成进给速度,F 的单位取决于 G94[每分钟进给,单位为毫米/分(mm/min)]或 G95[每转进给,单位为毫米/转(mm/r)]。使用式(3-3)可以实现每转进给量与每分钟进给量的转化。

$$f_m = f_r n \tag{3-3}$$

式中:f_m 为每分钟的进给量(mm/min);f_r 为每转进给量(mm/r);n 为主轴转速(r/min)。

工作在 G01、G02 或 G03 方式下,编程的 F 值一直有效,直到被新的 F 值所取代,而工作在 G00、G60 方式下,快速定位的速度是各轴的最快速度,与所编程的 F 值无关。

借助操作面板上的倍率按钮,F 可在一定范围内进行倍率修调。当执行攻丝循环 G74、G84,螺纹切削 G34 时,倍率开关失效,进给倍率固定在 100%。

F 指令常有两种表示方法。

(1)代码法。F 后面跟两位数字,这些数字不表示进给速度,而表示机床进给速度数列的序号。

(2)指定法。F 后面的数字表示进给速度,例如 F100,表示进给速度是 100 mm/min。

3)刀具功能 T(T 机能)

T 代码用于选刀,其后的数值表示选择的刀具号,一般用两位或四位数字表示。例如,T0101 表示选 1 号刀具采用 1 号刀补值;T33 表示选 3 号刀具采用 3 号刀补值。T 代码与刀具的关系是由机床制造厂规定的。

在加工中心执行 T 指令,刀库转动选择所需的刀具,然后等待,直到 M06 指令作用时自动完成换刀。

3. 准备功能 G 代码

准备功能是编制程序的核心内容。G 代码由地址码 G 及两位数字组成,从 G00 至 G99 总共有 100 种。

华中世纪星 HNC-21M 数控铣床装置的准备功能 G 代码如表 3-4 所示。

表 3-4 准备功能 G 代码

G 代 码	组	功 能	参数(后续地址字)
▶G00	01	快速定位	X、Y、Z、4TH[见注①]
G01		直线插补	同上
G02		顺圆插补	X、Y、Z、I、J、K、R
G03		逆圆插补	同上
G04	00	暂停	P
G07	16	虚轴指定	X、Y、Z、4TH
G09	00	准停校验	
▶G17	02	XY 平面选择	X、Y
G18		ZX 平面选择	X、Z
G19		YZ 平面选择	Y、Z
G20	08	英寸输入	
▶G21		毫米输入	
G22		脉冲当量	
G24	03	镜像开	X、Y、Z、4TH
▶G25		镜像关	
G28	00	返回到参考点	X、Y、Z、4TH
G29		由参考点返回	同上
G34	00	螺纹切削	K、F、P
▶G40	09	刀具半径补偿取消	
G41		左刀补	D
G42		右刀补	D
G43	10	刀具长度正向补偿	H
G44		刀具长度负向补偿	H
▶G49		刀具长度补偿取消	

G 代 码	组	功　　能	参数（后续地址字）
▶G50	04	缩放关	
G51		缩放开	X、Y、Z、P
G53	00	直接机床坐标系编程	X、Y、Z、4TH
G54	11	工件坐标系 1 选择	
G55		工件坐标系 2 选择	
G56		工件坐标系 3 选择	
G57		工件坐标系 4 选择	
G58		工件坐标系 5 选择	
G59		工件坐标系 6 选择	
G60	00	单方向定位	X、Y、Z、4TH
▶G61	12	精确停止校验方式	
G64		连续方式	
G68	05	旋转变换	X、Y、Z、P
▶G69		旋转取消	
G73	06	深孔钻削循环	
G74		逆攻丝循环	
G76		精镗循环	
▶G80		固定循环取消	
G81		中心钻循环	
G82		带停顿钻孔循环	
G83		深孔钻循环	
G84		攻丝循环	
G85		镗孔循环	X、Y、Z、P、Q、R、I、J、K
G86		镗孔循环	
G87		反镗循环	
G88		镗孔循环	
G89		镗孔循环	
G70		圆周钻孔循环	
G71		圆弧钻孔循环	
G78		角度直线钻孔循环	
G79		棋盘钻孔循环	
▶G90	13	绝对值编程	
G91		增量值编程	

G 代 码	组	功　　能	参数(后续地址字)
G92	00	工件坐标系设定	X、Y、Z、4TH
▶G94	14	每分钟进给	
G95		每转进给	
▶G98	15	固定循环返回起始点	
G99		固定循环返回到 R 点	

注:①4TH 指的是 X、Y、Z 之外的第 4 轴,可用 A、B、C 等命名。

②00 组中的 G 代码是非模态的,其他组的 G 代码是模态的。

③▶标记者为缺省值。上电时将被初始化为该功能。

●G 功能有非模态 G 功能和模态 G 功能之分。

●非模态 G 功能:只在所规定的程序段中有效,程序段结束时被注销。

●模态 G 功能:一组可相互注销的 G 功能,这些功能一旦被执行,则一直有效,直到被同一组的 G 功能注销为止。

模态 G 功能组中包含一个缺省 G 功能(表中有 ▶ 标记者),没有共同参数的不同组 G 代码可以放在同一程序段中,而且与顺序无关。例如,G90、G17 可与 G01 放在同一程序段,但 G24、G68、G51 等不能与 G01 放在同一程序段。

三、相关加工编程指令

1. G54 至 G59——工件原点偏置

格式:

　　　G54~G59

说明:

①工件原点偏置是指将工件坐标原点平移至工件基准处。

②一般可预设六个(G54 至 G59)工件坐标系,如图 3-15 所示,这些坐标系的原点在机床坐标系中的值,可用手动数据输入方式输入,存储在机床存储器内,使用时可在程序中指定。

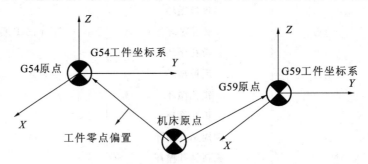

图 3-15　工件坐标系(G54 至 G59)

③一旦指定了 G54 至 G59 中的任何一个,就确定了工件坐标系原点,后续程序段中的工件绝对坐标均为此工件坐标系中的值。

【例 3-1】　如图 3-16 所示,使用工件坐标系编程:要求刀具从当前点移动到 G54 坐标系下的 A 点,再移动到 G59 坐标系下的 B 点,然后移动到 G54 坐标系零点 O_1 点。

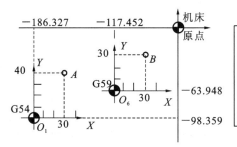

图 3-16 G54 至 G59 工件原点偏置

注意：使用该组指令前,用 MDI 方式输入各坐标系的坐标原点在机床坐标系中的坐标值(G54 寄存器中 X、Y 分别存为 -186.327、-98.359；G59 寄存器中 X、Y 分别存为 -117.452、-63.948)。该值是通过对刀得到的,其值受编程原点和工件安装位置影响。

G54 至 G59 为模态指令,可以相互注销。

2. 设定进给速度单位 G94、G95

格式：

G94[F_]；

G95[F_]；

说明：G94 为每分钟进给；G95 为每转进给,即主轴转一周时刀具的进给量。

G94、G95 为模态功能,可相互注销,G94 为缺省值。

3. 绝对值编程 G90 与相对值编程 G91

格式：

G90 或 G91

说明：G90 为绝对值编程,每个编程坐标轴上的编程值是相对于程序原点而言的；G91 为相对值编程(增量编程),每个编程坐标轴上的编程值是相对于前一位置而言的,该值等于沿轴移动的距离。

G90、G91 为模态功能,可相互注销,G90 为缺省值。G90、G91 可被用于同一程序段中,但要注意其顺序所造成的差异。

编程时,选择合理的编程方式,会为计算带来极大的便利。当图样尺寸由一个固定基准给定时,采用绝对方式编程较为方便；而当图样尺寸是以轮廓顶点之间的间距给出时,采用相对方式编程较为方便。

【例 3-2】 如图 3-17 所示,使用 G90、G91 编程：要求刀具由原点按顺序移动到 1、2、3 点。

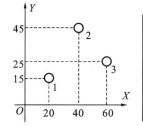

G90编程	G91编程
%0001	%0001
M03 S500	M03 S500
N01 G92 X0 Y0 Z10	N01 G92 X0 Y0 Z10
N02 G01 X20 Y15	N02 G91 G01 X20 Y15
N03 X40 Y45	N03 X20 Y30
N04 X60 Y25	N04 X20 Y-20
N05 X0 Y0 Z10	N05 G90 X0 Y0

图 3-17 G90、G91 指令的应用

4. 选择坐标平面 G17、G18、G19

格式：

　　G17、G18、G19

说明：G17 表示选择 XY 平面；G18 表示选择 ZX 平面；G19 表示选择 YZ 平面。该组指令用于选择进行圆弧插补和刀具半径补偿的平面。

G17、G18、G19 为模态功能，可相互注销，G17 为缺省值。

注意：移动指令与平面选择无关。例如，指令 G17 G01 Z10 时，Z 轴照样会移动。

5. 快速定位 G00

格式：

　　G00 X_ Y_ Z_；

说明：X、Y、Z 表示快速定位终点，使用 G90 时为终点在工件坐标系中的坐标，使用 G91 时为终点相对于起点的位移量。

G00 指令刀具相对于工件以各轴预先设定的速度，从当前位置快速移动到程序段指令的定位目标点。

G00 指令中的快移速度由机床参数"快移进给速度"对各轴分别设定，不能用 F 规定。

G00 一般用于加工前快速定位或加工后快速退刀。快移速度可由面板上的快速修调旋钮修正。G00 为模态功能，可由 G01、G02、G03 或 G34 功能注销。

注意：执行 G00 指令时，由于各轴以各自速度移动，不能保证各轴同时到达终点，因而联动直线轴的合成轨迹不一定是直线。操作者必须格外小心，以免刀具与工件发生碰撞。常见的做法是，将 Z 轴移动到安全高度，再放心地执行 G00 指令。

【例 3-3】 如图 3-18 所示，使用 G00 编程：要求刀具从 A 点快速定位到 B 点。

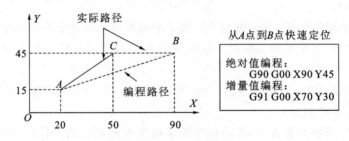

图 3-18 G00 编程实例

当 X 轴和 Y 轴的快进速度相同时，从 A 点到 B 点的快速定位路线为 A→C→B，即以折线的方式到达 B 点，而不是以直线方式从 A 点到 B 点。

6. 直线插补 G01

格式：

　　G01 X_ Y_ Z_ F_；

说明：X、Y、Z 表示线性进给终点，在 G90 时为终点在工件坐标系中的坐标；在 G91 时为终点相对于起点的位移量；F_表示合成进给速度。

G01 指令刀具以联动的方式，按 F 规定的合成进给速度从当前位置按线性路线（联动直线轴的合成轨迹为直线）移动到程序段指令的终点。

G01 是模态代码,可由 G00、G02、G03 或 G34 功能注销。

【例 3-4】 如图 3-19 所示,使用 G01 编程:要求从 A 点线性进给到 B 点(此时的进给路线是从 A 点到 B 点的直线)。

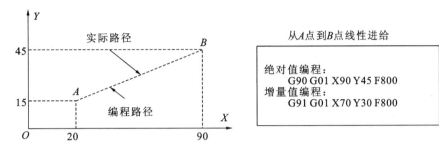

图 3-19 G01 编程实例

可以看出,此时的实际进给路线与编程路径是一致的(从 A 点到 B 点的直线)。

7. 圆弧插补 G02/G03

格式:

$$G17 \begin{Bmatrix} G02 \\ G03 \end{Bmatrix} X\_Y\_ \begin{Bmatrix} I\_J\_ \\ R \end{Bmatrix} F\_ ;$$

$$G18 \begin{Bmatrix} G02 \\ G03 \end{Bmatrix} X\_Z\_ \begin{Bmatrix} I\_K\_ \\ R \end{Bmatrix} F\_ ;$$

$$G19 \begin{Bmatrix} G02 \\ G03 \end{Bmatrix} Y\_Z\_ \begin{Bmatrix} J\_K\_ \\ R \end{Bmatrix} F\_ ;$$

说明:G02 表示顺时针圆弧插补,G03 表示逆时针圆弧插补;X、Y、Z 为圆弧终点坐标;I、J、K 为圆心相对于圆弧起点的坐标增加量,即为圆心的坐标减去圆弧起点的坐标(起点向圆心画一矢量的大小)。无论是绝对或增量编程都是以增量方式指定,I、J、K 的选择如图 3-20 所示;R 为圆弧半径,当圆弧小于或等于 180°时,R 为正值;当圆弧大于 180°时,R 为负值;如果圆弧是一个封闭整圆,不可以使用 R 编程,只能使用 I、J、K 编程。

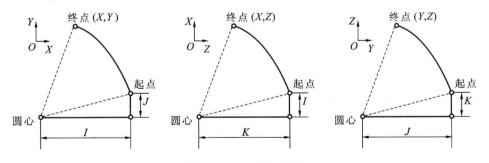

图 3-20 I、J、K 的选择

注意:圆弧顺、逆的判别方法为:在圆弧插补中,沿垂直于要加工的圆弧所在的平面的坐标轴由正方向向负方向看,刀具相对于工件的转动方向是顺时针为 G02,是逆时针为 G03。依据这一方法,不同平面的 G02 与 G03 的选择如图 3-21 所示。

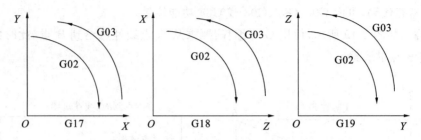

图 3-21   不同平面的 G02 与 G03 的选择

【例 3-5】   使用 G02 对图 3-22 所示劣弧 a 和优弧 b 编程。

(1)圆弧 a 的四种编程方法。

G91 G02 X30 Y30 R30 F300

G91 G02 X30 Y30 I30 J0 F300

G90 G02 X0 Y30 R30 F300

G90 G02 X0 Y30 I30 J0 F300

(2)圆弧 b 的四种编程方法。

G91 G02 X30 Y30 R−30 F300

G91 G02 X30 Y30 I0 J30 F300

G90 G02 X0 Y30 R−30 F300

G90 G02 X0 Y30 I0 J30 F300

【例 3-6】   使用 G02/G03 对图 3-23 所示的整圆编程。

(1)从 A 点顺时针一周时:

G90 G02 X30 Y0 I−30 J0 F300

G91 G02 X0 Y0 I−30 J0 F300

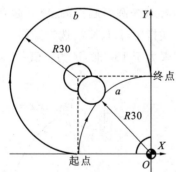

图 3-22   圆弧编程

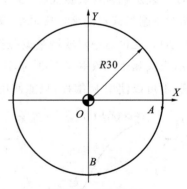

图 3-23   整圆编程

(2)从 B 点逆时针一周时:

G90 G03 X0 Y−30 I0 J30 F300

G91 G03 X0 Y0 I0 J30 F300

四、数控车床编程标准格式

1. 程序格式

%×××× (程序名)

N-（第一道工序所对应程序段号）

G17 G40 G49 G00 G90 G54 M03 S— F—；

Z—；（安全高度）

X— Y—（对刀验证点）

……

N—（第 N 道工序所对应程序段号）

G17 G40 G49 G00 G90 G54 M03 S— F—；

Z—；（安全高度）

X— Y—（对刀验证点）

……

M30；

2. 采用标准格式编程的优点

数控铣床与车床标准格式编程的优点相同,在此不再赘述。

【任务实施】

本任务的实施过程分为分析零件图样、确定工艺过程、数值计算、编写程序、程序调试与检验和零件检测六个步骤。

一、分析零件图样

1. 结构分析

如图 3-1 所示,该零件属于板类零件,加工内容包括平面、直线和圆弧组成的槽。

2. 尺寸分析

该零件图尺寸完整,主要尺寸分析如下。

毛坯长宽 70 mm×70 mm,S 形槽处于毛坯的正中,槽宽 6 mm,槽深 2 mm,圆弧半径为 10 mm。

3. 表面粗糙度分析

S 形槽侧面和槽底的表面粗糙度为 6.3。根据分析,S 形槽的所有表面都可以加工出来,经济性能良好。

二、确定工艺过程

1. 选择加工设备,确定生产类型

零件数量为 1 件,属于单件小批量生产。选用 XK7130 型数控铣床,系统为 HNC-21。

2. 选择工艺装备

(1)该零件采用平口钳定位夹紧。

(2)刀具选择如下:ϕ6 mm 高速钢普通立铣刀用于铣 S 形槽。

3. 量具选择

量程为 100 mm,分度值为 0.02 mm 的游标卡尺。

4. 拟订加工工艺路线

(1)确定工件的定位基准。以工件底面和两侧面为定位基准。

(2)选择加工方法。该零件的加工表面为平面、槽,加工表面的最高加工精度不高,表面粗糙度为6.3,采用加工方法为粗铣。

(3)拟订工艺路线。

平面进给时,为了使槽具有较好的表面质量,采用顺铣方式铣削。用立铣刀直接加工,点划线为刀心运动轨迹,如图3-1所示,1→2→3→4→5→6→7→8,共四段圆弧、三段直线,八个关键点,一次铣削即可完成零件的加工过程。

5. 编制数控技术文档

1)编制数控加工工序卡

数控加工工序卡如表3-5所示。

表3-5　S形槽的数控加工工序卡

数控加工工序卡				产品名称	零件名称	零件图号
					S形槽	
工序号	程序编号	材料	数量	夹具名称	使用设备	车间
1	%0001	铝	1	平口钳	XK7130	数控加工车间
工步号	工步内容	切削用量				刀具		量具	
		n/(r/min)	f/(mm/min)	a_p/mm	编号	名称	编号	名称
1	铣槽	500	100	2	1	HSS铣刀	1	游标卡尺
编制		审核		批准		刀具	共　页	第　页

2)编制刀具调整卡

刀具调整卡如表3-6所示。

表3-6　S形槽的数控铣刀具调整卡

产品名称或代号				零件名称	S形槽	零件图号	X01
序号	刀具号	刀具名称	刀具材料	刀具参数		刀补地址	
				直径	长度	直径	长度
1	T01	普通铣刀	HSS	ϕ6 mm	90 mm		
编制		审核		批准		共　页	第　页

三、数值计算

以毛坯上表面的中心点作为原点,各轨迹点的坐标为:1(20,10);2(10,20);3(−10,20);4(−10,0);5(10,0);6(−10,−20);7(−10,−20);8(−20,−10)。

四、编写程序

编程原点选择在工件上表面的中心处,数控加工程序卡如表 3-7 所示。

表 3-7 S 形槽的数控加工程序卡

零件图号		零件名称	S 形槽	编制日期	
程序号	%0001	数控系统	HNC-21	编制单位	
程序内容			程序说明		
%0001			程序名		
G90 G54 G00 X0 Y0 T01			选择 G54 坐标系作为当前坐标系,选择刀具		
M03 S500			主轴正转,转速为 500 r/min		
G00 X20 Y10 Z5			刀具快速降至(20,10,5)		
G01 Z−2 F100			刀具下刀至 Z−2 mm 处		
G03 X10 Y20 R10			逆时针圆弧插补		
G01 X−10			直线插补		
G03 X−10 Y0 R10			逆时针圆弧插补		
G01 X10			直线插补		
G02 Y−20 R10			顺时针圆弧插补		
G01 X−10			直线插补		
G02 X−20 Y−10 R10			顺时针圆弧插补		
G01 Z5			刀具抬刀至 Z+5 mm 处		
G00 Z100			刀具 Z 向快退		
X0 Y0			刀具回起刀点		
M05			主轴停转		
M30			程序结束		

五、程序调试与检验

仿真操作的加工步骤为选择机床、机床回零、安装工件、对刀、参数设置、输入程序、轨迹检查、自动加工、零件尺寸测量。

1. 选择机床

1)相关操作步骤

执行"机床"→"选择机床"命令(见图 3-24),或者单击工具栏上的小图标 📟,弹出"选择机床"对话框(见图 3-25),在该对话框中选择"华中数控"系列,机床类型选择"铣床"。

2)操作面板说明

华中数控系统铣床操作面板如图 3-26 所示,主要由 CRT 面板、横排软键、MDI 键盘、机床操作面板构成。

(1)CRT 面板。CRT 面板主要用于菜单、系统状态、故障报警的显示和加工轨迹的图形仿真。

(2)横排软键。横排软键配合机床操作面板上的模式按钮使用,主要用于设置系统参数、程序的编程、MDI 方式、显示方式等。

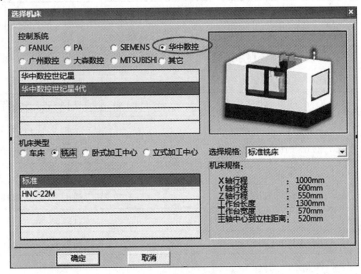

图 3-24 "选择机床"命令   图 3-25 "选择机床"对话框

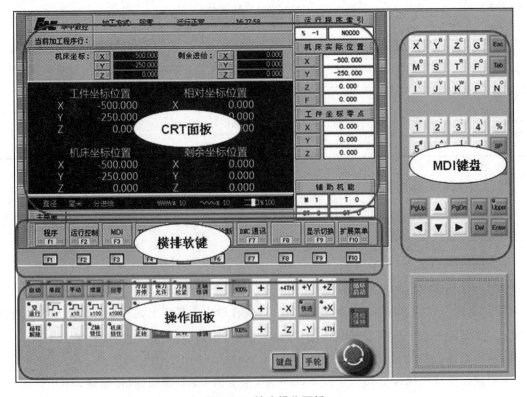

图 3-26 铣床操作面板

（3）机床操作面板。机床操作面板用于控制机床的动作和加工过程，如自动、单段、手动、增量、回零各种模式状态，如图 3-27 所示。

（4）MDI 键盘。MDI 键盘用于程序输入、参数，如图 3-28 所示。

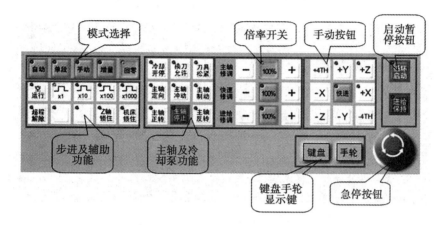

图 3-27　机床操作面板

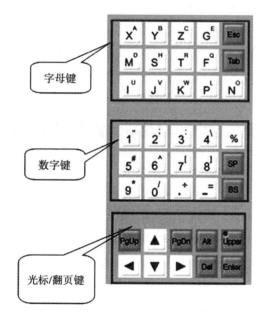

图 3-28　MDI 键盘

2. 机床回零

机床在开机后的第一项任务就是建立机床坐标系。建立机床坐标系的方法是：开机后使机床各坐标轴都回到机床参考点。这在数控操作中，称为"回零"，操作步骤如下。

（1）检查急停按钮是否松开，如果未松开，单击 ⟳ 按钮使其松开。

（2）用鼠标单击操作面板上"回零"按钮，使其指示灯变亮 ▢，进入回零模式。铣床和立式加工中心在回零模式下，首先单击控制面板上的 +Z 按钮，使 Z 轴回零，其次单击 +X 、+Y ，将

X、Y 轴回零。回零后，+X 、+Y 、+Z 左上方的指示灯变亮,CRT 显示各坐标轴的数值为零。

注意:数控铣床回零时,一般 Z 轴先回零,然后 X 轴、Y 轴回零;判断回零是否正确,观察机床坐标是否为"0.000"即可。铣床回零后的 CRT 界面如图 3-29 所示。

工件坐标位置		相对坐标位置	
X	0.000	X	500.000
Y	0.000	Y	250.000
Z	0.000	Z	0.000
机床坐标位置		剩余坐标位置	
X	0.000	X	0.000
Y	0.000	Y	0.000
Z	0.000	Z	0.000

图 3-29　铣床回零后的 CRT 界面

在仿真软件中,系统默认铣床是带有罩子的,这样在操作机床过程,无法观察工作台面的运行情况。我们可以采用如下方法去掉机床罩子。

执行"视图"→"选项"命令,或者单击工具栏上的按钮 ，弹出"视图选型"对话框,如图 3-30所示,在该对话框中,取消勾选"显示机床罩子",即可去掉机床工作区铣床上的罩子,以便观察机床工作区域毛坯的安装以及加工等情况。

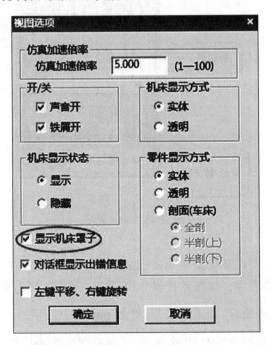

图 3-30　"视图选项"对话框

3. 安装工件

(1)执行"零件"→"定义毛坯"命令，或者单击工具栏上的按钮 ，弹出"定义毛坯"对话框，如图 3-31 所示。在"定义毛坯"对话框中将零件尺寸改为 $70 \times 70 \times 10$，并单击"确定"按钮。

(2)执行"零件"→"放置零件"命令，或者单击工具栏上的按钮，弹出"选择零件"对话框，在该对话框中选择刚才定义的毛坯，如图 3-32 所示，单击"确定"按钮，此时界面出现一些移动零件的图标，如图 3-33 所示，直接单击"退出"按钮。

图 3-31 "定义毛坯"对话框

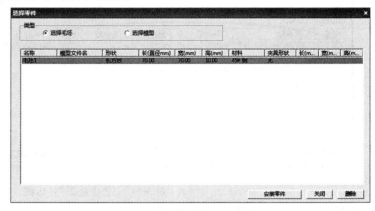

图 3-32 "选择零件"对话框

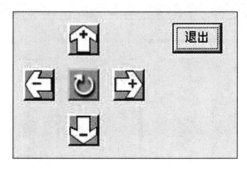

图 3-33 移动零件的图标

4. 选择刀具

执行"机床"→"选择铣刀"命令，或单击刀具选择按钮，弹出"选择铣刀"对话框。在"所需刀具类型"一栏选择"平底刀"，"所需刀具直径"一栏输入"6"，单击"确定"按钮，任选一种刀具，在此选择总长为 90 mm，直径 $\phi 6$ mm 的平底刀，然后单击"确认"按钮，完成刀具的选择与安装，如图 3-34 所示。

5. 对刀

对刀就是建立机床坐标系与工件坐标系对应关系的过程。数控机床在进行自动加工前，必须进行对刀操作。铣床有 X、Y、Z 三轴，必须对三个方向分别进行对刀。

铣床及加工中心在 X、Y 方向对刀时使用的基准工具包括刚性靠棒和寻边器两种。执行"机床"→"基准工具"命令，在弹出的"基准工具"对话框中选择基准工具，左边的是刚性靠棒基

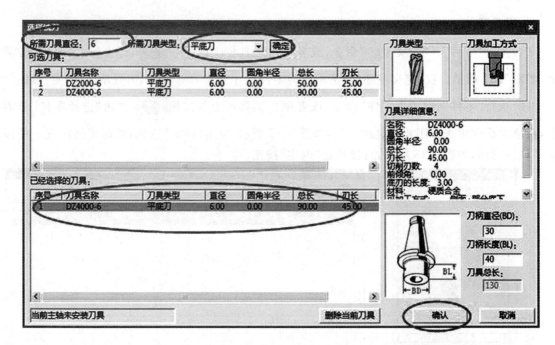

图 3-34 "选择铣刀"对话框

准工具,右边的是寻边器,如图 3-35 所示。

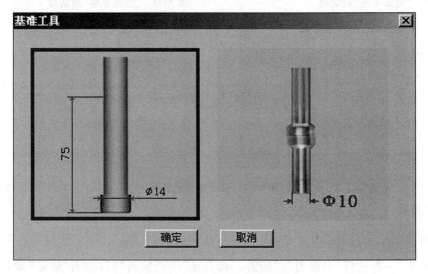

图 3-35 "基准工具"对话框

下面选择刚性靠棒为基准工具来说明铣床 X、Y 方向对刀方法和步骤。

1)X 轴方向对刀

(1)执行"机床"→"基准工具"命令,在弹出的"基准工具"对话框中选择刚性靠棒作为对刀基准工具。

(2)借助"视图"菜单中的动态旋转、动态缩放、动态平移等工具,利用操作面板上的"X""Y""Z""$+$""$-$"按钮,将刚性靠棒移动到工件右端面附近。

（3）移动到大致位置后，Z 轴方向采用手轮移动机床，执行"塞尺检查"→"1 mm"命令。单击面板手轮按钮，显示手轮，如图 3-36 所示。通过调节手轮操作面板上的倍率，移动靠棒，使得提示信息对话框显示"塞尺检查的结果：合适"，如图 3-37 所示。记下塞尺检查结果为"合适"时 CRT 界面中的 X 坐标值（机床坐标）（见图 3-38），此为基准工具中心的 X 坐标，记为 X1；将定义毛坯数据时设定的零件的长度记为 X2；将塞尺厚度记为 X3；将基准工具直径记为 X4（可在选择基准工具时读出）。

注意：刚性靠棒采用检查塞尺松紧的方式对刀。塞尺有各种不同的尺寸，可以根据需要调用。本系统提供的塞尺尺寸有 0.05 mm、0.1 mm、0.2 mm、1 mm、2 mm、3 mm、100 mm。

图 3-36　手轮调节界面

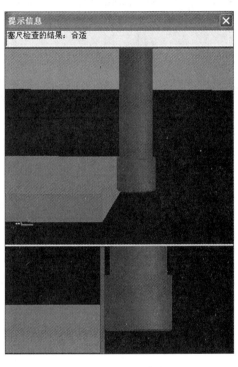

图 3-37　塞尺检查

工件坐标位置		相对坐标位置	
X	-457.000	X	43.000
Y	-418.700	Y	-168.700
Z	-488.137	Z	-488.137
机床坐标位置		剩余坐标位置	
X	-457.000	X	0.000
Y	-418.700	Y	0.000
Z	-488.137	Z	0.000

图 3-38　塞尺检查"合适"时 CRT 界面

（4）工件上表面中心点（以上表面中心点作为工件坐标系原点）的 X 的坐标值为：基准工具中心的 X 的坐标值－零件长度的一半－塞尺厚度－基准工具半径。即 $X1-X2/2-X3-X4/2$。结果记为 X。

$$X=-457-70/2-1-7=-500$$

2）Y 方向对刀

采用同样的方法，将刚性靠棒靠在工件后端面，得到工件中心的 Y 坐标，记为

$$Y=-372-70/2-1-7=-415$$

注意：以上计算公式只有在刚性靠棒靠在工件右端面和后端面情况下才适用。读者可以思考一下，如果将基准工具靠在工件的左端面和前端面，计算公式该如何改变。

3）Z 方向对刀

铣床对 Z 轴对刀时采用的是实际加工时所要使用的刀具，有试切法和塞尺检查法两种对刀方法。

（1）试切法。选择一把刀具装到铣床主轴，然后分别用"手动""手轮"方式让刀具逐渐接近工件上表面，当有铁屑飞出时，记下此时的 CRT 上 Z 坐标值，即为工件中心上表面的 Z 坐标值。

（2）塞尺检查法。单击"塞尺检查"，选择一个有一定厚度的塞尺，然后用类似在 X、Y 方向对刀的方法进行塞尺检查，得到"塞尺检查的结果：合适"时 Z 的坐标值，记为 Z1；工件中心的 Z 坐标值为 Z1－塞尺厚度，即得到工件上表面一点处 Z 的坐标值，记为 Z。

此处采用塞尺检查法对刀，如图 3-39 所示，得 $Z＝－427－1＝－428$。

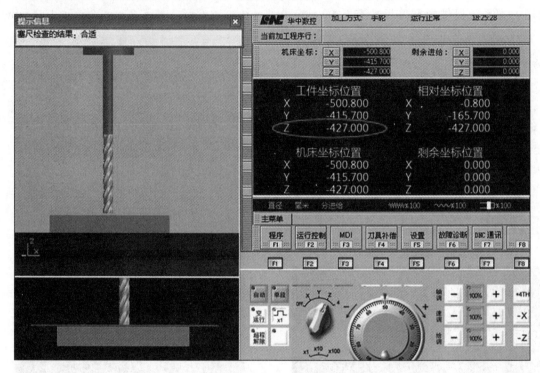

图 3-39　塞尺检查工作界面

通过对刀得到的坐标值 (X,Y,Z) 为 $(－500,－415,－428)$，即为工件坐标系原点在机床坐标系中的坐标值。

6. 参数设置

本任务数控程序中没有进行刀具长度和半径补偿，所以在机床参数设置中无须进行刀具长度和半径补偿的设置，只需进行坐标系参数设置。

单击"设置""坐标系设定"，选择"自动坐标系 G54"为当前坐标系，在 MDI 输入域中输入经过 X、Y、Z 三个方向对刀所得的 X、Y、Z 坐标值。即输入"X－500 Y－415 Z－428"，然后按回车键，即设定好了工件坐标系 G54 坐标值，如图 3-40 所示。

7. 输入程序

通过 MDI 键盘，输入该加工零件数控程序。也可通过执行"机床"→"DNC 传送"命令，或者单击按钮![button]，将外部已经保存好的程序文件直接导入到系统进行自动加工（程序见前面程序单）。

8. 轨迹检查

单击"程序"按钮,选择"程序校验",单击 ▨自动,单击 ▨循环启动,完成程序轨迹的检查,如图 3-41 所示。

注意:在自动加工前再进行一次回原点操作。

9. 自动加工

轨迹检查无误,再次单击"程序校验",机床显示在工作界面。然后单击 ▨自动,单击 ▨循环启动,完成零件的加工。加工结果如图 3-42 所示。

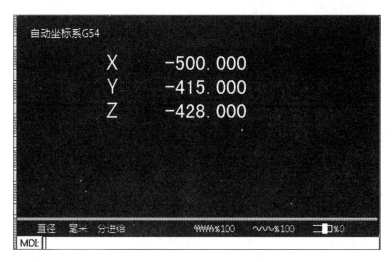

图 3-40 建立 G54 坐标系

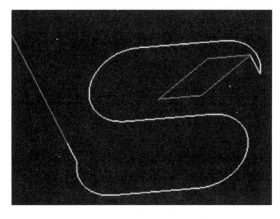

图 3-41 轨迹检查

图 3-42 加工结果

10. 零件尺寸测量

执行"测量"→"剖面图测量"命令,测量铣床工件,如图 3-43 所示。

在此对话框中,通过调节卡尺,可以测量出 S 形槽在 X、Y 向各部分尺寸,切换测量平面,可以测量出 S 形槽槽深。经过测量,加工后的零件各部分尺寸均达到了图纸上尺寸的精度要求。

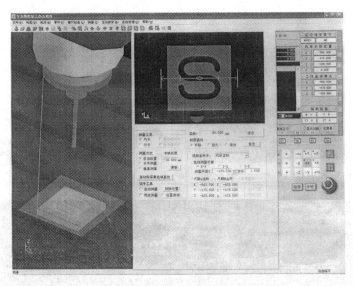

图 3-43 测量铣床工件

六、零件检测

任务加工时限为 60 分钟,每超 5 分钟扣 10 分,具体的检验与评分标准如表 3-8 所示。

表 3-8 检验与评分标准

项　　目	检验要点	配　　分	评分标准及扣分	得　　分
主要项目	尺寸 40 mm	15 分	误差每增大 0.02 mm 扣 3 分,若误差大于 0.1 mm 则该项得分为 0	
	深度尺寸 2 mm	5 分	误差每增大 0.05 mm 扣 2 分,若误差大于 0.2 mm 则该项得分为 0	
	槽宽尺寸 6 mm	5 分	误差每增大 0.05 mm 扣 2 分,若误差大于 0.2 mm 则该项得分为 0	
	圆弧 R10 mm(4 处)	20 分	每处 5 分	
一般项目	程序无误,图形轮廓正确	10 分	错误一处扣 2 分	
	对刀操作、补偿值正确	10 分	错误一处扣 2 分	
	表面质量	5 分	每处加工残余、划痕扣 2 分	
工、量、刀具的使用与维护	常用工、量、刀具的合理使用	5 分	使用不当每次扣 2 分	
	正确使用夹具	5 分	使用不当每次扣 2 分	
设备的使用与维护	能读懂报警信息,排除常规故障	5 分	操作不当每项扣 2 分	
	数控机床规范操作	5 分	未按操作规范操作不得分	
安全文明生产	正确执行安全技术操作规程	10 分	每违反一项规定扣 2 分	
用时	规定时间(60 分钟)之内		超时扣分,每超 5 分钟扣 2 分	
总分(100 分)				

【思考与练习】

一、选择题

1. 回零操作就是使运动部件回到（　　）。

A. 机床坐标系原点　　B. 机床的机械零点　　C. 工件坐标的原点

2. 铣削工件时,若铣刀的旋转方向与工件的进给方向相反则称为（　　）。

A. 顺铣　　　　　　　B. 逆铣　　　　　　　C. 横铣　　　　　　　D. 纵铣

3. 圆弧插补指令 G03 X30 Y30 R50 中,X、Y 后的值表示圆弧的（　　）。

A. 起点坐标值　　　　B. 终点坐标值　　　　C. 圆心坐标相对于起点的值

4. 数控铣床的默认加工平面是（　　）。

A. XY 平面　　　　B. XZ 平面　　　　C. YZ 平面

5. G00 指令与下列的（　　）指令不是同一组的。

A. G01　　　　　　　B. G02,G03　　　　　C. G04

6. G02 X20 Y20 R-10 F100;所加工的一般是（　　）。

A. 整圆　　　　　　　　　　　　B. 夹角≤180°的圆弧

C. 180°＜夹角＜360°的圆

7. 下列 G 指令中（　　）是非模态指令。

A. G00　　　　　　　B. G01　　　　　　　C. G04

8. 用于指令动作方式的准备功能的指令代码是（　　）。

A. F 代码　　　　　　B. G 代码　　　　　　C. T 代码

9. 用于机床开关指令的辅助功能的指令代码是（　　）。

A. F 代码　　　　　　B. S 代码　　　　　　C. M 代码

10. 用于机床刀具编号的指令代码是（　　）。

A. F 代码　　　　　　B. T 代码　　　　　　C. M 代码

11. 若某直线控制数控机床加工的起始坐标为(0,0),接着分别是(0,5)、(5,5)、(5,0)、(0,0),则加工的零件形状是（　　）。

A. 边长为 5 的平行四边形　　　　　B. 边长为 5 的正方形

C. 边长为 10 的正方形

12. 数控机床主轴以 800 转/分转速正转时,其指令应是（　　）。

A. M03　S800　　　B. M04　S800　　　C. M05　S800

13. G00 的指令移动速度值是（　　）。

A. 机床参数指定　　　B. 数控程序指定　　　C. 操作面板指定

14. 进行轮廓铣削时,应避免（　　）和（　　）工件轮廓。

A. 切向切入　　　　　B. 法向切入　　　　　C. 法向退出　　　　　D. 切向退出

15. 辅助功能指令 M05 代表（　　）。

A. 主轴顺时针旋转　　B. 主轴逆时针旋转　　C. 主轴停止

16. 程序终了时,以（　　）指令表示。

A. M00　　　　　　　B. M01　　　　　　　C. M02　　　　　　　D. M03

17. "G17 G01 X50.0 Y50.0 F1000;"表示(　　　)。

A. 直线切削,进给率 1000 r/min　　　　　B. 圆弧切削,进给率 1000 r/min

C. 直线切削,进给率 1000 mm/min　　　　D. 圆弧切削,进给率 1000 mm/min

18. G90 G01 X_ Z_ F_;其中 X、Z 的值表示(　　　)。

A. 终点坐标值　　　B. 增量值　　　C. 向量值　　　D. 机械坐标值

19. CNC 铣床加工程序中,下列何者为 G00 指令动作的描述(　　　)。

A. 刀具移动路径必为一直线　　　　　　B. 进给速率以 F 值设定

C. 刀具移动路径依其终点坐标而定　　　D. 进给速度会因终点坐标不同而改变

20. 圆弧切削用 I、J 表示圆心位置时,是以(　　　)表示。

A. 增量值　　　B. 绝对值　　　C. G80 或 G81　　　D. G98 或 G99

二、判断题

1. 圆弧插补中,对于整圆,其起点和终点相重合,用 R 编程无法定义,所以只能用圆心坐标编程。　　　　　　　　　　　　　　　　　　　　　　　　　　　　　　　　　(　　　)

2. G 代码可以分为模态 G 代码和非模态 G 代码两种。　　　　　　　　　　　(　　　)

3. 圆弧插补用半径编程时,当圆弧所对应的圆心角大于180°时半径取负值。　(　　　)

4. 非模态指令只在本程序段内有效。　　　　　　　　　　　　　　　　　　　(　　　)

5. 顺时针圆弧插补(G02)和逆时针圆弧插补(G03)的判别方向是:沿着不在圆弧平面内的坐标轴正方向向负方向看去,顺时针方向为 G02,逆时针方向为 G03。　　　　　(　　　)

6. 增量值方式是指控制位置的坐标是以上一个控制点为原点的坐标值。　　　(　　　)

7. 同组模态 G 代码可以放在一个程序段中,而且与顺序无关。　　　　　　　(　　　)

8. 在机床接通电源后,通常都要做回零操作,使刀具或工作台退离到机床参考点。(　　　)

9. G92 指令一般放在程序第一段,该指令不引起机床动作。　　　　　　　　　(　　　)

10. 铣削常用进给率可以用毫米/分表示。　　　　　　　　　　　　　　　　　(　　　)

11. 于 YZ 平面执行圆弧切削的指令,可写成"G19 G03 Y_ Z_ J_ K_ F_;"。　(　　　)

12. 程序"G90 G00 X50.0 Y70.0;"是增量值指令。　　　　　　　　　　　　(　　　)

13. 执行 G00 的轴向速率主要依据 F 值。　　　　　　　　　　　　　　　　　(　　　)

14. G01 的进给速率,除 F 值指定外,亦可在操作面板调整旋钮变换。　　　　(　　　)

15. G90 G01 X0 Y0 与 G91 G01 X0 Y0 意义相同。　　　　　　　　　　　　(　　　)

三、问答题

1. 在数控铣床上加工时,如何确定铣刀进给路线?

2. G90 X20.0 Y15.0 与 G91 X20.0 Y15.0 程序段有什么区别?

3. 简述 G00 与 G01 指令的主要区别。

4. 简述绝对值编程和相对值编程之间的区别。

5. 简述华中数控铣床对刀的操作方法。

四、编程题

1. 编程加工图 3-44 所示零件,要求设计数控加工工艺方案,编制数控加工工序卡、数控铣刀具调整卡、数控加工程序卡,进行仿真加工,优化走刀路线和程序。

2.编程加工图 3-45 所示零件,要求设计数控加工工艺方案,编制数控加工工序卡、数控铣刀具调整卡、数控加工程序卡,进行仿真加工,优化走刀路线和程序。

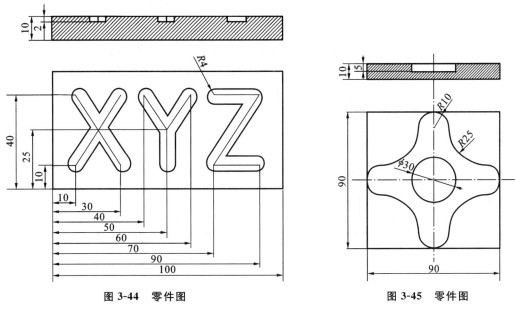

图 3-44　零件图　　　　　　　　　　　图 3-45　零件图

3.编程加工图 3-46 所示外轮廓零件,深度为 5 mm。要求设计数控加工工艺方案,编制数控加工工序卡、数控铣刀具调整卡、数控加工程序卡,进行仿真加工,优化走刀路线和程序。

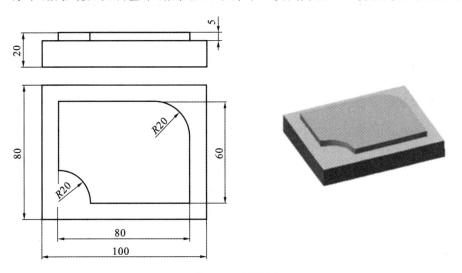

图 3-46　零件图

4.编制如图 3-47 所示零件的外轮廓加工程序,毛坯高 10 mm,图形高 5 mm。要求设计数控加工工艺方案,编制数控加工工序卡、数控铣刀具调整卡、数控加工程序卡,进行仿真加工,优化走刀路线和程序。

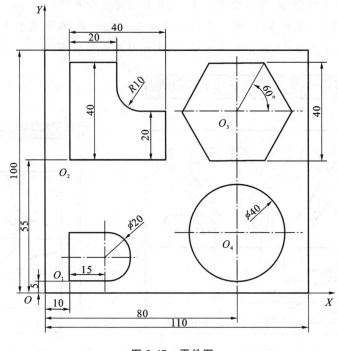

图 3-47 零件图

◀ 任务 2 典型铣床零件的数控加工 ▶

【知识目标】

(1)了解平面铣削方法。

(2)掌握孔的加工方法。

(3)掌握固定循环指令(G73 至 G89、G98、G99)。

(4)掌握刀具长度补偿指令和刀具半径补偿指令(G43、G44、G49、G40 至 G42)。

(5)掌握数控铣削镜像编程指令和旋转编程指令(G24、G25、G68、G69)。

(6)掌握子程序编程指令(M98、M99)。

【能力目标】

通过典型铣床零件的数控加工程序编写及仿真验证,具备编制常见孔及轮廓的数控铣床程序的能力。

【任务引入】

加工图 3-48 所示零件,数量为 1 件,毛坯为 80 mm×80 mm×20 mm 的铝。要求外形不要加工,未注公差的尺寸,允许误差在±0.05 mm,设计数控加工工艺方案,编制数控加工工序卡、数控铣削刀具调整卡、数控加工程序卡,并进行仿真加工,优化走刀路线和程序。

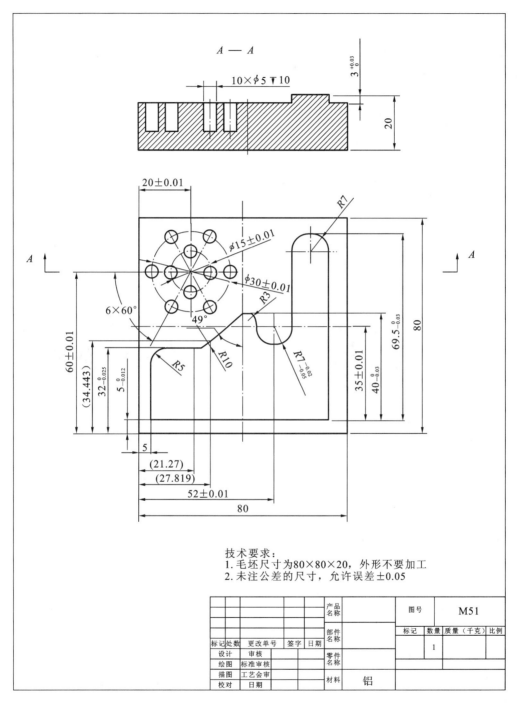

技术要求:
1. 毛坯尺寸为80×80×20,外形不要加工
2. 未注公差的尺寸,允许误差±0.05

					产品名称			图号		M51	
					部件名称			标记	数量	质量(千克)	比例
标记处数	更改单号	签字	日期						1		
设计		审核			零件名称						
绘图		标准审核									
描图		工艺会审			材料		铝				
校对		日期									

图 3-48 零件图

【相关知识】

一、孔加工刀具及其选择

钻孔刀具较多,有普通麻花钻(见图 3-49)、可转位浅孔钻(见图 3-50)及扁钻等。我们应根据工件材料、加工尺寸及加工质量要求等合理选用。

(a) 镶硬质合金直柄麻花钻

(b) 直柄麻花钻

(c) 锥柄加长麻花钻

(d) 内冷却锥柄麻花钻

图 3-49 各种样式的麻花钻

图 3-50 可转位浅孔钻

1. 麻花钻

在加工中心钻孔,大多采用普通麻花钻。麻花钻有高速钢和硬质合金两种材质的。

麻花钻的切削部分有两个主切削刃、两个副切削刃和一个横刃。图 3-51 所示为麻花钻的结构。两个螺旋槽是切屑流经的表面,为前刀面;与工件过渡表面(即孔底)相对的端部两曲面为主后刀面;与工件已加工表面(即孔壁)相对的两条刃带为副后刀面。前刀面与主后刀面的交线为主切削刃,前刀面与副后刀面的交线为副切削刃,两个主后刀面的交线为横刃。横刃与主切削刃在端面上的投影之间的夹角称为横刃斜角,横刃斜角 ψ 为 $50°\sim55°$;主切削刃上各点的前角、后角是变化的,外缘处前角约为 $30°$,钻心处前角接近 $0°$,甚至是负值;两条主切削刃在与其平行的平面内的投影之间的夹角为顶角,标准麻花钻的顶角 $2\phi=118°$。

麻花钻的柄有莫氏锥柄和圆柱柄两种。直径为 $8\sim80$ mm 的麻花钻的柄多为莫氏锥柄,刀具长度不能调节。直径为 $0.1\sim20$ mm 的麻花钻的柄多为圆柱柄。中等尺寸的麻花钻两种形式的柄均可选用。

麻花钻有标准型和加长型两种。

在加工中心上钻孔,因无夹具钻模导向,受两切削刃上切削力不对称的影响,容易引起钻孔

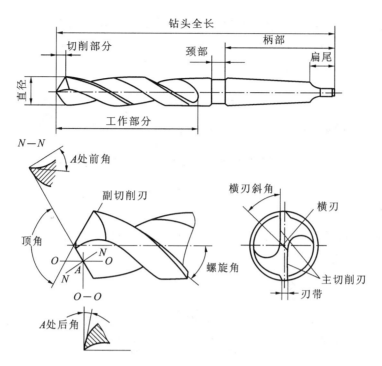

图 3-51 麻花钻的结构

偏斜,故要求钻头的两切削刃必须有较高的刃磨精度。

2. 扩孔刀具

标准扩孔钻一般有 3～4 条主切削刃,切削部分的材料为高速钢或硬质合金。扩孔钻有直柄式、锥柄式和套式等。扩孔钻结构如图 3-52 所示。

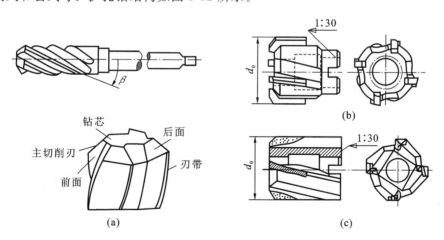

图 3-52 扩孔钻

扩孔直径较小时,可选用直柄式扩孔钻;扩孔直径中等时,可选用锥柄式扩孔钻;扩孔直径较大时,可选用套式扩孔钻。

扩孔钻的加工余量较小,主切削刃较短,因而容屑槽浅、刀体的强度和刚度较高。它无麻花钻的横刃,加之刀齿多,所以导向性好,切削平稳,加工质量和生产率都比麻花钻高。

扩孔直径在 20～60 mm 之间时,且机床刚度高、功率大,可选用图 3-53 所示的可转位扩孔钻。这种扩孔钻的两个可转位刀片的外刃位于同一个外圆直径上,并且刀片径向可做微量(±0.1 mm)调整,以控制扩孔直径。

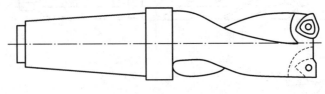

图 3-53 可转位扩孔钻

3. 镗孔刀具

镗孔所用刀具为镗刀。镗刀种类很多,按切削刃数量可分为单刃镗刀和双刃镗刀两种。图 3-54 为各种样式的镗刀。

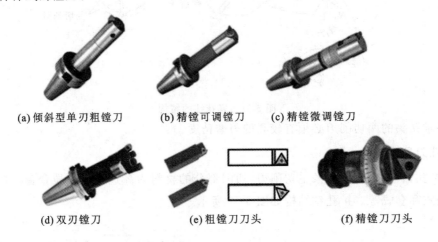

(a) 倾斜型单刃粗镗刀   (b) 精镗可调镗刀   (c) 精镗微调镗刀

(d) 双刃镗刀   (e) 粗镗刀刀头   (f) 精镗刀刀头

图 3-54 各种样式的镗刀

单刃镗刀刚度高,切削时易引起振动,所以镗刀的主偏角选得较大,以减小径向力。镗铸铁孔或精镗时,一般取 $k_r = 90°$;粗镗钢件孔时,取 $k_r = 60°～75°$,以提高刀具的耐用度。镗孔直径的大小要靠调整刀具的悬伸长度来保证,调整麻烦,效率低,只能用于单件小批量生产。但单刃镗刀结构简单,适应性好,粗、精加工都适用。

在孔的精镗中,目前较多地选用精镗微调镗刀。这种刀的径向尺寸可以在一定范围内进行微调,调节方便,且精度高,其结构如图 3-55 所示。调整尺寸时,先松开拉紧螺钉,然后转动带刻度盘的调整螺母,等调至所需尺寸,再拧紧拉紧螺钉,使用时应保证锥面靠近大端接触(即镗杆 90° 锥孔的角度公差为负值),且与直孔部分同心。键与键槽的配合间隙不能太大,否则微调时就不能达到较高的精度。

镗削大直径的孔可选用图 3-54 所示的双刃镗刀。这种镗刀头部可以在较大范围内进行调整,且调整方便,最大镗孔直径可达 1 000 mm。

双刃镗刀的两端有一对对称的切削刃同时参加切削,与单刃镗刀相比,每转进给量可提高一倍左右,生产效率高;同时,可以消除切削力对镗杆的影响。

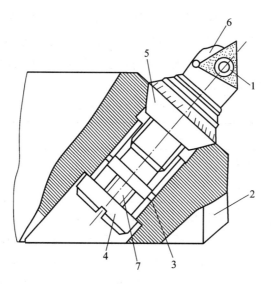

图 3-55 微调镗刀结构

1—刀片；2—刀杆；3—导向键；4—螺母；5—调整螺母；6—刀体；7—拉紧螺钉

4. 铰孔刀具

加工中心使用的铰刀多是通用标准铰刀。此外，还有机夹硬质合金刀片单刃铰刀和浮动铰刀等。

加工精度为 IT7 至 IT10 级、表面粗糙度 Ra 为 $0.8\sim1.6$ μm 的孔时，多选用通用标准铰刀。通用标准铰刀如图 3-56 所示，有直柄、锥柄和套式三种。锥柄铰刀直径为 $10\sim32$ mm，直柄铰刀直径为 $6\sim20$ mm，小孔直柄铰刀直径为 $1\sim6$ mm，套式铰刀直径为 $25\sim80$ mm。

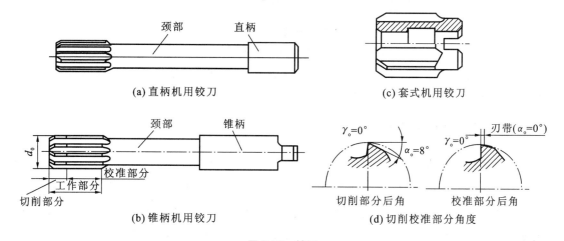

图 3-56 铰刀

铰刀工作部分包括切削部分与校准部分。切削部分为锥形，担负主要切削工作。切削部分的主偏角为 $5°\sim15°$，前角一般为 $0°$，后角一般为 $5°\sim8°$。校准部分的作用是校正孔径、修光孔壁和导向。为此，这部分带有很窄的刃带（$\gamma_o=0°$，$\alpha_o=0°$）。校准部分包括圆柱部分和倒锥部分。圆柱部分既可保证铰刀直径又便于测量，倒锥部分可减少铰刀与孔壁的摩擦和减小孔径扩大量。

标准铰刀有 4～12 齿。铰刀的齿数除与铰刀直径有关外,主要根据加工精度的要求选择。齿数过多,刀具的制造、重磨都比较麻烦,而且会因齿间容屑槽减小,而造成切屑堵塞和划伤孔壁以致使铰刀折断的后果。齿数过少,则铰削时的稳定性差,刀齿的切削负荷增大,且容易产生几何形状误差。铰刀齿数可参照表 3-9 选择。

表 3-9　铰刀齿数选择

铰刀直径/mm		1.5～3	3～14	14～40	>40
齿数	一般加工精度	4	4	6	8
	高加工精度	4	6	8	10～12

加工 IT5 至 IT7 级、表面粗糙度 Ra 为 0.7 μm 的孔时,可采用机夹硬质合金刀片的单刃铰刀。这种铰刀的结构如图 3-57 所示,刀片 3 通过模套 4 用螺钉 1 固定在刀体上,通过螺钉 7、销子 6 可调节铰刀尺寸。导向块 2 可采用黏结和铜焊固定。机夹单刃铰刀应有很高的刃磨质量。因为精密铰削时,半径上的铰削余量是在 10 μm 以下,所以刀片的切削刃口要磨得异常锋利。

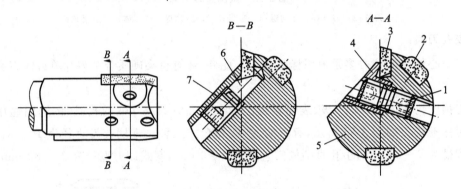

图 3-57　硬质合金单刃铰刀
1、7—螺钉;2—导向块;3—刀片;4—模套;5—刀体;6—销子

铰削精度为 IT6 至 IT7 级、表面粗糙度 Ra 为 0.8～1.6 μm 的大直径通孔时,可选用专为加工中心设计的浮动铰刀。

二、数控铣削编程指令

1. 刀具半径补偿指令

1)刀具半径补偿的作用

在铣床上进行轮廓加工时,因为铣削刀具有一定的半径,所以刀具中心(刀心)轨迹和工件轮廓不重合。若数控装置不具备刀具半径自动补偿功能,则只能按刀心轨迹(图 3-58 中点划线)进行编程,其数值计算有时相当复杂,尤其当刀具磨损、重磨、换新刀等导致刀具直径变化时,必须重新计算刀心轨迹,修改程序,这样既烦琐又不易保证加工精度。当数控系统具备刀具半径补偿功能时,编程只需按工件轮廓线(图 3-58 中粗实线)进行,数控系统会自动计算刀心轨迹坐标,进行刀具半径补偿。

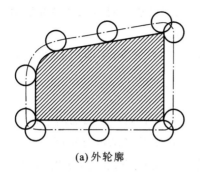 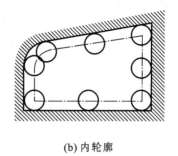

(a)外轮廓   (b)内轮廓

图 3-58 刀具半径补偿

2)刀具半径补偿的方法

刀具半径补偿是将计算刀具中心轨迹的过程交由 CNC 系统执行,编程员假设刀具的半径为零,直接根据零件的轮廓形状进行编程,而实际的刀具半径则存放在刀具半径偏置寄存器中。在加工过程中,CNC 系统根据零件程序和刀具半径,自动计算刀具中心轨迹,完成对零件的加工。当刀具半径发生变化时,不需要修改程序,只需修改存放在刀具半径偏置寄存器中的刀具半径值即可。

3)刀具半径补偿指令 G40、G41、G42

格式:

$$\begin{Bmatrix} G17 \\ G18 \\ G19 \end{Bmatrix} \begin{Bmatrix} G40 \\ G41 \\ G42 \end{Bmatrix} \begin{Bmatrix} G00 \\ G01 \end{Bmatrix} X\_Y\_Z\_D\_;$$

说明:

(1)在刀补发生前,刀具半径补偿量必须在刀具半径偏置寄存器中设置完成。X/Y/Z 为刀补建立或取消的终点。

(2)G40:取消刀补。

(3)G41:左刀补,规定沿着刀具运动方向看,刀具位于工件轮廓(编程轨迹)左边,则为左刀补,如图 3-59(a)所示。

(4)G42:右刀补,规定沿着刀具运动方向看,刀具位于工件轮廓(编程轨迹)右边,则为右刀补,如图 3-59(b)所示。

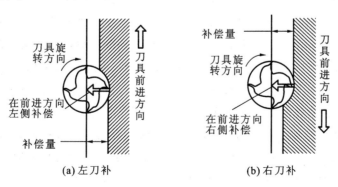

(a)左刀补   (b)右刀补

图 3-59 刀具半径补偿判别方法

(5)D:刀补表中刀补号码(D00 至 D99),它代表刀补表中对应的半径补偿值。

(6)G40 指令必须与 G41 或 G42 指令成对使用。

(7)刀具半径补偿的建立与取消只能用 G00 或 G01 指令,不能用 G02 或 G03 指令。G40/G41/G42 为模态代码,可以相互抵消。

注意:

①使用刀具半径补偿时必须选择工作平面(G17、G18、G19),如选用工作平面 G17 指令,在执行 G17 指令后,刀具半径补偿仅影响 X、Y 轴移动,而对 Z 轴没有作用。

②当主轴顺时针旋转时,使用 G41 指令铣削方式为顺铣;反之,使用 G42 指令铣削方式为逆铣。而在数控机床中为提高加工表面质量,经常采用顺铣,即 G41 指令。

③建立和取消刀补时,必须与 G01 或 G00 指令组合完成,配合 G02 或 G03 指令使用,机床会报警,实际编程时建议与 G01 指令组合使用。刀具半径补偿的建立和取消过程如图 3-60 所示,使刀具从无刀具半径补偿状态 O 点,配合 G01 指令运动到补偿开始点 A,刀具半径补偿建立。工件轮廓加工完成后,取消刀补的过程,即从刀补结束点 B,配合 G01 指令运动到无刀补状态 O 点。

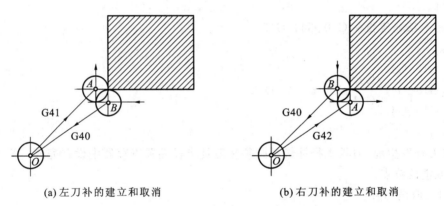

(a)左刀补的建立和取消　　　　　　　(b)右刀补的建立和取消

图 3-60　刀具半径补偿的建立和取消过程

4)刀具半径补偿功能的应用

(1)直接按零件轮廓尺寸进行编程,避免计算刀心轨迹坐标,简化数控程序的编制。

(2)刀具因磨损、重磨、换新刀而引起直径变化后,不必修改程序,只需在刀具半径补偿参数设置中输入变化后的刀具半径。如图 3-61 所示,1 为未磨损刀具,半径为 r_1;2 为磨损后的刀具,半径为 r_2,刀具磨损量为 $\Delta=r_1-r_2$,即刀具实际加工轮廓与理论轮廓相差 Δ 值。在实际加工中,只需将刀具半径补偿参数设置表中的刀具半径 r_1 改为 $r_2=r_1-\Delta$ 值,即可适用于同一加工程序。

(3)利用刀具半径补偿实现同一程序、同一刀具进行粗、精加工及尺寸精度控制。粗加工刀具半径补偿=刀具半径补偿+精加工余量,精加工刀具半径补偿=刀具半径+修正量。如图 3-62所示,刀具半径 r,精加工余量为 Δ;粗加工时,输入刀具半径补偿值为 $D=r+\Delta$,则加工轨迹为中心线轮廓;精加工时,若测得粗加工时工件尺寸为 L,而理论尺寸应为 L_2,故尺寸变化量为 $\Delta_1=L-L_2$,则将粗加工时的刀具半径补偿值 $D=r+\Delta$,改为 $D=r-\Delta_1/2$,即可保证轮廓 L_1 的尺寸精度。图 3-62 中 P_1 为粗加工时的刀心位置,P_2 为修改刀补值后的刀心位置。

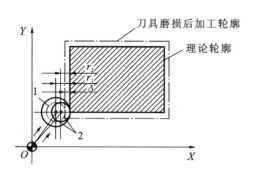

图 3-61 刀具直径变化,加工程序不变
1—未磨损刀具;2—磨损后的刀具

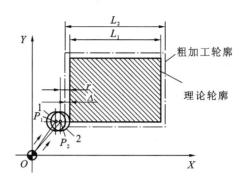

图 3-62 利用刀具半径补偿进行粗、精加工
1—粗加工刀心位置;2—精加工刀心位置

【**例 3-7**】 如图 3-63 所示,考虑刀具半径补偿,编制零件的加工程序:要求建立如图所示的工件坐标系,按箭头所指示的路径进行加工。设加工开始时刀具距离工件上表面 50 mm,切削深度为 10 mm。

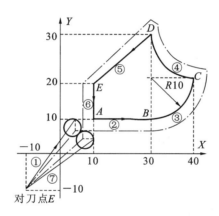

图 3-63 刀具半径补偿编程

程序如下。

```
%3322
G92 X-10 Y-10 Z50;
G90 G17;
G42 G00 X4 Y10 D01;
Z2 M03 S900;
G01 Z-10 F800;
X30;
G03 X40 Y20 I0 J10;
G02 X30 Y30 I-10 J0;
G01 X10 Y20;
Y5;
G00 Z50 M05;
```

```
G40 X-10 Y-10;
M02；
```

2.刀具长度补偿功能

1)刀具长度补偿的作用

刀具长度补偿是用来补偿刀具长度方向尺寸的变化。编写工件加工程序时,先不考虑实际刀具的长度,而是按照标准刀具长度或确定一个编程参考点进行编程,当实际刀具长度和标准刀具长度不一致时,通过刀具长度补偿功能实现刀具长度差值的补偿。

2)刀具长度补偿的方法

刀具长度补偿在发生作用前,必须先进行刀具参数的设置。刀具长度补偿在发生作用前,必须先进行刀具参数设置。对数控铣床而言,采用机外对刀法。将获得的数据通过手动数据输入(MDI)方式输入到数控系统的刀具参数表中。

3)刀具长度补偿指令 G43、G44、G49

格式：

$$\begin{Bmatrix} G17 \\ G18 \\ G19 \end{Bmatrix} \begin{Bmatrix} G43 \\ G44 \\ G49 \end{Bmatrix} \begin{Bmatrix} G00 \\ G01 \end{Bmatrix} X\_Y\_Z\_H\_;$$

说明：

(1) G43:正向补偿(补偿轴终点加偏置值)。

(2) G44:负向补偿(补偿轴终点减偏置值)。

(3) G49:取消刀具长度补偿。

(4) H:刀具长度补偿偏置号,它代表刀补表中对应长度补偿值(H00 至 H99)。X/Y/Z:刀补建立或取消的终点。

(5) 刀具长度补偿值必须在刀具长度偏置寄存器中设置。在同一程序段中既有运动指令又有刀具长度补偿指令时,首先执行刀具长度补偿指令,然后执行运动指令。

(6) G43/G44/G49 都是模态代码,可以相互注销。G49 指令必须与 G43 或 G44 指令成对使用。刀具补偿轴为垂直加工平面上的轴,如选择 G17,进行的是 Z 轴补偿。

如果刀具长度偏置寄存器 H01 中存放的刀具长度值为 10,执行语句"G90 G01 G43 Z-15 H01;"刀具实际运动到 Z(-15+10)=Z(-5)的位置;如果该语句改为"G90 G01 G44 Z-15 H01;"刀具实际运动到 Z(-15-10)=Z(-25)的位置。

3.子程序调用功能指令 M98

编程时,为了简化程序的编制,一次装夹加工多个形状相同或刀具运动轨迹相同的零件,即一个零件有重复加工部分的情况下,为了简化加工程序,把重复轨迹的程序段独立编成一程序进行反复调用,这种重复轨迹的程序称为子程序,而调用子程序的程序称主程序。子程序的编号与一般程序基本相同,只是程序结束字为 M99,表示子程序结束,并返回到调用子程序的主程序中。

1)子程序的调用

子程序的调用方法如图 3-64 所示。需要注意的是,子程序还可以调用另外的子程序。从主程序中被调用的子程序称一重子程序,共可调用四重子程序,如图 3-65 所示。在子程序中调用子程序与在主程序中调用子程序方法一致。

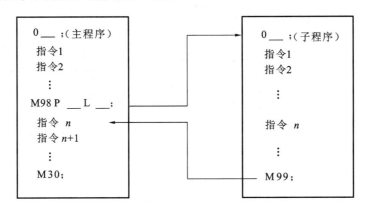

图 3-64　子程序的调用

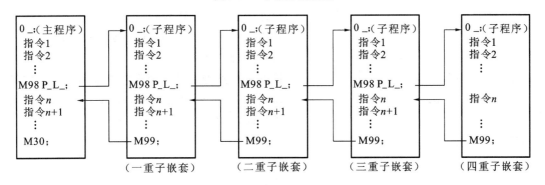

图 3-65　子程序嵌套

2)格式

　　M98P ＿＿ L ＿;

说明:P 为子程序名;L 为重复调用次数,省略重复次数,则认为重复调用次数为 1 次。

例如:M98 P123 L3;表示程序号为 123 的子程序被连续调用 3 次,如图 3-66 所示。

注意:

(1)子程序必须在主程序结束指令后建立。

(2)子程序与一般程序的编制方法相同,但应注意主、子程序使用不同的编程方式。一般主程序中使用 G90 指令,而子程序使用 G91 指令,避免刀具在同一位置加工。

(3)子程序的作用如同一个固定循环,供主程序调用。

(4)M99 为子程序结束,并返回主程序,该指令必须在一个子程序的最后设置。但不一定要单独用一个程序段,也可放在最后一段程序的最后。

【例 3-8】　加工如图 3-67 所示轮廓,已知刀具起始位置为(0,0,100),切深为 10 mm,试编制程序。

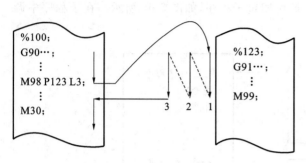

图 3-66   子程序连续调用

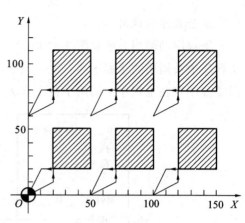

图 3-67   轮廓图

以下为参考程序。

％1001；	主程序
G90 G54 G00 Z100.0 S800 M03	加工前准备指令
M08；	冷却液开
X0 Y0；	快速定位到工件零点位置
M98 P2002 L3；	调用子程序(％2002)，并连续调用三次，完成三个方形轮廓的加工
G90 G00 X0 Y60.0；	快速定位到加工另三个方形轮廓的起始点位置
M98 P2002 L3；	调用子程序(％2002)，并连续调用三次，完成三个方形轮廓的加工
G90 G00 Z100.0；	
X0 Y0；	快速定位到工件零点位置
M09；	冷却液关
M05；	主轴停
M30；	程序结束
％2002；	子程序，加工一个方形轮廓的轨迹路径
G91 Z−95.0；	相对坐标编程
G41 X20.0 Y10.0 D01；	建立刀补
G01 Z−15.0 F100；	铣削深度
Y40.0；	直线插补
X30.0；	直线插补
Y−30.0	直线插补
X−40.0；	直线插补
G00 Z110.0；	快速退刀
G40 X−10.0 Y−20.0；	取消刀补
X50.0；	为铣削另一方形轮廓做好准备
M99；	子程序结束

4. 镜像功能 G24、G25

格式：

  G24 X＿ Y＿ Z＿；

  M98 P＿

  G25 X＿ Y＿ Z＿；

说明：G24 建立镜像；G25 取消镜像；X、Y、Z 表示镜像位置。

当工件相对于某一轴具有对称形状时，可以利用镜像功能和子程序，只对工件的一部分进行编程，而能加工出工件的对称部分，这就是镜像功能。

当某一轴的镜像指令有效时，该轴执行与编程方向相反的运动。G24/G25 为模态指令，可以相互注销，G25 为缺省值（坐标也具有模态）。

【例 3-9】 使用镜像功能编制如图 3-68 所示轮廓的加工程序，已知刀具起点为(0,0,100)。

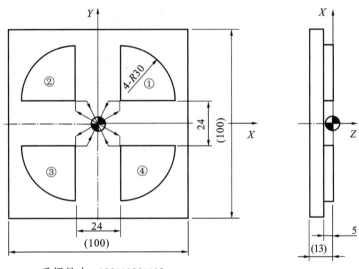

毛坯尺寸：100×100×13

图 3-68 轮廓图

以下为参考程序。

%1234；	主程序
G90 G54－G00 Z100；	加工前准备指令
X0 Y0；	快速定位到工件零点位置
S600 M03	主轴正转
M08；	冷却液开
Z5；	快速定位到安全高度
M98 P1001；	加工①
G24 X0；	Y 轴镜像
M98 P1001；	加工②
G24 Y0；	X、Y 轴镜像
M98 P1001；	加工③

G25 X0;	Y轴镜像取消,X轴镜像仍有效
M98 P1001;	加工④
G25 Y0;	X轴镜像取消
G00 Z100;	快速返回
M09;	冷却液关
M05;	主轴停
M30;	程序结束
%1001;	子程序(①轮廓的加工程序)
G90 G01 Z−5 F100;	切削深度进给
G41 X12 Y10 D01;	建立刀补
Y42;	直线插补
G02 X42 Y12 R30;	圆弧插补
G01 X10;	直线插补
G40 X0 Y0;	取消刀补
G00 Z5;	快速返回到安全高度
M99;	子程序结束

注意:当使用镜像指令时,进给路线与上一加工轮廓进给路线相反,此时,圆弧指令,旋转方向反向,即 G02→G03 或 G03→G02;刀具半径补偿,偏置方向反向,即 G41→G42 或 G42→G41。所以,对连续形状一般不使用镜像功能,防止走刀中有刀痕,使轮廓不光滑或加工轮廓间不一致。

5. 旋转变换 G68、G69

格式:

$$\left\{\begin{matrix}G17\\G18\\G19\end{matrix}\right\} G68 \left\{\begin{matrix}X\_\_ \ Y\_\_\\X\_\_ \ Z\_\_\\Y\_\_ \ Z\_\_\end{matrix}\right\} P\_\_;$$

G69;

说明:G68 表示建立旋转;G69 表示取消旋转;X、Y、Z 表示旋转中心的坐标值;P 表示旋转角度,单位为度,取值范围 $0 \leq P \leq 360°$;"+"表示逆时针方向加工,"−"表示顺时针方向加工。可为绝对值,也可为增量值。当为增量值时,旋转角度在前一个角度上增加该值。

注意:对程序指令进行坐标系旋转后,再进行刀具偏置(如刀具半径补偿、长度补偿等)计算;在有缩放功能的情况下,先缩放后旋转。G68、G69 为模态指令,可相互注销,G69 为缺省值。

【例3-10】 使用旋转功能编制如图3-69所示轮廓的加工程序,设刀具起点为(0,0,100)。以下为参考程序。

%1122;	主程序
G90 G54 G00 Z100;	加工前准备指令
X0 Y0;	快速定位到工件零点位置

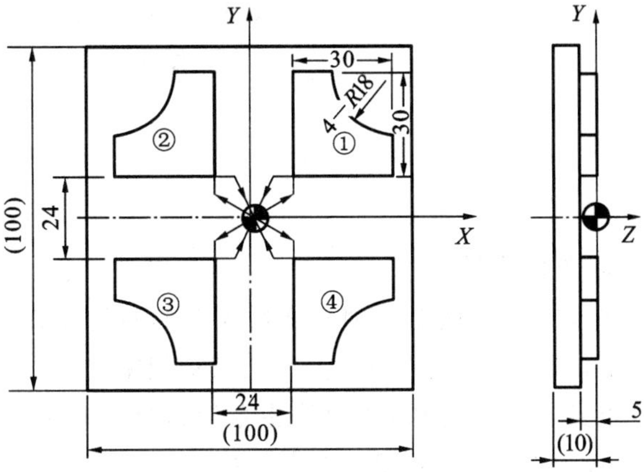

毛坯尺寸：100×100×10

图 3-69　轮廓图

S600　M03	主轴正转
Z5；	快速定位到安全高度
M08；	冷却液开
M98　P1002；	加工①轮廓
G68　X0　Y0　P90	旋转中心为(0,0)，旋转角度为90°
M98　P100；	加工②轮廓
G68　X0　Y0　P180	旋转中心为(0,0)，旋转角度为180°
M98　P1002；	加工③轮廓
G68　X0　Y0　P270；	旋转中心为(0,0)，旋转角度为270°
M98　P1002；	加工④轮廓
G69；	旋转功能取消
G00　Z100	快速返回到初始位置
M09；	冷却液关
M05；	主轴停
M30；	程序结束
%1002；	子程序(①轮廓加工轨迹)
G90　G01　Z－5　F120；	切削进给
G41　X12　Y10　D01　F200；	建立刀补
Y42；	直线插补
X24；	直线插补
G03　X42　Y24　R18；	圆弧插补
G01　Y12；	直线插补
X10；	直线插补
G40　X0　Y0；	取消刀补
G00　Z5；	快速返回到安全高度

X0 Y0；   返回到程序原点

M99；   子程序结束

6. 暂停指令 G04

格式：

  G04 P_；

说明：P 表示暂停时间,单位为秒。

注意：G04 在前一程序段的进给速度降到 0 之后才开始暂停动作。在执行含 G04 指令的程序段时,先执行暂停功能。G04 为非模态指令,仅在其被规定的程序段中有效。

如加工孔时,刀具进给到规定深度后,用暂停指令使刀具做非进给光整切削运动,然后退刀,保证孔底平整。例如,欲停留 2.0s 时,程序段为 G04 P2。

【例 3-11】 编制图 3-70 所示零件的钻孔加工程序。

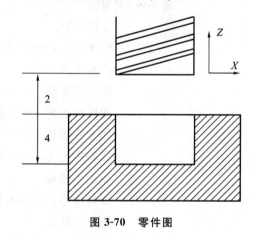

图 3-70　零件图

以下为参考程序。

  %0004

  G92 X0 Y0 Z0

  G91 F200 M03 S500

  G43 G01 Z−6 H01

  G04 P5

  G49 G00 Z6 M05 M30

三、孔加工固定循环指令

在数控铣床与加工中心上进行孔加工时,通常采用系统配备的固定循环功能进行编程。固定循环主要是指加工孔的固定循环和铣削型腔的固定循环。在前面学习的加工指令中,一般每一个 G 指令都对应机床的一个动作,它需要用一个程序段来实现。由于每个孔的加工过程基本相同:快速进给、工进钻孔、快速退出,然后在新的位置定位后重复上述动作。编程时,同样的程序段需要编写若干次,十分麻烦。为了进一步提高编程效率,系统对一些典型加工中的几个固定、连续的动作规定了一个 G 指令来指定,并用固定循环指令来选择。使用固定循环功能,可以大大简化程序的编制。

1. 固定循环的组成及固定循环代码

1）固定循环的组成

华中数控系统常用的固定循环指令能完成的工作有镗孔、钻孔和攻螺纹等。这些循环通常包括在 XY 平面定位、快速移动到 R 平面、孔加工、孔底动作（包括暂停、主轴准停、刀具移位等动作）、返回到 R 平面和返回到起始点六个基本动作。

上述情况如图 3-71 所示，其中实线表示切削进给，虚线表示快速运动。R 平面为在孔口时快速运动与进给运动的转换位置。

图 3-72 为常用固定循环指令的动作组成。

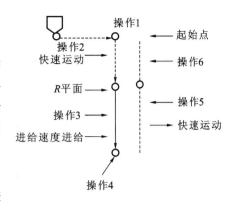

图 3-71　固定循环的六个基本动作

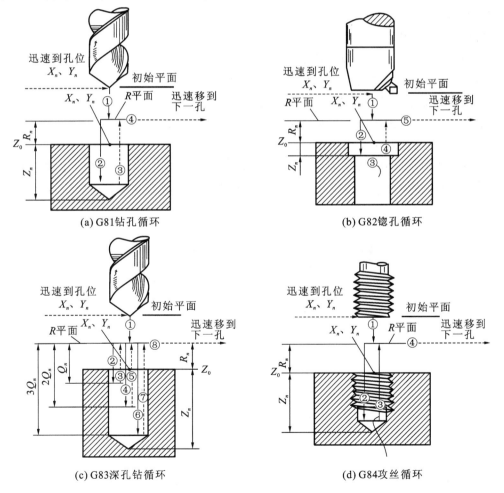

（a）G81钻孔循环　　　　　（b）G82镗孔循环

（c）G83深孔钻循环　　　　（d）G84攻丝循环

图 3-72　常用固定循环指令的动作组成

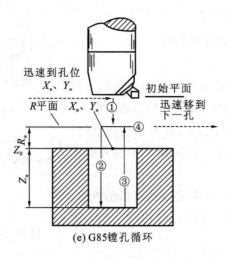

(e) G85镗孔循环

续图 3-72

2)固定循环代码

(1) 数据格式代码(G90 和 G91)。

在 G90 方式下,R 与 Z 一律取其终点坐标值。

在 G91 方式下,R 是自初始点到 R 点间的距离,Z 是自 R 点到 Z 点的距离。

(2) 返回点代码(G98 和 G99)。

指定 G98,刀具返回到初始点所在平面。

指定 G99,刀具返回到 R 点所在平面。

初始点是为安全下刀而规定的点,该点到零件表面的距离可以任意设定。R 点又称为参考点,是刀具由快进转为工进的转换点,距工件表面的距离主要考虑工件表面尺寸的变化,一般可取 2～5 mm,如图 3-73 所示。

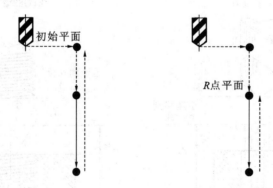

图 3-73　初始平面和 R 点平面

3)固定循环的指令格式

格式:

G90(G91)　G98(G99)　G73 至 G89　X_ Y_ Z_ R_ Q_ P_ F_ L_;

说明:

G90/G91:数据方式。G90 为绝对方式,G91 为增量方式。

G98/G99:返回点位置。G98 指令返回初始平面,G99 指令返回 R 平面。

G73 至 G89:孔加工方式。孔加工固定循环指令如表 3-10 所示。G73 至 G89 是模态指令,因此,多孔加工时该指令只需指定一次,以后的程序段只给孔的位置即可。

表 3-10 孔加工固定循环指令

G 代 码	孔加工行程($-Z$)	孔 底 动 作	返回行程($+Z$)	用 途
G73	断续进给		快速进给	高速深孔往复排屑钻
G74	切削进给	主轴正转	切削进给	攻左旋螺纹
G76	切削进给	主轴准停刀具移位	快速进给	精镗
G80				取消指令
G81	切削进给		快速进给	钻孔
G82	切削进给	暂停	快速进给	钻孔
G83	断续进给		快速进给	深孔排屑钻
G84	切削进给	主轴反转	切削进给	攻右旋螺纹
G85	切削进给		切削进给	镗削
G86	切削进给	主轴停转	切削进给	镗削
G87	切削进给	刀具移位主轴启动	快速进给	背镗
G88	切削进给	暂停、主轴停转	手动操作后快速返回	镗削
G89	切削进给	暂停	切削进给	镗削

X、Y:指定孔在 XOY 平面的坐标位置(增量坐标值或绝对坐标值)。

Z:指定孔底坐标值。在增量方式下,为 R 平面到孔底的距离;在绝对值方式下,是孔底的 Z 坐标值。

R:在增量方式下,为起始点到 R 平面的距离;在绝对方式下,为 R 平面的绝对坐标值。

Q:在 G73、G83 中用来指定每次进给的深度;在 G76、G87 中指定刀具的退刀量。它始终是一个增量值。

P:孔底暂停时间。最小单位为 1 ms。

F:切削进给的速度。

L:固定循环次数。如果不指定 L,则只进行一次循环。L=0 时,孔加工数据存入,机床不动作。在增量方式(G91)下,如果有孔距相同的若干相同孔,采用重复次数来编程是很方便的,在编程时要采用 G91、G99 方式。例如,当指令为 G91 G81 X50.0 Z—20.0 R—10.0 L6 F200 时,其运动轨迹如图 3-74 所示。如果是在绝对值方式下,则不能钻出六个孔,仅仅在第一个孔处往复钻六次,结果是一个孔。

G73 至 G89、Z、R、P、Q 都是模态代码。固定循环加工方式一旦被指定,在加工过程中保持

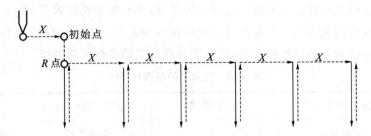

图 3-74 加工等距孔示意图

不变,直到指定其他循环孔加工方式,或使用 G80 指令取消固定循环为止,若程序中使用代码 G00、G01、G02、G03 时,循环加工方式及其加工数据也全部被取消,孔加工固定循环指令如表 3-10 所示。

2. 常用的固定循环指令

1)G80——取消固定循环

功能:使用 G80 指令后,固定循环被取消;孔加工数据全部清除,R 点和 Z 点也被取消。从 G80 的下一程序段开始执行一般 G 指令。

用法:G80 可自成一行,也可与 G28 一起使用,如:G80 G28 G91 X0 Y0 Z0。

注意:G80、G01 至 G03 等代码均可以取消固定循环。

2)G81——定点钻孔循环(中心钻)

格式:

$$\begin{Bmatrix} G98 \\ G99 \end{Bmatrix} G81 \quad X\_ \quad Y\_ \quad Z\_ \quad R\_ \quad F\_ \quad L\_;$$

G81 钻孔动作循环,用作正常钻孔。主轴正转,切削进给执行到孔底,然后刀具从孔底快速移动退回(无孔底动作)。包括 X、Y 坐标定位,快进,工进和快速返回等动作。

在固定循环方式中,刀具偏置被忽略。

G81 指令动作循环如图 3-75 所示。

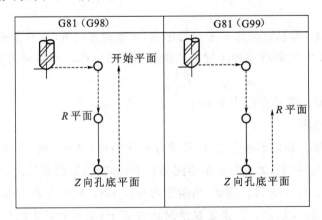

图 3-75 G81 钻孔循环

注意:如果 Z 的移动量为 0,该指令不执行。

【例 3-12】 编写图 3-76 所示孔的加工程序。

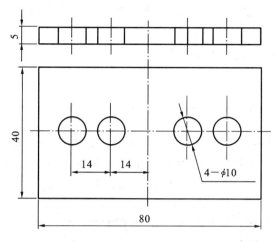

图 3-76 孔的加工

以下为参考程序。

%0001；

N10 G40 G80 G17 G90 G49 G69；

N20 G43 G00 Z100 H01；

N30 M03 S400；

N40 G54 X28 Y0；

N50 Z10；

N60 G99 G81 Z－5 R5 F100；

N70 X14；

N80 X－14；

N90 X－28；

N100 G80；

N110 G00 Z100；

N120 X0 Y0；

N130 M05；

N140 M30；

3）G82——钻削固定循环指令

格式：

G82 X_ Y_ Z_ R_ P_ F_；

说明：与 G81 的主要区别是，G82 仅在孔底增加了进给暂停动作，即当钻头加工到孔底位置时，刀具不做进给运动，而保持旋转状态，使孔的表面更光滑。

4）深孔钻孔指令 G73、G83

在数控加工中常遇到孔的加工，如定位销孔、螺纹底孔、挖槽加工预钻孔等。采用立式加工中心和数控铣床进行孔加工是最普通的加工方法。但深孔加工，则较为困难，在深孔加工中除合理选择切削用量外,还需解决三个主要问题:排屑、冷却钻头和使加工周期最短。大多数的数控系统都提供了深孔加工指令。华中数控系统提供了 G73 和 G83 两个指令,G73 为高速深孔往复排屑钻指令,G83 为深孔往复排屑钻指令。

(1) G73——高速深孔往复排屑钻指令。

格式:

$$\begin{Bmatrix} G98 \\ G99 \end{Bmatrix} G73 \quad X\_ \quad Y\_ \quad Z\_ \quad R\_ \quad Q\_ \quad P\_ \quad K\_ \quad F\_;$$

说明:与 G81 的主要区别是,由于是深孔加工,采用间歇进给(分多次进给),以利于排屑。其中 Q 为增量值(取负值),指定每次切削深度,退刀距离为 D(取正值,由指令格式中 K 参数指定)。末次进给量≤Q($|Q| > |D|$)。图 3-77 所示为高速深孔钻加工的工作过程。

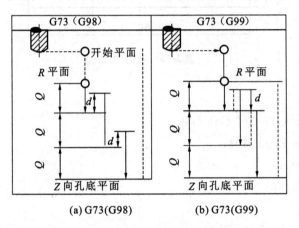

图 3-77 高速深孔钻加工的工作过程

【例 3-13】 编写图 3-78 所示孔的加工程序。

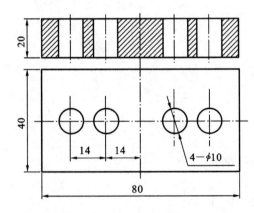

图 3-78 孔加工图

以下为参考程序。

%0001;

N10 G40 G80 G17 G90 G49 G69;

N20 G43 G00 Z100 H01;

N30 M03 S400；

N40 G54 X28 Y0；

N50 Z10；

N60 G99 G73 Z－20 R10 Q－5 K2 F100；

N70 X14；

N80 X－14；

N90 X－28；

N100 G80；

N110 G00 Z100；

N120 X0 Y0；

N130 M05；

N140 M30；

（2）G83——深孔往复排屑钻指令。

格式：

$$\left\{ \begin{array}{l} G98 \\ G99 \end{array} \right\} G83 \ X\_ \ Y\_ \ Z\_ \ R\_ \ Q\_ \ P\_ \ K\_ \ F\_;$$

G83 指令动作循环如图 3-72(c)所示。

说明：与 G73 的主要区别是，该指令在每次进刀 Q 距离后返回 R 平面，这样对深孔钻削时的排屑有利，如图 3-79 所示。

深孔加工动作是通过 Z 轴方向的间断进给，即采用啄钻的方式，实现断屑与排屑的。虽然 G73 和 G83 指令均能实现深孔加工，而且指令格式也相同，但二者在 Z 向的进给动作是有区别的，图 3-80 所示分别是 G83 和 G73 指令的动作过程。

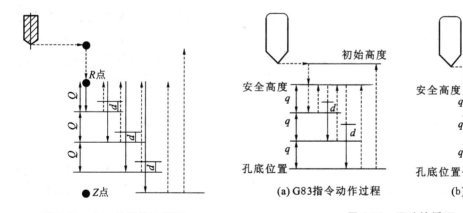

图 3-79　G83 排屑钻孔循环 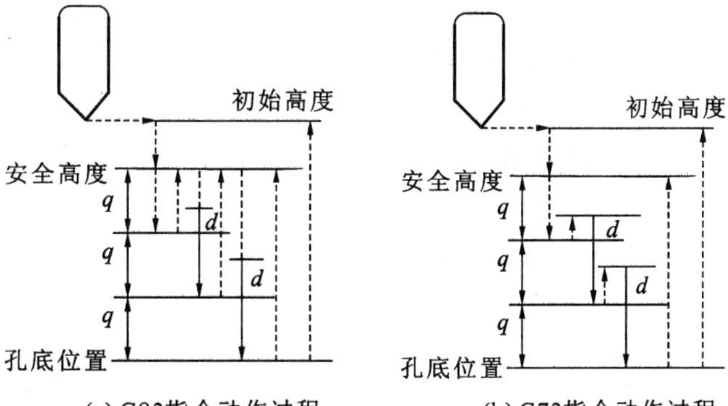　　　　　(a) G83指令动作过程　　　(b) G73指令动作过程

　　　　　　　　　　　　　　　　　　　　　　图 3-80　深孔钻循环

从图 3-80 可以看出，执行 G73 指令时，每次进给后令刀具退回一个 d 值（由指令格式中 K 参数设定）；而 G83 指令则每次进给后均退回至 R 点，即从孔内完全退出，然后再钻入孔中。深孔加工与退刀相结合可以破碎钻屑，令切屑能从钻槽顺利排出，并且不会造成表面损伤，可避免钻头过早磨损。

G73指令虽然能保证断屑,但排屑主要是依靠钻屑在钻头螺旋槽中的流动来保证的。因此深孔加工,特别是长径比较大的深孔,为保证顺利打断并排出切屑,应优先采用G83指令。

【例3-14】 对图3-81所示的五个ϕ8 mm、深度为50 mm的孔进行加工。

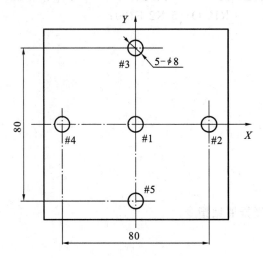

图3-81 深孔加工

显然,这属于深孔加工。

利用G83进行深孔钻加工的程序如下。

%1234	程序名
N10 G56 G90 G01 Z60 F2000	选择2号加工坐标系,到Z向起始点
N20 M03 S600	主轴启动
N30 G99 G83 X0 Y0 Z−50 R30 Q−5 K2 F50	选择深孔钻削方式加工1号孔
N40 X40	选择深孔钻削方式加工2号孔
N50 X0 Y40	选择深孔钻削方式加工3号孔
N60 X−40 Y0	选择深孔钻削方式加工4号孔
N70 X0 Y−40	选择深孔钻削方式加工5号孔
N80 G01 Z60 F2000	返回Z向起始点
N90 M05	主轴停
N100 M30	程序结束并返回起点

加工坐标系设置:G56 X=−400,Y=−150,Z=−50。

上述程序中,选择深孔钻削加工方式进行孔加工,并以G99确定每一孔加工完后,回到R平面。设定孔口表面的Z向坐标为0,R平面的坐标为30,每次切深量Q为5,设定退刀排屑量K为2。

5)攻丝循环指令

(1) G84——攻右旋螺纹。

格式:

$$\begin{Bmatrix} G98 \\ G99 \end{Bmatrix} G84 \quad X\_ \ Y\_ \ Z\_ \ R\_ \ P\_ \ F\_;$$

G84 循环指令为攻右旋螺纹指令,用于加工右旋螺纹。执行该指令时,主轴正转,在 G17 平面快速定位后快速移至 R 点,执行攻螺纹指令到达孔底,然后主轴反转退回到 R 点,主轴恢复正转,完成攻螺纹动作。攻螺纹过程要求主轴转速与进给速度有严格的比例关系,因此,编程时要求根据主轴转速计算进给速度 F(螺纹导程)。该指令的动作示意图如图 3-82 所示。在 G84 指定的攻螺纹循环中,进给率调整无效,即使使用进给暂停,在返回动作结束之前不会停止。

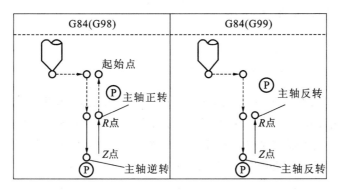

图 3-82 G84 循环指令动作示意图

【例 3-15】 对图 3-83 中的四个孔进行攻右旋螺纹,螺纹深度 8 mm,选 10 mm 丝锥,导程 2 mm。

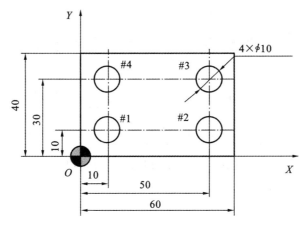

图 3-83 螺旋孔加工

其数控加工程序如下。

```
%0004
G92 X0 Y0 Z0;
G90 G00 Z30 M08;
G00 X10 Y10;
S150 M03;
G99 G84 Z-8 R5 P3 F300;
X50;
Y30;
```

X10;

G80;

G00 Z30;

M05;

G00 X0 Y0 M30;

(2)G74——攻螺纹(左螺纹)循环。

格式:

$$\begin{Bmatrix} G98 \\ G99 \end{Bmatrix} G74 \quad X\_ \quad Y\_ \quad Z\_ \quad R\_ \quad P\_ \quad F\_ \quad;$$

说明:G74循环指令为左旋螺纹攻螺纹指令,用于加工左旋螺纹。执行该指令时,主轴反转,在G17平面快速定位后快速移至R点,执行攻螺纹指令到达孔底,然后主轴正转退回到R点,主轴恢复反转,完成攻螺纹动作。在用G74攻丝之前应先进行换刀并使主轴反转。在G74攻螺纹期间速度修调无效。该指令的动作示意图如图3-84所示。

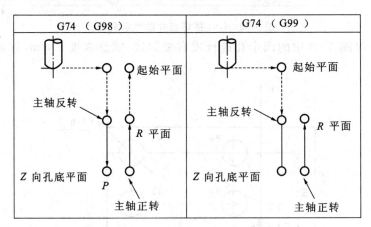

图3-84 G74循环指令动作示意图

6)铰(镗)孔循环指令G85

格式:

$$\begin{Bmatrix} G98 \\ G99 \end{Bmatrix} G85 \quad X\_ \quad Y\_ \quad Z\_ \quad R\_ \quad F\_ \quad P\_;$$

说明:在这里,我们用镗孔指令G85铰孔。指令的动作示意图如图3-85所示。在执行G85时,刀具以切削进给方式加工到孔底,然后以切削进给方式返回到R平面。该指令常用于铰孔和扩孔加工,也可用于粗镗孔加工。

7)粗镗孔循环指令

(1)G86——退刀型镗削固定循环指令。

格式:

$$\begin{Bmatrix} G98 \\ G99 \end{Bmatrix} G86 \quad X\_ \quad Y\_ \quad Z\_ \quad R\_ \quad F\_;$$

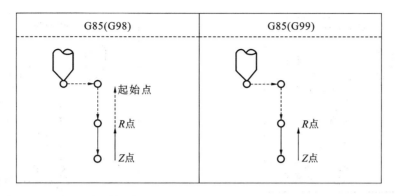

图 3-85　G85 铰孔循环指令动作示意图

该指令与 G81 类似,但进给到孔底后,主轴停转,返回到 R 平面(G99 方式)或初始点(G98 方式)后主轴再重新启动。(用于精度不高的镗孔加工)动作示意图如图 3-86 所示。

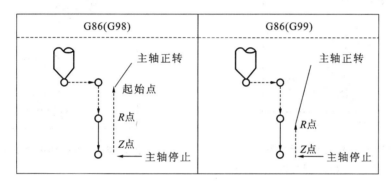

图 3-86　G86 循环指令动作示意图

(2) G88——镗孔固定循环指令(手镗)。

格式:

$$\begin{Bmatrix} G98 \\ G99 \end{Bmatrix} G88 \quad X\_ \quad Y\_ \quad Z\_ \quad R\_ \quad P\_ \quad F\_;$$

该指令 X、Y 轴定位后,快速进给移动到 R 点,接着由 R 点进行镗孔加工。刀具加工到孔底后,进给暂停,主轴停止,并转为进给保持状态,然后以手动方式将刀具移出孔外(高于 R 点或初始点),手动将主轴正转,再转回自动方式,刀具将快速进给到 R 点或初始点。G88 镗孔动作示意图如图 3-87 所示。

8)G89——镗孔固定循环指令

格式:

$$\begin{Bmatrix} G98 \\ G99 \end{Bmatrix} G89 \quad X\_ \quad Y\_ \quad Z\_ \quad R\_ \quad P\_ \quad F\_;$$

说明:动作过程与 G86 类似,从 Z→R 为切削进给,但在孔底时有暂停动作,适用于精镗孔。G89 循环指令动作示意图如图 3-88 所示。

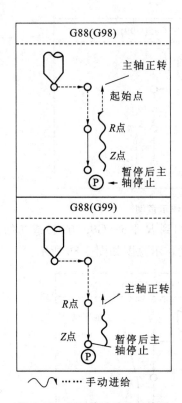

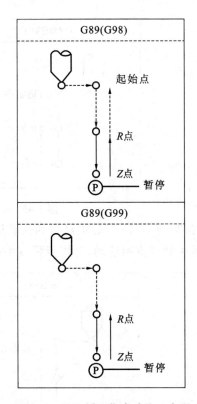

图 3-87 G88 镗孔动作示意图　　　　**图 3-88** G89 循环指令动作示意图

9)G76——精镗孔加工固定循环指令

所谓精镗孔加工就是指将工件上原有的孔进行扩大或精密化。它的特征是修正下孔的偏心,获得精确的孔的位置,取得高精度的圆度、圆柱度和表面光洁度。所以,镗孔加工作为一种高精度加工法往往被使用在最后的工序上。例如,各种机器的轴承孔及各种发动机的箱体、箱盖的加工等。

格式:

$$\begin{Bmatrix} G98 \\ G99 \end{Bmatrix} G76 \quad X\_ \ Y\_ \ Z\_ \ R\_ \ P\_ \ I\_ \ J\_ \ P\_ \ F\_;$$

说明:与 G85 不同,G76 在孔底有三个动作,即进给暂停、主轴定向停止、刀具沿刀尖所指的反方向偏移 Q 值,然后快速退出。

执行精镗,退刀位置由 G98 或 G99 决定。其中准停偏移量 I(或 J)一般总为正值,偏移方向可以是+X、-X、+Y 或-Y,由系统参数选定,如图 3-89 和图 3-90 所示。

【例 3-16】 对图 3-91 所示零件镗孔。

程序编制如下。

　　%0001

　　G17 G40 G80 G90 G49 G69;

　　N001 G00 G91 G30 X0 Y0 Z0;

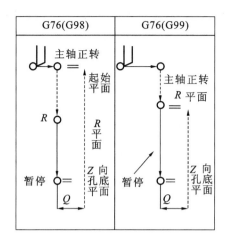

图 3-89 精镗孔循环图

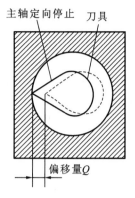

图 3-90 主轴准停图

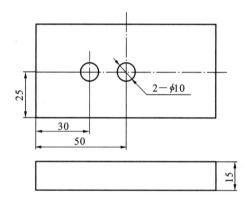

图 3-91 镗孔加工

M06 T01;

G00 G90 G54 X30 Y25 S600;

G43 Z10 H01;

G98 G76 Z－15 R5 I－10 J0 F60;

X50;

G00 G80 Z50;

G91 G28 Y0;

M30;

10) G87——背镗孔固定循环指令

格式:

G98 G87 X_ Y_ Z_ R_ P_ I_ J_ F_ ;

说明:刀具运动到初始点后,主轴定向停止,刀具沿刀尖所指的反方向偏移 Q 值,然后快速运动到孔底 R 位置,沿刀尖所指方向偏移 Q 值,主轴正转,刀具向上做进给运动到 Z 点,主轴又定向停止,刀具沿刀尖所指的反方向偏移 Q 值,快退,沿刀尖所指方向偏移 Q 值回到初始点,主轴正转,如图 3-92 所示。

注意:G87 反镗孔固定循环是由孔底向孔顶镗削,R 点平面低于 Z 点平面,所以这种循环只能让刀具返回到初始点平面(G98 方式指定),一般用于下大上小的孔的加工。

【例 3-17】 用单刃镗刀镗 $\phi 28$ mm 的孔,如图 3-93 所示。

参考程序如下。

```
%1003
G00 G17 G54 S600 M03 F200 T01;
G43 X0 Y0 Z80 H01;
Y15;
G98 G87 X20 I−5 R−3 Z20;
X40;
G00 G49 X0 Y0;
M30;
```

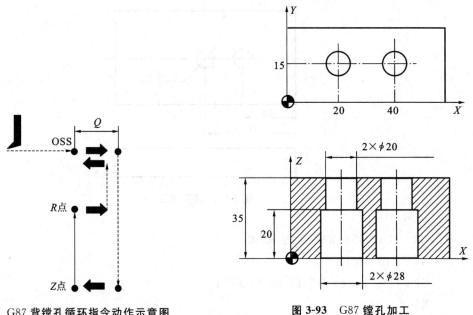

图 3-92 G87 背镗孔循环指令动作示意图   图 3-93 G87 镗孔加工

【任务实施】

本任务的实施过程分为分析零件图样、确定工艺过程、数值计算、编写程序、程序调试与检验和零件检测六个步骤。

一、分析零件图样

1.结构分析

如图 3-48 所示,该零件属于板类零件,加工内容包括平面、直线和圆弧组成的外轮廓及沿圆周分布的孔。

2. 尺寸分析

该零件图尺寸完整,主要尺寸分析如下:毛坯长宽 80 mm×80 mm、高 20 mm,环形孔所在圆周中心距离毛坯前端面 60 mm±0.01 mm,孔深 10 mm,孔径 $\phi 5$ mm,凸台高 $3^{+0.03}_{-0}$ mm,未注公差尺寸,凸台轮廓各部分尺寸完整,其他未注尺寸控制在误差±0.05 mm。

3. 表面粗糙度分析

本任务零件对粗糙度没有具体要求,根据分析,该零件所有表面都可以加工出来,经济性能良好。

二、确定工艺过程

1. 选择加工设备,确定生产类型

选用 XK7130 型数控铣床,系统为华中世纪星 HNC-21;零件数量为 1 件,属于单件小批量生产。

2. 选择工艺装备

(1)该零件采用平口钳定位夹紧。

(2)刀具选择如下:$\phi 8$ mm 立铣刀,铣凸台外轮廓面;$\phi 5$ mm 立铣刀,加工沿圆周分布的孔。

3. 选择量具

量程为 150 mm,分度值为 0.02 mm 的游标卡尺。

量程为 25~50 mm,分度值为 0.001 mm 的内径千分尺。

4. 拟订加工工艺路线

(1)确定工件的定位基准。以工件底面和两侧面为定位基准。

(2)选择加工方法。该零件的加工表面为凸台外轮廓、孔,加工表面的最高加工精度不高,采用加工方法为粗铣。

(3)拟订工艺路线。该零件分两道工序加工,先加工出外轮廓的凸台面,后加工沿圆周分布的孔。

①铣凸台面的工艺路线安排。

平面进给时,为了使平面有较好的表面质量,采用顺铣方式铣削。用立铣刀直接加工,采用刀具半径补偿功能,编程运动轨迹如图 3-94 所示,沿毛坯外一点切入,沿 1→2→3→4→5→6→7→8→9→10→11→12→13→1→切出点,即沿外轮廓走一周,共 5 段圆弧、7 段直线,13 个关键点,通过改变不同的刀具半径补偿值,即可将凸台边缘的余量去除,直至加工出凸台轮廓。由于毛坯左上方凸台左边有很大一部分面积余量,我们采用铣刀行切分几次走刀的方式去掉。

②圆周孔的加工路线安排。

从图 3-48 中可以看出,该零件共有 10 个孔,其中 4 个孔沿直径为 $\phi 15$ mm 的圆周均匀分布,相互间夹角为 90°,其余 6 个孔沿直径为 $\phi 30$ mm 圆周均匀分布,相互间夹角为 60°。可以先分别编写其中某个孔的加工程序,利用子程序及旋转命令加工出其余的孔。

孔的加工路线为:孔♯1→♯2→♯3→♯4,孔♯5→♯6→♯7→♯8→♯9→♯10。路线如图 3-94 所示。

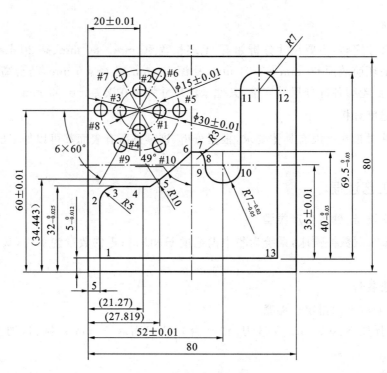

图 3-94   轮廓加工路线安排

5.编制数控技术文档

1)编制数控加工工序卡

数控加工工序卡如表 3-11 所示。

表 3-11   典型铣床零件数控加工工序卡

数控加工工序卡				产品名称	零件名称	零件图号
					典型铣床零件	
工序号	程序编号	材料	数量	夹具名称	使用设备	车间
20	%0001 %0002 %1001 %0003 %0004	铝	1	平口钳	XK7130	数控加工车间

工步号	工步内容	切削用量			刀具		量具	
		$n/(\text{r/min})$	$f/(\text{mm/min})$	a_p/mm	编号	名称	编号	名称
1	加工外轮廓	1 000	100	3	T01	HSS 铣刀	1	游标卡尺
2	加工孔	500	50	10	T02	HSS 铣刀	2	内径千分尺
编制		审核		批准		共 页		第 页

2)编制刀具调整卡

刀具调整卡如表 3-12 所示。

表 3-12 典型铣床零件数控铣刀具调整卡

产品名称或代号				零件名称	典型铣床零件	零件图号	X01
序号	刀具号	刀具名称	刀具材料	刀具参数		刀补地址	
				直径	长度	直径	长度
1	T01	普通铣刀	HSS	$\phi 8$ mm	90 mm	D01＝4 D02＝5 D03＝6 D04＝7 D05＝8	
2	T02	立铣刀	HSS	$\phi 5$ mm	70 mm		H02＝－20
编制		审核		批准		共 页	第 页

三、数值计算

以毛坯上表面的左下点作为编程原点,凸台边沿轮廓各关键点的坐标为 1(5,5)、2(5,27)、3(10,32)、4(21.27,32)、5(27.819,34.443)、6(40,45)、7(42,45)、8(45,42)、9(45,40)、10(59,40)、11(59,67.5)、12(73,67.5)、13(73,5)。孔♯1 中心点的坐标为(27.5,60),孔♯5 中心点的坐标为(35,60)。

四、编写程序

编程原点选择在工件上表面左下角处,凸台外轮廓的数控加工程序卡如表 3-13 所示,钻孔数控加工程序卡如表 3-14 所示。

表 3-13 凸台外轮廓的数控加工程序卡

零件图号		零件名称	典型铣床零件	编制日期	
程序号	％0001 ％0002	数控系统	HNC-21	编制单位	
程序内容			程序说明		
％0001			程序名		
G90 G00 G40 G54 X0 Y0 M03 S1000 F100 T01;			选择 G54 主轴快速移动到工件原点上方		
Z100;			快进至 Z100 处		
Z5;			刀具快速移动到距离工件上方 5 mm 处		
X－10 Y－10;			移动到下刀点(－10,－10)		
G01 G43 H01 Z－3;			加入刀具长度正补偿,刀具向下移动 3 mm		
G41 D01;			加入刀具左补偿 D01＝4		
M98 P0002;			调用程序号 0002 的子程序		
G41 D02;			刀具左补偿 D02＝5		

零件图号		零件名称	典型铣床零件	编制日期	
程序号	％0001 ％0002	数控系统	HNC-21	编制单位	
程序内容			程序说明		
M98 P0002；					
G41 D03；			刀具左补偿 D03＝6		
M98 P0002；					
G41 D04；			刀具左补偿 D04＝7		
M98 P0002；					
G41 D05			刀具左补偿 D05＝8		
M98 P0002；					
G00 X－5 Y80；			快速移动到(－5,80)		
G01 Z－3；			刀具向下移动 3 mm,铣平面		
X55；					
G91 Y－7；					
X－55；					
Y－7					
X55；					
Y－7					
X－55					
Y－7					
X55					
X－55					
Y－7					
X30					
X－30					
Y－5					
X20					
G00 Z100；			抬刀至 Z100		
M30；			程序结束		
％0002			子程序程序名(铣凸台轮廓)		
G01 Z－3			刀具向下移动 3 mm		
X5 Y5；			刀具工进至点(5,5)		
Y27；					

零件图号		零件名称	典型铣床零件	编制日期	
程序号	%0001 %0002	数控系统	HNC-21	编制单位	
程序内容			程序说明		
G02 X10 Y32 R5;					
G01 X21.27;					
G03 X27.819 Y34.443 R10;					
G01 X40 Y45;					
X42;					
G91 G02 X3 Y−3 R3;			变换编程方式为增量编程		
G01 Y−2					
G03 X14 Y0 R7;					
G01 Y5;					
X5;			刀具工进至点(5,5)		
G00 G40 X−10 Y−10;			刀具返回到起刀点(−10,−10)		
Z5;			抬刀至 Z5		
M99;			子程序结束		

表 3-14 钻孔数控加工程序卡

零件图号		零件名称	典型铣床零件	编制日期	
程序号	%1001 %0003 %0004	数控系统	HNC-21	编制单位	
程序内容			程序说明		
%1001			程序名		
G90 G00 G40 G54 X0 Y0 M03 S500 F50 T02;			主轴快速移动到工件原点上方		
G43 Z100 H02;			快速移动,刀具长度正补偿 H02=−20		
Z5;			刀具快速降至 Z5 处		
M98 P0003;			调用程序号为%0003的子程序		
G68 X20 Y60 P90;			绕点(20,60)旋转 90°加工		
M98 P0003;			加工孔♯2		
G68 X20 Y60 P180;			绕点(20,60)旋转 180°加工		
M98 P0003;			加工孔♯3		
G68 X20 Y60 P270;			绕点(20,60)旋转 270°加工		

零件图号		零件名称	典型铣床零件	编制日期	
程序号	%1001 %0003 %0004	数控系统	HNC-21	编制单位	
程序内容			程序说明		
M98 P0003;			加工孔♯4		
G69;			取消旋转指令		
M98 P0004;			调用程序号为%0004 的子程序		
G68 X20 Y60 P60;			绕点(20,60)旋转 60°加工		
M98 P0004;			加工孔♯6		
G68 X20 Y60 P120;			绕点(20,60)旋转 120°加工		
M98 P0004;			加工孔♯7		
G68 X20 Y60 P180;			绕点(20,60)旋转 180°加工		
M98 P0004;			加工孔♯8		
G68 X20 Y60 P240;			绕点(20,60)旋转 270°加工		
M98 P0004;			加工孔♯9		
G68 X20 Y60 P300;			绕点(20,60)旋转 300°加工		
M98 P0004;			加工孔♯10		
G69;			取消旋转指令		
G00 Z100;			快速抬刀		
G80 X0 Y0;			返回到点(0,0)		
M30;			程序结束		
%0003			子程序名(加工孔♯1)		
G99 G81 X27.5 Y60 Z−13 R0 F50;					
M99;			子程序结束		
%0004			子程序名(加工♯5)		
G99 G81 X35 Y60 Z−13 R0 F50;					
M99;			子程序结束		

五、程序调试与检验

(1)选择机床:选择华中标准铣床。

(2)机床回零:打开急停按钮,按+Z、+X、+Y 顺序回零。

(3)安装工件:定义毛坯尺寸为长 80 mm、宽 80 mm、高 20mm,并安装工件。

（4）选择刀具：加工凸台外轮廓时，选择直径 $\phi 8$ mm 的立铣刀，长度 90 mm；加工孔时选择直径 $\phi 5$ mm 的立铣刀，长度 70 mm。

（5）对刀。

进行对刀操作，注意本任务里，是以工件上表面左下点作为工件原点，在计算坐标 X、Y 时的公式略有不同，读者可以思考一下，需要做怎样的改变。

（6）设置参数。

将对刀计算出的坐标值输入到"自动坐标系 G54"中，即设定好了工件坐标系 G54 坐标值。由于该任务进行了刀具半径补偿和长度补偿，除了进行坐标系参数的设置外，在机床参数设置中还需进行刀具长度和半径补偿的设置，方法如下。

在起始界面，单击刀具补偿 F4 按钮，再单击刀补表 F2 按钮，进入刀具表参数设置页面，如图 3-95 所示。

图 3-95 刀具表参数设置页面

通过 ▲、▼、◄、► 按钮及 PgUp、PgDn 按钮，将光标移动到参数对应的地址栏中，如将光标移动到刀号＃0001 栏半径栏中，按 Enter 键后此栏可以输入字符，可通过控制面板上的 MDI 键盘输入刀具半径补偿值"4"，按 Enter 键确认，即将 D01＝4 输入到数控装置。如图 3-96 所示，其他补偿参数输入方法相同，设置完成后的刀具参数表如图 3-97 所示。

注意：刀具号＃0000 栏一般不输入数值。在仿真软件中，以上数值输入也可通过计算机键盘完成。

（7）输入程序：将编制好的程序输入数控装置，程序见数控加工程序卡。

（8）检查轨迹。

（9）自动加工：加工结果如图 3-98 所示。

（10）测量零件尺寸。

刀具表：

刀号	组号	长度	半径	寿命	位置
#0000	-1	0.000	0.000	0	-1
#0001	-1	0.000	4.000	0	-1
#0002	-1	0.000	0.000	0	-1
#0003	-1	0.000	0.000	0	-1
#0004	-1	0.000	0.000	0	-1
#0005	-1	0.000	0.000	0	-1
#0006	-1	0.000	0.000	0	-1
#0007	-1	0.000	0.000	0	-1
#0008	-1	0.000	0.000	0	-1
#0009	-1	0.000	0.000	0	-1
#0010	-1	0.000	0.000	0	-1
#0011	-1	0.000	0.000	0	-1
#0012	-1	0.000	0.000	0	-1

| 直径 | 毫米 | 分进给 | WWW%100 | ~~~%100 | □%0 |

命令行：

图 3-96　输入刀具半径补偿参数

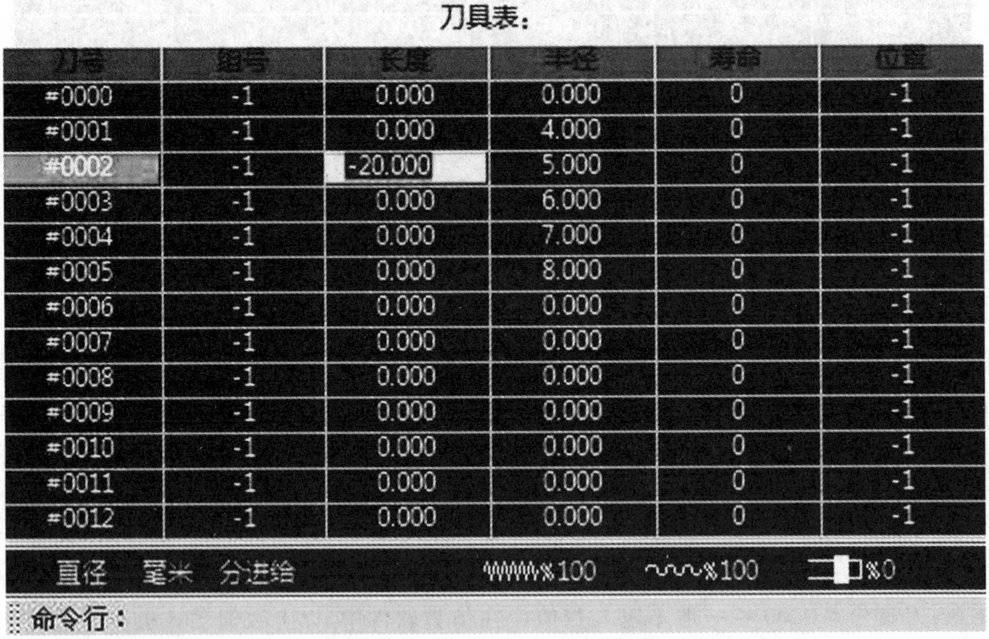

刀具表：

刀号	组号	长度	半径	寿命	位置
#0000	-1	0.000	0.000	0	-1
#0001	-1	0.000	4.000	0	-1
#0002	-1	-20.000	5.000	0	-1
#0003	-1	0.000	6.000	0	-1
#0004	-1	0.000	7.000	0	-1
#0005	-1	0.000	8.000	0	-1
#0006	-1	0.000	0.000	0	-1
#0007	-1	0.000	0.000	0	-1
#0008	-1	0.000	0.000	0	-1
#0009	-1	0.000	0.000	0	-1
#0010	-1	0.000	0.000	0	-1
#0011	-1	0.000	0.000	0	-1
#0012	-1	0.000	0.000	0	-1

| 直径 | 毫米 | 分进给 | WWW%100 | ~~~%100 | □%0 |

命令行：

图 3-97　设置完成后的刀具参数表

图 3-98 零件加工结果

六、零件检测

任务加工时限为 60 分钟,每超 5 分钟扣 10 分,具体的检验与评分标准如表 3-15 所示。

表 3-15 评分标准

项 目	检 验 要 点	配 分	评分标准及扣分	得 分
主要项目	孔深度尺寸 10 mm	5 分	误差每增大 0.02 mm 扣 3 分,若误差大于 0.1 mm 则该项得分为 0	
	孔半径 5 mm	5 分	误差每增大 0.05 mm 扣 2 分,若误差大于 0.2 mm 则该项得分为 0	
	圆弧 R7 mm(2 处)、R3 mm、R5 mm	20 分	误差每增大 0.05 mm 扣 2 分,若误差大于 0.2 mm 则该项得分为 0	
	其他尺寸	15 分	每处 5 分	

项　　目	检验要点	配　分	评分标准及扣分	得　　分
一般项目	程序无误,图形轮廓正确	10分	错误一处扣2分	
	对刀操作、补偿值正确	10分	错误一处扣2分	
	表面质量	5分	每处加工残余、划痕扣2分	
工、量、刀具的使用与维护	常用工、量、刀具的合理使用	5分	使用不当每次扣2分	
	正确使用夹具	5分	使用不当每次扣2分	
设备的使用与维护	能读懂报警信息,排除常规故障	5分	操作不当每项扣2分	
	数控机床规范操作	5分	未按操作规范操作不得分	
安全文明生产	正确执行安全技术操作规程	10分	每违反一项规定扣2分	
用时	规定时间(60分钟)之内		超时扣分,每超5分钟扣2分	
总分(100分)				

【思考与练习】

一、选择题

1.NC 铣床加工程序中调用子程序的指令是(　　)。

A. G98　　　　　　　　B. G99　　　　　　　　C. M98　　　　　　　　D. M99

2.G41 指令是(　　)。

A. 刀长负向补正　　　B. 刀长正向补正　　　C. 向右补正　　　　　D. 向左补正

3.下列(　　)是暂停指令。

A. G04　　　　　　　　B. G03　　　　　　　　C. G10　　　　　　　　D. G09

4.刀长补正值取消,宜用指令(　　)。

A. G49　　　　　　　　B. G49 H01　　　　　　C. G43 H01　　　　　D. G44 H01

5.用数控铣床铣削凹模型腔时,粗精铣的余量可用改变铣刀直径设置值的方法来控制,半精铣时,铣刀直径设置值应(　　)铣刀实际直径值。

A. 小于　　　　　　　　B. 等于　　　　　　　　C. 大于

6.执行下列程序后,镗孔深度是(　　)。

G90 G01 G44 Z-50 H02 F100(H02 补偿值 2.00 mm)

A. 48 mm　　　　　　　B. 52 mm　　　　　　　C. 50 mm

7.刀尖半径左补偿方向的规定是(　　)。

A. 沿刀具运动方向看,工件位于刀具左侧

B. 沿工件运动方向看,工件位于刀具左侧

C.沿工件运动方向看,刀具位于工件左侧

D.沿刀具运动方向看,刀具位于工件左侧

8.数控铣床及加工中心的固定循环功能适用于(　　)。

A.曲面形状加工　　　　B.平面形状加工　　　C.孔系加工

9.程序中指定了(　　)时,刀具半径补偿被撤销。

A.G40　　　　　　　　B.G41　　　　　　　　C.G42

10.用ϕ12 mm的刀具进行轮廓的粗、精加工,要求精加工余量为0.4 mm,则粗加工偏移量为(　　)mm。

A.12.4　　　　　　　　B.11.6　　　　　　　　C.6.4

11.刀具半径的补偿的建立只能通过(　　)来实现。

A.G01或G02　　　　B.G00或G03　　　　C.G02或G03　　　　D.G00或G01

12.在铣床固定循环指令返回动作中,指定返回到R平面的指令是(　　)。

A.G98　　　　　　　　B.G99　　　　　　　　C.G28　　　　　　　　D.G30

13.对于细长孔的钻削应采用(　　)固定循环指令较好。

A.G81　　　　　　　　B.G83　　　　　　　　C.G73　　　　　　　　D.G76

14.华中数控系统中,程序段G68 X0 Y0 P100中,P指令是(　　)。

A.子程序号　　　　　　B.缩放比例　　　　　　C.暂停时间　　　　　　D.旋转角度

15.在某平板上加工若干孔,一般采用(　　)。

A.G98　　　　　　　　B.G99　　　　　　　　C.G73　　　　　　　　D.G83

二、判断题

1.一个主程序中只能有一个子程序。　　　　　　　　　　　　　　　　　　　(　　)

2.子程序的编写方式必须是增量方式。　　　　　　　　　　　　　　　　　　(　　)

3.数控机床的镜像功能适用于数控铣床和加工中心。　　　　　　　　　　　　(　　)

4.数控机床配备的固定循环功能主要用于孔加工。　　　　　　　　　　　　　(　　)

5.判断刀具左右偏移指令时,必须对着刀具前进方向判断。　　　　　　　　　(　　)

6.刀具长度补正指令为G41。　　　　　　　　　　　　　　　　　　　　　　(　　)

7.G73可用于深孔加工。　　　　　　　　　　　　　　　　　　　　　　　　(　　)

8.固定循环只能由G80撤销。　　　　　　　　　　　　　　　　　　　　　　(　　)

9.G04 P3.0表示暂停3 ms。　　　　　　　　　　　　　　　　　　　　　　(　　)

10.指令G43、G44、G49为刀具半径左、右补正与消除。　　　　　　　　　　(　　)

三、问答题

1.什么是刀具半径补偿和长度补偿?其指令格式是怎样的?

2.在数控加工中,一般固定循环由哪六个顺序动作构成?

3.常见的孔加工刀具有哪些?

4.子程序的调用格式是怎样的?

5.常用的钻孔固定循环指令有哪些?

四、编程题

加工图3-99所示零件,数量为1件,毛坯为96 mm×70 mm×36 mm的铝。要求外形不要加工,未注公差的尺寸,允许误差±0.07 mm,设计数控加工工艺方案,编制数控加工工序卡、数控铣刀具调整卡、数控加工程序卡,进行仿真加工,优化走刀路线和程序。

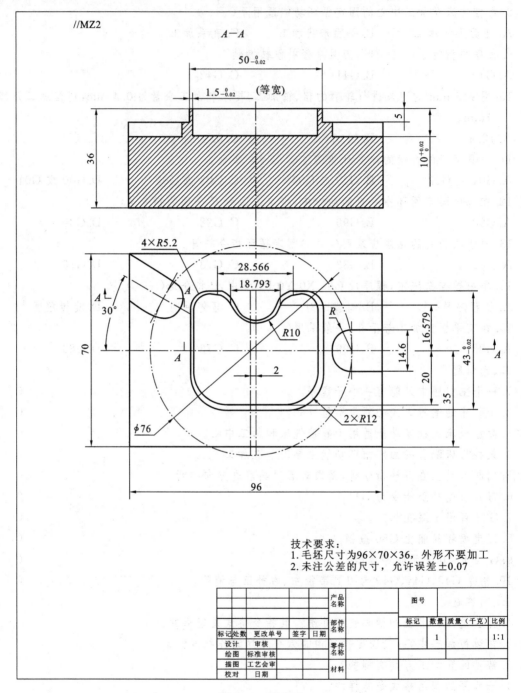

图 3-99 零件图

◀ 任务3 复杂铣床零件的数控加工 ▶

【知识目标】

(1)了解复杂铣床零件的铣削方法。

(2)掌握数控铣宏程序的编制方法。

【能力目标】

通过设计复杂铣床零件的数控加工工艺和编制程序,具备使用宏程序编制较复杂曲面数控铣削加工程序的能力。

【任务引入】

加工图 3-100 所示零件,数量为 1 件,毛坯尺寸为 150 mm×140 mm×32 mm,外形不得再加工;未注公差的尺寸,允许误差±0.07 mm;曲面表面加工残余量不大于 0.1 mm。要求设计数控加工工艺方案,编制数控加工工序卡、数控铣刀具调整卡、数控加工程序卡,进行仿真加工,优化走刀路线和程序。

【相关知识】

下面介绍的是华中数控宏指令编程基本知识。

一、宏程序的概念

1. 宏程序的特点

什么是数控加工宏程序? 简单地说,宏程序是一种具有计算能力和决策能力的数控程序。宏程序具有如下特点。

(1)使用了变量或表达式(计算能力),例如:

G01 X[3+5];	表达式 3+5
G00 X4 F[#1];	变量 #1
G01 Y[50 * SIN[3]];	函数运算

(2)使用了程序流程控制(决策能力),例如:

①IF #3 GE 9;   选择执行命令

......

ENDIF

②WHILE #1 LT #4 * 5;   条件循环命令

......

ENDW

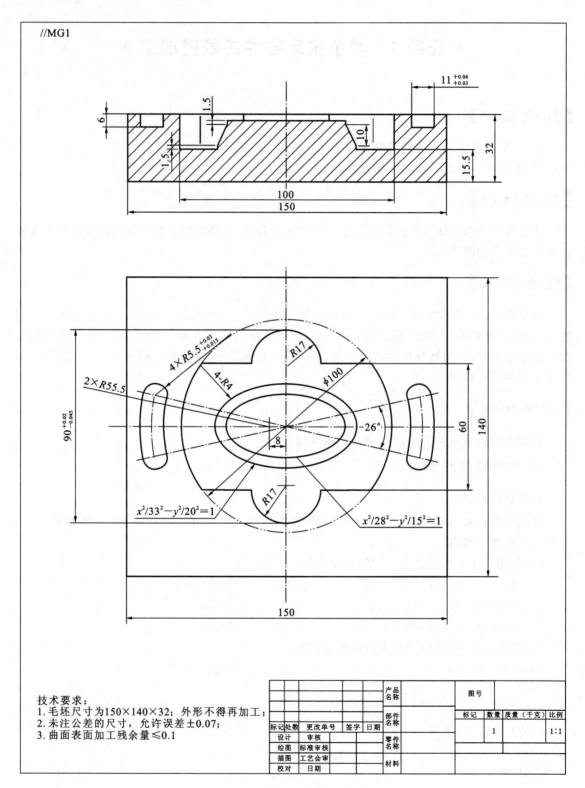

技术要求:
1. 毛坯尺寸为150×140×32;外形不得再加工;
2. 未注公差的尺寸,允许误差±0.07;
3. 曲面表面加工残余量≤0.1

					产品名称		图号	
				部件名称		标记	数量	质量(千克)	比例
标记处数	更改单号	签字	日期				1		1:1
设计		审核			零件名称			
绘图		标准审核						
描图		工艺会审			材料			
校对		日期						

图 3-100　任务零件

2.使用宏程序编程的好处

(1)宏程序引入了变量和表达式,还有函数功能,具有实时动态计算能力,可以加工非圆曲线,如抛物线、椭圆、双曲线、三角函数曲线等;

(2)宏程序可以完成图形一样但尺寸不同的系列零件加工;

(3)宏程序可以完成工艺路径一样但位置不同的系列零件加工;

(4)宏程序具有一定决策能力,能根据条件选择性地执行某些部分;

(5)使用宏程序能极大地简化编程,精简程序。宏程序适用于复杂零件加工的编程。

二、宏变量及宏常量

1.宏变量

在常规的主程序和子程序内,总是将一个具体的数值赋给一个地址。为了使程序更具有通用性,更加灵活,在宏程序中设置了变量,即将一个变量赋给一个地址。

先看一段简单的程序:

G00 X25.0

上面的程序在X轴做一个快速定位。其中数据25.0是固定的,引入变量后可以写成:

$\#1=25.0$； $\#1$是一个变量

G00 X[$\#1$]； $\#1$就是一个变量

1)变量的表示

宏程序中,用"$\#$"号后面紧跟1~4位数字表示一个变量,如$\#1$、$\#50$、$\#101$……变量可以用来代替程序中的数据,如尺寸、刀补号、G指令编号……使用变量可给程序设计带来极大的灵活性。

2)变量的引用

将跟随在一个地址后的数值用一个变量来代替,即引入了变量。使用变量前,变量必须带有正确的值。例如:

$\#1=25$

G01 X[$\#1$]；   表示G01 X25

$\#1=-10$；   运行过程中可以随时改变$\#1$的值

G01 X[$\#1$]；   表示G01 X-10

变量不仅可以表示坐标,而且可以表示G、M、F、D、H、M、X、Y等各种代码后的数字。例如:

$\#2=3$

G[$\#2$] X30；   表示G03 X30

【例3-18】 使用了宏变量的子程序。

%1000

$\#50=20$；   先给变量赋值

M98 P1001；   然后调用子程序

$\#50=350$；   重新赋值

```
M98  P1001;            再调用子程序
M30;
%1001
G91 G01 X[#50];        同样一段程序,#50 的值不同,X 移动的距离就不同
M99;
```

3)变量的类型

变量可以分为局部变量、全局变量和系统变量三类。

(1)局部变量　编号#0 至#49 的变量是局部变量。局部变量的作用范围是当前程序(在同一个程序号内)。在主程序或不同子程序中相同名称(编号)的变量不会相互干扰,值也可以不同。

例如:

```
%1000
N10#3=30;             主程序中#3 为 30
M98 P1001;            进入子程序后#3 不受影响
#4=#3;                #3 仍为 30,所以#4=30
M30;
%1001
#4=#3;                这里的#3 不是主程序中的#3,所以#3=0(没定义),则#4=0
#3=18;                这里使#3 的值为 18,不会对主程序中#3 的值产生影响
M99;
```

(2)全局变量　编号#50 至#199 的变量是全局变量(注:其中#100 至#199 也是刀补变量)。全局变量的作用范围是整个零件程序。不管是主程序还是子程序,只要名称(编号)相同就是同一个变量,带有相同的值,在某个位置修改它的值,其他位置的都受影响。

例如:

```
%1000
N10#50=30;            先使#50 为 30
M98 P1001;            进入子程序
#4=#50;               #50 变为 18,所以#4=18
M30;
%1001
#4=#50;               #50 的值在子程序里也有效,所以#4=30
#50=18;               这里使#50=18,然后返回
M99;
```

为什么要把变量分为局部变量和全局变量? 如果只有全局变量,又由于变量名不能重复,就可能出现变量名不够用的情况;全局变量在任何位置都可以改变它的值,这是它的优点(因为参数传递很方面),也是它的缺点(因为当一个程序较复杂的时候,一不小心就可能在某个位置用了相同的变量名或者改变了它的值,从而造成程序混乱)。局部变量的使用,解决了同名变量冲突的问题,编写子程序时,不需要考虑其他位置是否用过某个变量名。

什么时候用全局变量,什么时候用局部变量? 在一般情况下,我们应优先考虑选用局部变量。局部变量在不同的子程序中可以重复使用,不会互相干扰。如果一个数据在主程序和子程序中都要用到,就要考虑用全局变量。用全局变量来保存的数据,可以在不同子程序间传递、共享及反复利用。

刀补变量($\sharp$100 至 $\sharp$199)。这些变量中存放的数据可以作为刀具半径或长度的补偿值来使用。

例如:

$\quad\sharp$100=8;

$\quad$G41 D100; $\quad$D100 就是指加载 $\sharp$100 的值 8 作为刀补半径

注意:在上面的程序中,如果把 D100 写成了 D[$\sharp$100],则相当于 D8,即调用 8 号刀补,而不是补偿量为 8。

(3)系统变量 $\sharp$300 以上的变量是系统变量。系统变量具有特殊意义,是数控系统内部定义好了的,用户不可以改变它们的用途。系统变量是全局变量,使用时可以直接调用。

编号 $\sharp$0 至 $\sharp$599 的变量是可读写的,$\sharp$600 以上的变量是只读的,不能被直接修改。

其中,$\sharp$300 至 $\sharp$599 是子程序局部变量。在一般情况下,不用关心这些变量的存在情况,也不推荐使用它们。注意:同一个子程序被调用的层级不同时,对应的系统变量也是不同的。$\sharp$600 至 $\sharp$899 为与刀具相关系统变量。$\sharp$1000 至 $\sharp$1039 为坐标相关系统变量。$\sharp$1040 至 $\sharp$1143 为参考点相关系统变量。$\sharp$1144 至 $\sharp$1194 为系统状态相关系统变量。

有时候需要判断系统的某个状态,以便程序做相应的处理,就要用到系统变量。

2. 常量

在整个程序中常量的数值始终不变,华中数控系统中常用的常量有"PI""TRUE"和"FALSE",其中:PI 表示圆周率 π,TRUE 表示条件成立(真),FALSE 表示条件不成立(假)。

三、运算符与表达式

1. 算术运算符

算术运算符有加(+)、减(-)、乘(*)、除(/)。

2. 条件运算符

条件运算符如表 3-16 所示。

表 3-16 条件运算符

宏程序运算符	EQ	NE	GT	GE	LT	LE
数学意义	=	≠	>	≥	<	≤

条件运算符用在程序流程控制 IF 和 WHILE 的条件表达式中,作为判断两个表达式大小关系的连接符。

注意:宏程序条件运算符与计算机编程语言条件运算符在表达习惯方面有所不同。

3. 逻辑运算符

在 IF 或 WHILE 语句中,如果有多个条件,则用逻辑运算符来连接多个条件。

AND(逻辑与) 多个条件同时成立才成立

OR （逻辑或） 多个条件只要有一个成立即可

NOT(逻辑非) 取反(如果不是)

例如：

　　♯1 LT 50 AND ♯1 GT 20——表示:[♯1＜50]且[♯1＞20]

　　♯3 EQ 8 OR ♯4 LE 10——表示:[♯3＝8]或者[♯4≤10]

　　当有多个逻辑运算符时,可以用方括号来表示结合顺序,例如:

　　NOT[♯1 LT 50 AND ♯1 GT 20]——表示:如果不是"♯1＜50 且 ♯1＞20"

又如：

　　[♯1 LT 50] AND [♯2 GT 20 OR ♯3 EQ 8] AND [♯4 LE 10]

4. 函数

正弦:SIN[a](a 为角度,单位为弧度)。

余弦:COS[a](a 为角度,单位为弧度)。

正切:TAN[a](a 为角度,单位为弧度)。

反正切:ATAN[a](a 的范围为$-90°\sim90°$)。

绝对值:ABS[a],表示|a|。

取整:INT[a],采用去尾取整,非"四舍五入"。

取符号:SIGN[a],当 a 为正数时返回 1,当 a 为 0 时返回 0,当 a 为负数时返回−1。

开平方:SQRT[a],表示$\sqrt{a}$。

指数:EXP[a],表示 e^a。

5. 表达式与括号

包含运算符或函数的算式就是表达式。表达式中用方括号来表示运算顺序。宏程序中不用圆括号,因圆括号是注释符。

例如：

　　175/SQRT[2] * COS[55 * PI/180]

　　♯3*6 GT 14

6. 运算符的优先级

运算顺序为:方括号 → 函数 → 乘除 → 加减 → 条件 → 逻辑。

技巧:用方括号来控制运算顺序,更容易阅读和理解。

7. 赋值号(＝)

把常数或表达式的值送给一个宏变量称为赋值,格式如下:

　　宏变量＝常数或表达式

例如：

　　♯2＝175/SQRT[2] * COS[55 * PI/180]

　　♯3＝124.0

　　♯50＝♯3＋12

特别注意,赋值号后面的表达式可以包含变量自身,如♯1＝♯1＋4,此式表示把♯1的值与4相加,结果赋给♯1。这不是数学中的方程或等式,如果♯1的值是2,执行♯1＝♯1＋4

后，♯1 的值变为 6。

8. 注释

写在半角分号";"后面的内容都是注释。注释也可以写在一对圆括号里面。注释是用来说明程序的，能使程序易于阅读理解。

例如：

  T0101；换刀

四、程序流程控制

程序流程控制形式有许多种，都是通过判断某个条件是否成立来决定程序走向的。所谓条件，通常是对变量或变量表达式的值进行大小判断的式子，称为"条件表达式"。华中数控系统有 IF…ENDIF 和 WHILE…ENDW 两种流程控制命令。

1. 条件判别语句 IF

需要选择性地执行程序，就要用 IF 命令。

格式 1：（条件成立则执行）

  IF 条件表达式

  条件成立执行的语句组

  ENDIF

功能：

条件成立执行 IF 与 ENDIF 之间的程序，不成立就跳过。其中 IF、ENDIF 称为关键词，不区分大小写。IF 为开始标识，ENDIF 为结束标识。IF 语句的执行流程如图 3-101 所示。

例如：

  IF ♯1 EQ 10；   如果♯1＝10

  M99；   成立，执行此句（子程返回）

  ENDIF；   条件不成立，跳到此句后面

例如：

  IF ♯1 LT 10 AND ♯1 GT 0；   如果♯1＜10 且 ♯1＞0

  G01 X20；   成立，执行此句

  Y15；

  ENDIF；   条件不成立，跳到此句后面

格式 2：（二选一，选择执行）

  IF 条件表达式

  条件成立执行的语句组

  ELSE

  条件不成立执行的语句组

  ENDIF

例如：

  IF ♯51 LT 20

  G91 G01 X10 F250

　　　　ELSE

　　　　G91　G01　X35　F200

　　　　ENDIF

　　功能：条件成立，执行 IF 与 ELSE 之间的程序；不成立，执行 ELSE 与 ENDIF 之间的程序。IF 语句的执行流程如图 3-101 所示。

2. 条件循环语句 WHILE

　　格式：WHILE 条件表达式

　　　　　　条件成立循环执行的语句

　　　　　ENDW

　　功能：当条件成立时执行 WHILE 与 ENDW 之间的程序，然后返回到 WHILE 再次判断条件，直到条件不成立才跳到 ENDW 后面。WHILE 语句的执行流程如图 3-101 所示。

　　例如：

　　　　♯2＝30

　　　　WHILE　♯2　GT　0；　　　　　　　　如果♯2＞0

　　　　G91　G01　X10；　　　　　　　　　成立，执行此句

　　　　♯2＝♯2−3；　　　　　　　　　　修改变量

　　　　ENDW；　　　　　　　　　　　　返回

　　　　G90　G00　Z0；　　　　　　　　　不成立，跳到这里执行

　　WHILE 中必须有修改条件变量的语句，使得其循环若干次后，条件变为不成立而退出循环，不然就成为死循环。

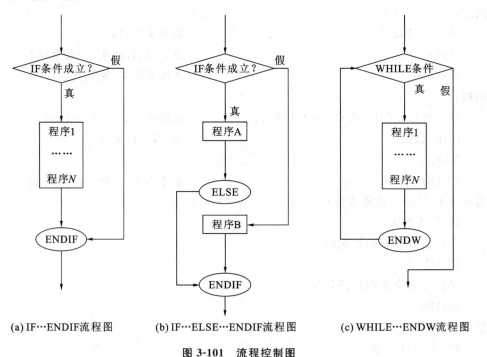

　(a) IF…ENDIF流程图　　　(b) IF…ELSE…ENDIF流程图　　　(c) WHILE…ENDW流程图

图 3-101　流程控制图

五、子程序及参数传递

1. 普通子程序

普通子程序指没有宏变量的子程序,程序中各种加工的数据是固定的,子程序编好后,子程序的工作流程就固定了,程序内部的数据不能在调用过程中动态地改变,子程序的用途只能通过"镜像""旋转""缩放""平移"来有限地改变。

例如:

%4001

G01 X80 F100

M99

子程序中数据固定,普通子程序的效能有限。

2. 宏子程序

宏子程序可以包含变量,不但可以反复调用简化代码,而且操作者通过改变其变量的值就能实现加工数据的灵活变化或改变程序的流程,实现复杂的加工过程处理。

例如:

%4002

G01 Z[#1] F[#50];　　Z 坐标是变量;进给速度也是变量,可适应粗、精加工

M99;

例如:对圆弧往复切削时,指令 G02、G03 交替使用。参数 #51 改变程序流程,自动选择。

%4003

IF #51 GE1;

G02 X[#50] R[#50];　　　　　　　条件满足,执行 G02

ELSE;

G03 X[−#50] R[#50];　　　　　　条件不满足,执行 G03

ENDIF;

#51＝#51*[−1];　　　　　　改变条件,为下次执行做准备

M99;

如果子程序中的变量不是在子程序内部被赋值的,则在调用过程中,就必须给变量一个值。这就是参数传递问题,变量类型不同,传值的方法也不同。

3. 全局变量传参数

如果子程序中用的变量是全局变量,调用子程序前,先给变量赋值,再调用子程序。

例如:

%4000

#51＝40;　　　　　　#51 为全局变量,给它赋值

M98 P4001;　　　　　进入子程序后 #51 的值是 40

#51＝25;　　　　　　第二次给它赋值

M98 P4001;　　　　　　　再次调用子程序,进入子程序后♯51的值是25

M30;

%4001　　　　　　　　　子程序

G91 G01 X[♯51] F150;　♯51的值由主程序决定

M99;

4. 局部变量传参数

提出问题:

%4000

N1　♯1＝40;　　　　　　为局部变量♯1赋值

N2　M98 P4001;　　　　　进入子程序后♯1的值是40吗?

M30;

%4001

N4　G91 G01 X[♯1];　子程序中用的是局部变量♯1

M99;

得出结论:

主程序中N1行的♯1与子程序中N4行的♯1不是同一个变量,子程序不会接收到40这个值。怎么办呢?可采用在宏调用指令后面添加参数的方法来实现局部变量的参数传递。上面的程序中,把N1行去掉,把N2行改成如下形式即可。

N2　M98 P4001 B40

六、宏编程实例

【例3-19】　加工图3-102所示椭圆,椭圆长半轴为20 mm,短半轴为10 mm,编辑椭圆加工程序。(椭圆表达式:$X=a\text{COS}\alpha;Y=b\text{SIN}\alpha$)

%0001

♯0＝5　（定义刀具半径R值）

♯1＝20　（定义椭圆长半轴a值）

♯2＝10　（定义椭圆短半轴b值）

♯3＝0　（定义步距角α的初值,单位:度）

N1　G92 X0 Y0 Z10

N2　G00 X[2＊♯0＋♯1]　Y[2＊♯0＋♯2]

N3　G01 Z0

N4　G41 X[♯1]

N5　WHILE ♯3GE[－360]　　　（如果自变量♯3大于－360°,则执行循环语句）

N6　G01 X[♯1＊COS[♯3＊PI/180]]　Y[♯2＊SIN[♯3＊PI/180]]

N7　♯3＝♯3－5　　　　　　　　　（自变量♯3每次自减5）

ENDW

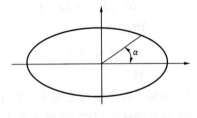

图3-102　椭圆

G01　G91　Y[−2＊♯0]

G90　G00　Z10

G40　X0　Y0

M30

【例 3-20】　如图 3-103 所示,用球头铣刀加工 R5 倒圆曲面。

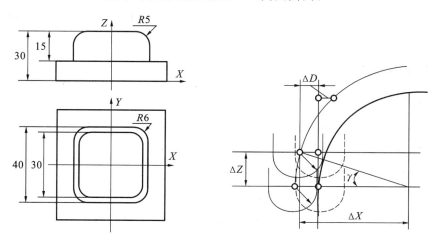

图 3-103　倒圆曲面

％0001(刀位点为球心)

G92　X−30　Y−30　Z25

♯0＝5(倒圆半径)

♯1＝4(球刀半径)

♯2＝180(步距角 γ 的初值,单位:度)

WHILE　♯2　GT　90

♯101＝ABS[[♯0＋♯1]＊COS[♯2＊PI/180]]−♯0(计算半径偏移量 ΔD)

G01　G41　X−20　D101

Y14

G02　X−14　Y20　R6

G01　X14

G02　X20　Y14　R6

G01　Y−14

G02　X14　Y−20　R6

G01　X−14

G02　X−20　Y−14　R6

G01　X−30

G40　Y−30

♯2＝♯2−10

G01　Z[25+[#0+#1]＊SIN[#2＊PI/180]]（计算 Z 轴高度 25+ΔZ）
ENDW
M30

【任务实施】

本任务的实施过程分为分析零件图样、确定工艺过程、数值计算、编写程序、程序调试与检验和零件检测六个步骤。

一、分析零件图样

1. 结构分析

如图 3-100 所示,该零件属于比较复杂的零件,加工内容包括由半圆、圆弧、圆角及直线组成的型腔,椭圆锥台凸台,以及两个腰形键槽。

2. 尺寸分析

该零件图尺寸完整,椭圆锥台凸台两椭圆的尺寸为:小椭圆长半轴 28 mm、短半轴 15 mm;大椭圆长半轴 33 mm、短半轴 20 mm。腰形键槽槽宽 11$^{+0.06}_{+0.03}$ mm,槽深 6 mm。

3. 表面粗糙度分析

该零件的表面粗糙度没有具体要求,型腔内所有表面都可以被加工出来,经济性能良好。

二、确定工艺过程

1. 选择加工设备,确定生产类型

选用 XK7130 型数控铣床,系统为华中世纪星数控系统 HNC-21。零件数量为 1 件,属于单件小批量生产。

2. 选择工艺装备

(1)该零件采用平口钳定位夹紧。

(2)刀具选择如下:φ10 mm 高速钢普通立铣刀,铣椭圆锥台凸台,φ8 mm 普通立铣刀铣型腔及两个腰形键槽。

3. 选择量具

选择量程为 100 mm、分度值为 0.02 mm 的游标卡尺。

4. 拟订工艺路线

确定工艺步骤如下:分层粗铣、精铣椭圆锥台凸台→粗铣、精铣直线和圆弧等组成的型腔→粗铣、精铣两腰形键槽。

1)椭圆锥台凸台

上、下分别为两个椭圆柱台,用宏编程完成加工,编程方法可参照例 3-20;中间部分为椭圆锥台,用垂直于 Z 轴的平面与之相截,则每一个截面都是椭圆,只是每层椭圆的长短轴不一样。根据图 3-100 可知椭圆的长、短轴呈线性变化,且椭圆在 Z 方向每下降 0.1 mm,椭圆的长、短轴

分别增加 0.05 mm。可设椭圆台的层高 Z 为自变量,在每一个层高均完成一个椭圆加工,当 Z 达到指定高度时,即完成加工,以此为思路编制宏程序循环语句。

2)直线、圆弧组成的型腔

采用顺铣方式铣削,引入刀具半径补偿功能。走刀路线如图 3-104 所示。

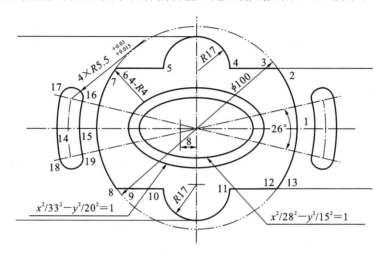

图 3-104 型腔加工走刀路线

刀具从外切入,然后沿型腔轮廓走刀 1→2→3→4→5→6→7→8→9→10→11→12→13→2,然后退刀。

3)腰形键槽

采用顺铣方式铣削,引入刀具半径补偿和镜像编程功能,左半部分的加工路线如图 3-104 所示。刀具从外切入点 14→15→16→17→18→19→16→17,然后退刀。

5. 编制数控技术文档

1)编制数控加工工序卡

数控加工工序卡如表 3-17 所示。

表 3-17 任务零件数控加工工序卡

数控加工工序卡				产品名称	零件名称	零件图号
					复杂铣床零件	
工序号	程序编号	材料	数量	夹具名称	使用设备	车间
20	%1001 %0001 %1002 %0002 %1003 %0003	铝	1	平口钳	XK7130	数控加工车间

数控加工工序卡		产品名称	零件名称	零件图号		
			复杂铣床零件			
工步号	工步内容	切削用量			刀具		量具	
		n/(r/min)	f/(mm/min)	a_p/mm	编号	名称	编号	名称
1	铣圆锥台凸台	800	50	16.5	1	HSS 铣刀	1	游标卡尺
2	直线、圆弧组成的型腔	1 000	100	16.5	2	HSS 铣刀	1	游标卡尺
3	腰形键槽	1 000	100	6	3	HSS 铣刀	1	游标卡尺
编制		审核		批准		共 页	第 页	

2)编制刀具调整卡

数控铣刀具调整卡如表 3-18 所示。

表 3-18　任务零件数控铣刀具调整卡

产品名称或代号			零件名称	复杂铣床零件	零件图号	X01
序号	刀具号	刀具名称	刀具材料	刀具参数		刀补地址	
				直径	长度	直径	长度
1	T01	普通铣刀	HSS	ϕ 10 mm	70 mm	D01＝5	
2	T02	普通铣刀	HSS	ϕ 8 mm	60 mm	D02＝4 D03＝5 D04＝7	H02＝－10
3	T03	普通铣刀	HSS	ϕ 8 mm	60 mm	D02＝4	H03＝－10
编制		审核		批准		共 页	第 页

三、数值计算

直接计算各坐标点会比较麻烦。利用 AutoCAD,以中心线交点为原点,以 1∶1 的比例绘制出该图形俯视图,利用 AutoCAD 软件里面的点坐标测量功能,即可比较容易获得各点的坐标。图 3-105 所示即为利用 AutoCAD 软件绘制的任务零件俯视图。

以毛坯上表面的中心点作为编程原点,各点的坐标为:1(50,0);2(41.247 1,28.260 9);3(37.947 3,30);4(16.880 2,30);5(－16.880 2,30);6(－37.947 3,30);7(－41.247 1,28.260 9);8(－41.247 1,－28.260 9);9(－37.947 3,－30);10(－16.880 2,－30);11(16.880 2,－30);12(37.947 3,－30);13(41.247 1,－28.260 9);14(－63.5,0);15(－57.983 2,0);16(－56.265 8,12.990 0);17(－67.022 8,15.473 4);18(－67.022 8,－15.473 4);19(－56.265 8,－12.990)。16 至 17 段圆弧半径为 5.52 mm,17 至 18 段圆弧半径为 61.017 4 mm,18 至 19 段圆弧半径为 5.52 mm,19 至 16 段圆弧半径为 49.983 2 mm。

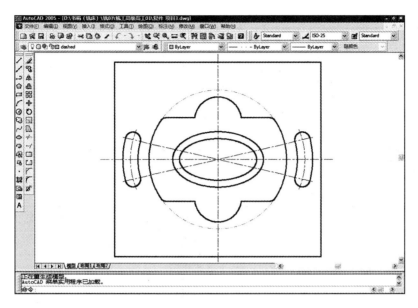

图 3-105 AutoCAD 软件绘制的任务零件俯视图

四、编写程序

编程原点选择在工件上表面的中心处。

(1)加工椭圆锥台凸台的数控加工程序卡如表 3-19 所示。

表 3-19 椭圆锥台凸台的数控加工程序卡

零件图号		零件名称	复杂铣床零件	编制日期	
程序号	％1001 ％0001	数控系统	HNC-21	编制单位	
程序内容			程序说明		
％1001			程序名		
G00 G49 G54 G40 G90 X0 Y0 T01			快速定位至(0,0)		
M03 S800 F50			主轴正转,转速为 800 r/min		
Z100			刀具快速定位到 Z100 处		
Z10			刀具快速定位至 Z10 处		
＃0＝5			定义刀具半径 R 值		
＃51＝28			设置全局变量,定义椭圆长半轴 a 值		
＃52＝15			设置全局变量,定义椭圆短半轴 b 值		
＃3＝0			定义步距角 α 的值,单位为度		
G00 X33 Y10			快速定位至(33,10)		
G01 Z－5			向下工进加工至 Z－5 处		

零件图号		零件名称	复杂铣床零件	编制日期	
程序号	%1001 %0001	数控系统	HNC-21	编制单位	
程序内容			程序说明		
Y0					
WHILE ♯3 GE[−360]			循环判断语句,♯3为自变量		
G41 G01 X[♯51*COS[♯3*PI/180]] Y[♯52*SIN[♯3*PI/180]]D01			加工椭圆,D01=5		
♯3=♯3−5			改变自变量♯3的值,使其每次循环自减5		
ENDW			返回		
Y−10			程序结束		
G00 Z10			快速抬刀至Z10		
G40 X0 Y0			取消刀具半径补偿,刀具回点(0,0)		
♯3=0			重新定义步距角α的值,单位为度		
♯4=−5			定义椭圆台初始深度		
G00 X33 Y10					
Y0					
WHILE ♯4 GE[−15]			♯4为自变量,判断椭圆台加工深度		
G01 Z[♯4]			每次向下工进加工♯4深度		
M98 P0001			调用程序号为%0001子程序		
G01 G40 X[♯51+5]					
G00 Z2					
♯51=♯51+0.05			计算椭圆长半轴		
♯52=♯52+0.05			计算椭圆短半轴		
♯4=♯4−0.1			每次循环椭圆台深度♯4增加0.1		
ENDW					
G00 Z10					
G40 X0 Y0					
♯51=33			重新定义椭圆长半轴a值		
♯52=20			重新定义椭圆短半轴b值		
♯3=0			重新定义步距角α的值,单位为度		
G00 X38 Y10					

零件图号		零件名称	复杂铣床零件	编制日期	
程序号	％1001 ％0001	数控系统	HNC-21	编制单位	
程序内容			程序说明		
G01 Z−16.5					
Y0					
WHILE ♯3 GE[−360]			循环判断语句,♯3为自变量		
G41 G01 X[♯51 * COS[♯3 * PI/180]] Y[♯52 * SIN[♯3 * PI/180]]D01			加工椭圆,D01＝5		
♯3＝♯3−5			改变自变量♯3的值,使其每次循环自减5		
ENDW					
Y−10					
G00 Z10					
G40 X0 Y0					
G00 Z100					
M30					
％0001			加工椭圆子程序号		
♯3＝0					
WHILE ♯3 GE[−360]					
G41 G01 X[♯51 * COS[♯3 * PI/180]] Y[♯52 * SIN[♯3 * PI/180]]D01			加工椭圆,D01＝5		
♯3＝♯3−5					
ENDW					
M99					
G00 Z100					
M30					

（2）直线、圆弧、圆角组成的型腔的数控加工程序卡如表 3-20 所示。

表 3-20　直线、圆弧、圆角组成的型腔的数控加工程序卡

零件图号		零件名称	复杂铣床零件	编制日期	
程序号	％1002 ％0002	数控系统	HNC-21	编制单位	
程序内容			程序说明		
％1002			程序名		

续表

零件图号		零件名称	复杂铣床零件	编制日期	
程序号	％1002 ％0002	数控系统	HNC-21	编制单位	
程序内容			程序说明		
G90 G00 G40 G54 X0 Y0 M03 S1000 F100 T02;			快速定位至(0,0)		
G43 H02			加入刀具长度正补偿,H02＝－10		
Z100			刀具快速定位到 Z100 处		
Z10			刀具快速定位至 Z10 处		
G41 D02;			加入刀具半径左补偿,D02＝4		
M98 P0002;			调用％0002 程序的子程序		
G41 D03;			加入刀具半径左补偿,D03＝5		
M98 P0002;					
G41 D04;			加入刀具半径左补偿,D04＝7		
M98 P0002;					
G40 G00 X0 Y31;					
G01 Z－16.5					
X－2					
X2					
G00 Z5;					
X0 Y－31;					
G01 Z－16.5					
X－2					
X2					
G00 Z10;			快速退刀 Z10		
G00 X0 Y0					
G01 Z－3.5					
G01 X7					
G03 X7 Y0 I－7 J0 F100			逆时针圆弧插补		
G01 X13					
G03 X13 Y0 I－13 J0					
G01 X18 Y0					
G03 X18 Y0 I－18 J0					
G01 X25 Y0					
G03 X25 Y0 I－25 J0					

零件图号		零件名称	复杂铣床零件	编制日期	
程序号	％1002 ％0002	数控系统	HNC—21	编制单位	
程序内容			程序说明		
G01 Z10					
G00 G49 Z100			取消长度补偿,快速运动到 Z100 处		
M30;					
％0002			子程序名		
G00 X45 Y0					
G01 Z—16.5					
G01 X50 Y0					
G03 X41.2471 Y28.2609 R50					
G03 X37.9473 Y30 R4					
G01 X16.8802 Y30					
G03 X—16.8802 Y30 R17					
G01 X—37.9473 Y30					
G03 X—41.2471 Y28.2609 R4					
G03 X—41.2471 Y—28.2609 R50					
G03 X—37.9473 Y—30 R4					
G01 X—16.8802 Y—30					
G03 X16.8802 Y—30 R17					
G01 X37.9473 Y—30					
G03 X41.2471 Y—28.2609 R4					
G03 X41.2471 Y28.2609 R50					
G01 Z10					
G40 G00 X0 Y0					
M99;					

(3)腰形键槽的数控加工程序卡如表 3-21 所示。

表 3-21 腰形键槽的数控加工程序卡

零件图号		零件名称	复杂铣床零件	编制日期	
程序号	％1003 ％0003	数控系统	HNC-21	编制单位	
程序内容			程序说明		
％1003			程序名		

零件图号		零件名称	复杂铣床零件	编制日期	
程序号	％1003 ％0003	数控系统	HNC-21	编制单位	
程 序 内 容			程 序 说 明		
G90　G00　G40　G54　X0　Y0　M03　S1000 F100 T03;			快速定位至(0,0)		
G43 H03			加入刀具长度正补偿,H03=-10		
Z100			刀具快速定位到 Z100 处		
Z10			刀具快速定位至 Z10 处		
M98 P0003			调用％0003 程序的子程序		
G24 X0			镜像编程,镜像轴为 Y 轴		
M98 P0003					
G25			取消镜像编程		
G00 G49 Z100					
M30					
％0003			子程序名		
G00 X-63.5 Y0					
G01 Z-6					
G41 G01 X-57.9832 Y0 D02;			加入刀具半径左补偿,D02=4		
G02 X-56.2658 Y12.9900 R49.9832					
G03 X-67.0228 Y15.4734 R5.52					
G03 X-67.0228 Y-15.4734 R61.0174					
G03 X-56.2658 Y-12.990 R5.52					
G02 X-56.2658 Y12.9900 R49.9832					
G03 X-67.0228 Y15.4734 R5.52					
G01 Z5					
G40 G00 X0 Y0					
M99					

五、程序调试与检验

(1)选择机床:选择华中标准铣床。

(2)机床回零:打开急停按钮,按+Z、+X、+Y 顺序回零。

(3)安装工件:定义毛坯长 150 mm、宽 140 mm、高 32 mm,并安装工件。

(4)安装刀具:加工椭圆锥台凸台时,选择直径 ϕ 10 mm、长度 70 mm 的立铣刀;加工直线、圆弧、圆角组成的型腔时,选择直径 ϕ 8 mm、长度 60 mm 的立铣刀;加工腰形键槽时,选择直径 ϕ 8 mm、长度 60 mm 的立铣刀。

（5）对刀。

（6）设置参数：设置完成后的刀具参数表如图 3-106 所示。

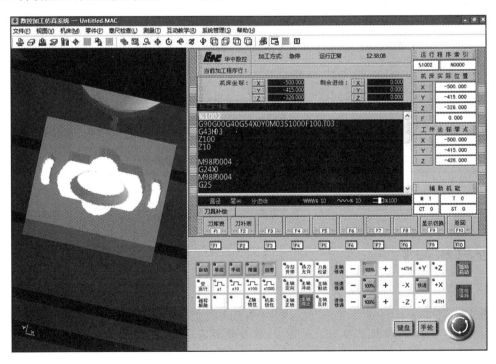

图 3-106 设置完成后的刀具参数表

（7）输入程序。

（8）检查轨迹。

（9）自动加工，加工结果如图 3-107 所示。

图 3-107 加工结果

(10)测量零件尺寸。

六、零件检测

具体的检验与评分标准如表 3-22 所示。

表 3-22　检验与评分标准

项　　目	检验要点	配　　分	评分标准及扣分	得　　分
主要项目	腰形键槽深度 6 mm	5 分	误差每增大 0.02 mm 扣 3 分,若误差大于 0.07 mm 则该项得分为 0	
	腰形键槽槽宽 11$^{+0.06}_{+0.03}$ mm	5 分	误差每增大 0.05 mm 扣 2 分,若误差大于 0.2 mm 则该项得分为 0	
	小椭圆长半轴 28 mm、短半轴 15 mm;大椭圆长半轴 33 mm、短半轴 20 mm	20 分	误差每增大 0.05 mm 扣 2 分,若误差大于 0.07 mm 则该项得分为 0	
	其他尺寸	15 分	每处 5 分	
一般项目	程序无误,图形轮廓正确	10 分	错误一处扣 2 分	
	对刀操作、补偿值正确	10 分	错误一处扣 2 分	
	表面质量	5 分	每处加工残余、划痕扣 2 分	
工、量、刀具的使用与维护	常用工、量、刀具的合理使用	5 分	使用不当每次扣 2 分	
	正确使用夹具	5 分	使用不当每次扣 2 分	
设备的使用与维护	能读懂报警信息,排除常规故障	5 分	操作不当每项扣 2 分	
	数控机床规范操作	5 分	未按操作规范操作不得分	
安全文明生产	正确执行安全技术操作规程	10 分	每违反一项规定扣 2 分	
用时	规定时间(60 分钟)之内		超时扣分,每超 5 分钟扣 2 分	
总分(100 分)				

【思考与练习】

加工图 3-108 所示零件,数量为 1 件,毛坯尺寸为 150 mm×120 mm×35 mm,外形不得再加工;未注公差的尺寸,允许误差±0.07 mm;曲面表面加工残留高度不大于 0.1 mm。要求设计数控加工工艺方案,编制数控加工工序卡、数控铣刀具调整卡、数控加工程序卡,进行仿真加工,优化走刀路线和程序。

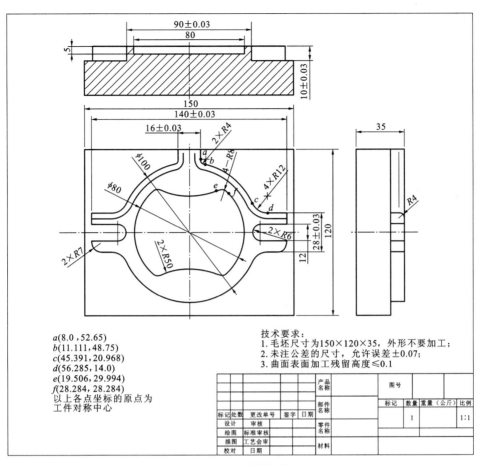

$a(8.0,52.65)$
$b(11.111,48.75)$
$c(45.391,20.968)$
$d(56.285,14.0)$
$e(19.506,29.994)$
$f(28.284,28.284)$
以上各点坐标的原点为
工件对称中心

技术要求：
1. 毛坯尺寸为150×120×35，外形不要加工；
2. 未注公差的尺寸，允许误差±0.07；
3. 曲面表面加工残留高度≤0.1

产品名称				图号		
				标记	数量	重量（公斤）	比例
部件名称						
标记处数	更改单号	签字	日期			
设计		审核			1	1:1
绘图		标准审核		零件名称		
描图		工艺会审				
校对		日期		材料		

图 3-108 零件图

项目 4
加工中心编程与操作

4

通过学习本项目,读者能够独立分析零件图样,制订加工中心零件加工工艺,编写中等难度的零件程序及进行数控仿真系统软件的模拟操作。

◀ 任务　简单加工中心零件的数控加工 ▶

【知识目标】

(1)了解加工中心的基础知识。

(2)了解加工中心加工基本工艺。

(3)了解加工中心换刀指令。

(4)掌握加工中心加工零件的基本操作方法。

(5)掌握宇龙加工中心仿真软件的操作。

【能力目标】

通过典型零件的数控加工,具备零件加工的工艺设计及编制程序的能力;会使用宇龙加工中心仿真软件进行对刀操作。

【任务引入】

加工图 4-1 所示零件,数量为 1 件,毛坯为 80 mm×80 mm×20 mm 的 45 钢,未注公差尺寸,允许误差为±0.07。

已知坐标原点在工件对称中心,各坐标点分别为 $A(-17.242,7.774\ 1)$、$B(-10.218,23.387)$、$C(0,30)$、$D(-3.99,-29.734)$、$E(-13.237,-21.821)$、$F(-18.118,-5.379)$。

要求设计数控加工工艺方案,编制数控加工工序卡、刀具调整卡、数控加工程序卡,并进行仿真加工,优化走刀路线和程序。

【相关知识】

一、加工中心简介

加工中心(machining center)简称 MC,是由机械设备与数控系统组成的适用于加工复杂零件的高效率自动化机床,一般定义为"带有自动刀具交换装置,并能够进行多种工序加工的数控机床"。

加工中心是在数控铣床的基础上发展而来的,它与数控铣床最大的区别是配置了刀库和自动换刀装置,在加工过程中可以由程序控制选用或更换刀具,从而实现在一次装夹工件后,完成多工序(甚至全部工序)的加工。

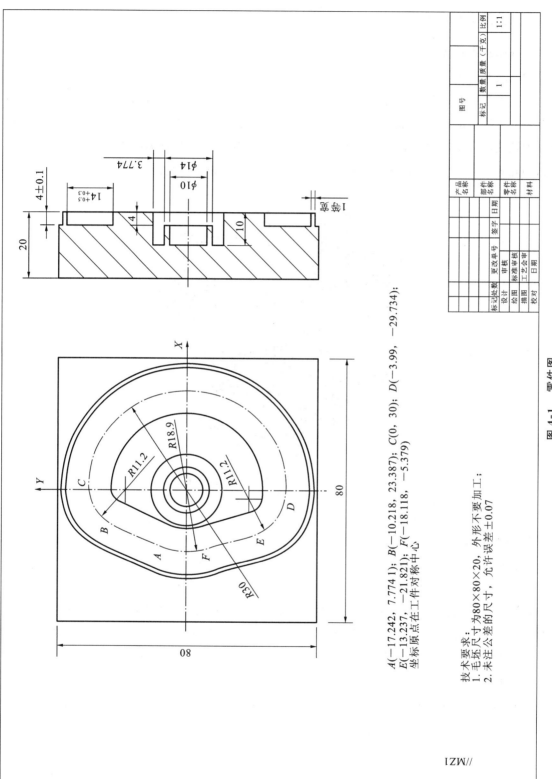

图 4-1 零件图

$A(-17.242, 7.774\ 1)$; $B(-10.218, 23.387)$; $C(0, 30)$; $D(-3.99, -29.734)$;
$E(-13.237, -21.821)$; $F(-18.118, -5.379)$;
坐标原点在工件对称中心

技术要求:
1. 毛坯尺寸为80×80×20,外形不要加工;
2. 未注公差的尺寸,允许误差±0.07

二、加工中心分类

1. 按结构形式分类

1)立式加工中心

立式加工中心指主轴轴线为垂直状态设置的加工中心,如图4-2所示。立式加工中心一般具有三个直线运动坐标,有的加工中心工作台具有分度和旋转功能,可在工作台上安装一个水平轴的数控转台用以加工螺旋线零件。立式加工中心多用于加工简单箱体、箱盖、板类零件和平面凸轮等。立式加工中心具有结构简单、占地面积小、价格低等优点。

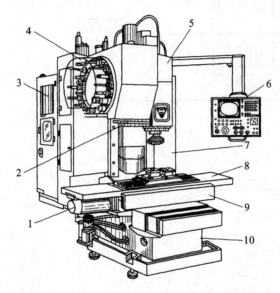

图 4-2 JCS-018A 型立式加工中心外观图

1—X 轴的直流伺服电动机;2—换刀机械手;3—数控柜;4—盘式刀库;5—主轴箱;
6—操作面板;7—驱动电源柜;8—工作台;9—滑座;10—床身

2)卧式加工中心

卧式加工中心指主轴轴线为水平状态设置的加工中心,如图4-3所示。卧式加工中心一般具有3~5个运动坐标,常见的有三个直线运动坐标(沿 X 轴、Y 轴、Z 轴方向)加一个回转坐标(工作台),它在工件一次装夹后能完成除安装面和顶面以外的其余四个面的加工。卧式加工中心较立式加工中心应用范围广,适用于复杂的箱体类零件、泵体、阀体等零件的加工。但卧式加工中心占地面积大、质量大、结构复杂、价格较高。

3)龙门加工中心

龙门加工中心的形状与龙门铣床类似,主轴多为垂直设置,适用于大型或形状复杂的工件加工。

4)万能加工中心

万能加工中心也称五面加工中心,具有立式和卧式加工中心的功能,工件一次装夹后能完

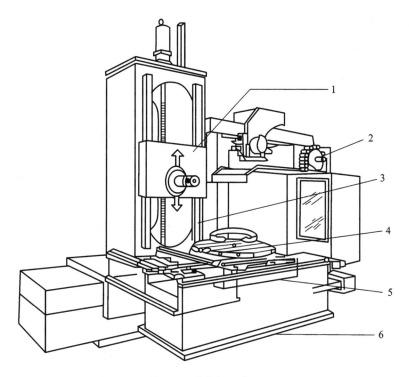

图 4-3 卧式加工中心

1—主轴头;2—刀库;3—立柱;4—立柱底座;5—工作台;6—工作台底座

成除安装面外的所有侧面和顶面(五个面)的加工。图 4-4 所示为万能加工中心五轴运动方向示意图。常见的万能加工中心有两种形式:一种是主轴可以旋转 90°,既可像立式加工中心一样,也可像卧式加工中心一样;另一种是主轴不改变方向,而工作台带着工件旋转 90°,完成对工件五个面的加工。在万能加工中心安装工件避免了由于二次装夹带来的误差,所以效率和精度高,但结构复杂、造价也高。

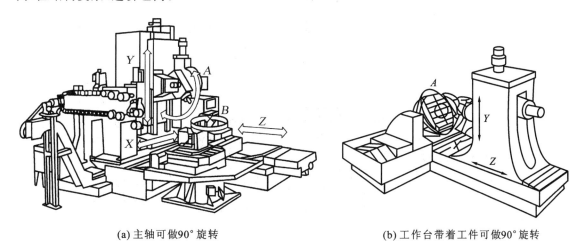

(a) 主轴可做90°旋转   (b) 工作台带着工件可做90°旋转

图 4-4 万能加工中心五轴运动方向示意图

2. 按加工中心的功用分类

加工中心可分为镗铣加工中心、钻削加工中心、车削加工中心三类。

三、自动换刀装置

1. 刀库的种类

刀库用于存放刀具,是自动换刀装置中的主要部件之一。根据刀库存放刀具的数量和取刀的方式,刀库可设计成不同类型。

(1)直线刀库。刀具在刀库中直线排列、结构简单,存放刀具数量有限(一般 8～12 把),较少使用。

(2)圆盘刀库。如图 4-5(a)～(f)所示,存刀量少则 6～8 把,多则 50～60 把,有多种形式。

(3)链式刀库。链式刀库是较常使用的形式,如图 4-5(g)～(j)所示,常用的有单排链式刀库和加长链条的链式刀库。

(4)其他刀库。格子式刀库,如图 4-5(k)所示,刀库容量较大。刀库还有单面式和多面式等形式。

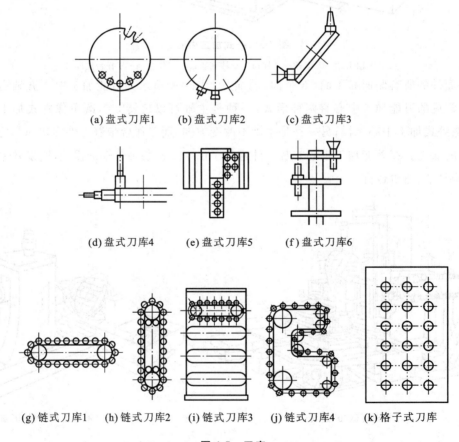

(a) 盘式刀库1   (b) 盘式刀库2   (c) 盘式刀库3

(d) 盘式刀库4   (e) 盘式刀库5   (f) 盘式刀库6

(g) 链式刀库1   (h) 链式刀库2   (i) 链式刀库3   (j) 链式刀库4   (k) 格子式刀库

图 4-5　刀库

2. 换刀方式

（1）无机械手换刀。无机械手换刀主要通过刀库和机床主轴的相对运动来实现换刀，换刀时，必须首先将用过的刀具送回刀库，然后再从刀库中取出新刀具，这两个动作不可能同时进行，因此换刀时间长。

（2）机械手换刀。对机械手的具体要求是迅速可靠、准确协调。采用机械手进行刀具交换的方式应用得最为广泛，这是因为机械手换刀有很大的灵活性，而且可以减少换刀时间。

（3）转塔式自动换刀。转塔式自动换刀装置是数控机床中比较简单的换刀装置。转塔刀架上装有主轴头，转塔转动时更换主轴头以实现自动换刀。

四、加工中心的程序编制

加工中心加工零件的工艺特点和编程方法与数控铣床的基本相同，读者可以参考项目 3 相关内容。

1. 编程要点

（1）应进行合理的工艺分析，由于零件加工工序多，使用的刀具种类多，甚至在一次装夹后要完成粗加工、半精加工与精加工。合理地安排各工序加工的顺序，有利于提高加工精度和提高生产效率。

（2）根据加工批量等情况，决定采用自动换刀还是手动换刀。一般，对于加工批量在 10 件以上，而刀具更换又比较频繁的情况，以采用自动换刀为宜。但当加工批量很小而使用的刀具种类又不多时，把自动换刀安排到程序中，反而会增加机床调整时间。

（3）自动换刀要留出足够的换刀空间。有些刀具直径较大或尺寸较大，自动换刀时要注意避免发生撞刀事故。

（4）为提高机床利用率，尽量采用刀具机外预调，并将测量尺寸填写到刀具卡片中，以便于操作者在运行程序前及时修改刀具补偿参数。

（5）对于编好的程序，必须进行认真检查，并于加工前试运行。从编程的出错率来看，采用手工编程比自动编程出错率要高，特别是在生产现场，为临时加工而编程时，出错率更高，认真检查程序并安排好试运行就更为必要。

（6）尽量把不同工序内容的程序分别安排到不同的子程序中。当零件加工工序较多时，为了便于程序的调试，一般将各工序内容分别安排到不同的子程序中，主程序主要完成换刀及子程序的调用。这种安排便于按每一工序独立地调试程序，也便于重新调整不合理的加工顺序。

2. 加工中心换刀指令

除换刀程序外，加工中心和普通数控铣床的编程方法相同。

（1）换刀指令：选刀为 T××，换刀为 M06。

（2）选刀和换刀通常分开进行。

（3）为提高机床利用率，选刀动作与机床加工动作重合。

（4）换刀指令 M06 必须在用新刀具进行切削加工的程序段之前。

（5）换刀点：多数加工中心规定换刀点在机床 Z 轴零点(Z0)，要求在换刀前用准备功能指令(G28)使主轴自动返回 Z0 点。

（6）换刀过程：接到 T×× 指令后立即自动选刀，并使选中的刀具处于换刀位置，接到 M06 指令后机械手动作，一方面将主轴上的刀具取下送回刀库，另一方面又将换刀位置的刀具取出装到主轴上，实现换刀。

（7）换刀程序编制方法如下。

方法一：主轴返回参考点和刀库选刀同时进行，选好刀具后进行换刀。

......

N02　G28 Z0 T02；　　　　　　　　Z 轴回零,选 T02 号刀

N03　M06；　　　　　　　　换上 T02 号刀

......

返回 Z 轴换刀点的同时，刀库将 T02 号刀具选出，然后进行刀具交换，换到主轴上的刀具为 T02，若 Z 轴回零时间短于 T 功能执行时间（即选刀时间），则 M06 指令等刀库将 T02 号刀具转到换刀位置后才能执行。因此这种方法占用机动时间较长。

方法二：在 Z 轴回零换刀前就选好刀。

......

N10　G01 X_ Y_ Z_ F_ T02；　　　　　　直线插补,选 T02 号刀

N11　G28 Z0 M06；　　　　　　Z 轴回零,换 T02 号刀

......

N20　G01 Z_ F_ T03；　　　　　　直线插补,选 T03 号刀

N21　G28 Z0 M06；　　　　　　Z 轴回零,换 T03 号刀

......

N10 程序段在进行直线插补的同时，刀库将 T02 号刀具选出，N11 程序段换上 N10 程序段选出的 T02 号刀具；N20 程序段选出下次要用的 T03 号刀具。N10 程序段和 N20 程序段执行并选刀，不占用机动时间，所以这种方式较好。

【任务实施】

本任务的实施过程分为分析零件图样、确定工艺过程、数值计算、编写程序、程序调试与检验和零件检测六个步骤。

一、分析零件图样

1. 结构分析

如图 4-1 所示，该零件属于板类零件，加工内容包括平面、直线和圆弧组成的内外轮廓及槽、盲孔等。

2.尺寸分析

该零件图尺寸完整,主要尺寸分析如下:毛坯尺寸为 80 mm×80 mm×20 mm,以 A、B、C、D、E、F 构成的曲线槽宽 $14^{+0.5}_{+0.3}$ mm,槽深 $4±0.1$ mm;以工件中心为圆心的环形槽小径 $\phi14$ mm,槽深 10 mm,槽宽 3.774 mm;中心盲孔直径 $\phi10$ mm,孔深 10 mm。封闭曲线 A、B、C、D、E、F 各点坐标如下:$A(-17.242,7.774\ 1)$;$B(-10.218,23.387)$;$C(0,30)$;$D(-3.99,-29.734)$;$E(-13.237,-21.821)$;$F(-18.118,-5.379)$。封闭曲线的圆弧半径分别为 $R11.2$、$R18.9$、$R30$;各部分尺寸完整,其他未注公差的尺寸允许误差 $±0.07$。

3.表面粗糙度分析

本任务零件对粗糙度没有具体要求,根据分析,该零件所有表面都可以加工出来,经济性能良好。

二、确定工艺过程

1.选择加工设备,确定生产类型

零件数量为 1 件,属于单件小批量生产。选用系统为华中数控 HNC-22M 的立式加工中心。

2.选择工艺装备

(1)该零件采用平口钳定位夹紧。

(2)刀具选择如下:$\phi10$ mm 平底键槽铣刀,铣外轮廓、铣曲线槽、中心盲孔;$\phi3$ mm 平底键槽铣刀,铣环形槽。

(3)量具选择如下:量程为 100 mm,分度值为 0.02 的游标卡尺;量程为 25～50 mm,分度值为 0.001 的内径千分尺。

3.拟订工艺路线

(1)确定工件的定位基准。以工件底面和两侧面为定位基准。

(2)选择加工方法。该零件的加工表面为外轮廓、槽、孔,加工表面的最高加工精度不高,采用加工方法为粗铣。

(3)拟订工艺路线。

该零件分两道工序加工,先用 $\phi10$ mm 平底键槽铣刀加工出外轮廓、曲线槽和中心盲孔,后用 $\phi3$ mm 平底键槽铣刀铣环形槽。

①铣外轮廓、曲线槽和中心盲孔的加工路线安排。

首先按照 $C→D→E→F→A→B→C$ 的轨迹编制程序作为子程序,使用刀具半径补偿功能,通过改变不同的刀具半径补偿值,多次调用子程序,用 $\phi10$ mm 平底键槽铣刀加工出外轮廓和曲线槽,再铣出中心盲孔。

②环形槽的加工路线安排。

用换刀指令换上 $\phi3$ mm 平底键槽铣刀,通过走整圆指令,加工出环形槽。

4.编制数控技术文档

1)编制数控加工工序卡

数控加工工序卡如表 4-1 所示。

表 4-1　简单加工中心零件的数控加工工序卡

数控加工工序卡				产品名称	零件名称	零件图号		
					简单加工中心零件			
工序号	程序编号	材料	数量	夹具名称	使用设备	车间		
20	%0001 %0002	45 钢	1	平口钳	立式加工中心	数控加工车间		
工步号	工步内容	切削用量			刀具		量具	
		$n/(\text{r/min})$	$f/(\text{mm/min})$	a_p/mm	编号	名称	编号	名称
1	铣外轮廓、曲线型槽和中心盲孔	1000	100	4	T01	$\phi10$ mm 平底键槽铣刀	1	游标卡尺
2	铣环形槽	500	50	10	T02	$\phi3$ mm 平底键槽铣刀	2	内径千分尺
编制		审核		批准		共　页	第　页	

2)编制刀具调整卡

刀具调整卡如表 4-2 所示。

表 4-2　简单加工中心零件的数控刀具调整卡

产品名称或代号				零件名称	简单加工中心零件	零件图号	
序号	刀具号	刀具名称	刀具材料	刀具参数		刀补地址	
				直径	长度	直径	长度
1	T01	$\phi10$ mm 平底键槽铣刀	HSS	$\phi10$ mm	70 mm	D01＝32 D02＝23 D03＝15 D04＝13.2 D05＝2.2 D06＝−2.2	
2	T02	3 mm 平底键槽铣刀	HSS	$\phi3$ mm	45 mm		H02＝−25
编制		审核		批准		共　页	第　页

三、数值计算

以毛坯上表面的中心点作为原点,坐标点分别为 A($-17.242,7.774\,1$)、B($-10.218,23.387$)、C($0,30$)、D($-3.99,-29.734$)、E($-13.237,-21.821$)、F($-18.118,-5.379$)。

四、编写程序

编程原点选择在工件上表面的中心处,程序如表 4-3 所示。

表 4-3 简单加工中心零件的数控加工程序

零件图号		零件名称	简单加工中心零件	编制日期	
程序号	％0001	数控系统	HNC-21/22	编制单位	
程序内容			程序说明		
％0001			主程序名		
G28			返回参考点		
T01 M06			选择 1 号刀并换刀,当前主轴刀具为 1 号刀		
G90 G00 G40 G49 G54 X0 Y0 M03 S1000 F100;			选择 G54 坐标系作为当前坐标系,主轴正转,转速为 1 000 r/min,设定进给速度 100 mm/min		
Z100;			刀具快速降至 Z100		
Z20;			刀具快速降至 Z20		
G41 D01;			刀具半径补偿,调用 D01 号半径补偿值		
M98 P0002;			调用曲线轨迹子程序％0002		
G41 D02;			刀具半径补偿,调用 D02 号半径补偿值		
M98 P0002;			调用曲线轨迹子程序％0002		
G41 D03;			刀具半径补偿,调用 D03 号半径补偿值		
M98 P0002;			调用曲线轨迹子程序％0002		
G41 D04;			刀具半径补偿,调用 D04 号半径补偿值		
M98 P0002;			调用曲线轨迹子程序％0002		
G41 D05			刀具半径补偿,调用 D05 号半径补偿值		
M98 P0002;			调用曲线轨迹子程序％0002		
G41 D06			刀具半径补偿,调用 D06 号半径补偿值		
M98 P0002			调用曲线轨迹子程序％0002		
G00 X0 Y0			刀具快速定位到(X0,Y0)		
G81 X0 Y0 Z－10 R3 F40;			钻孔循环指令加工中心孔		
G80 G00 Z10;			取消钻孔循环,快速定位到 Z10		
X－5.774			快速定位到 X－5.774		
G01 Z－4			直线插补		
G03 I5.774			逆时针圆弧插补加工整圆轮廓		

零件图号		零件名称	简单加工中心零件	编制日期	
程序号	％0001	数控系统	HNC-21/22	编制单位	
程序内容			程序说明		
G00 Z10			快速定位到 Z10		
X0 Y0			快速定位到(X0,Y0)		
M05;			主轴停转		
G28 Z100 T02;			返回参考点,并选择 2 号刀		
M06;			换刀,当前主轴刀具为 2 号刀		
G00 G43 Z100 H02			建立长度补偿,调用 H02 长度补偿值		
M03 S500 F50			主轴正转,转速 500 r/min,设定进给速度 50 mm/min		
Z10			快速定位到 Z10		
X−9.274 Y0;			快速定位到(X−9.274,Y0)		
G01 Z−10			直线插补		
G03 I9.274			逆时针圆弧插补加工圆环槽大径轮廓		
G01 X−8.5			直线插补		
G03 I8.5			逆时针圆弧插补加工圆环槽小径轮廓		
G00 Z10			快速定位到 Z10		
X0 Y0			快速定位到(X0,Y0)		
Z100			快速定位到 Z100		
M30;			程序结束		
％0002			子程序名		
X0 Y30			快速定位到(X0,Y30)(C 点)		
G01 Z−4			直线插补到 Z−4		
G02 X−3.99 Y−29.734 R30			从 C 点开始的封闭曲线 CDEFAB 走刀轨迹		
X−13.237 Y−21.821 R11.2					
G01 X−18.118 Y−5.379;					
G02 X−17.242 Y7.7741 R18.9;					
G01 X−10.218 Y23.387;					
G02 X0 Y30 R11.2;					
G00 Z20			快速定位到 Z20		
G40 G00 X40			取消刀具半径补偿		
X0 Y0			快速定位到(X0,Y0)		
M99;			子程序返回		

五、程序调试与检验

1. 宇龙华中数控加工中心仿真软件的工作窗口

打开计算机,双击图标 ![ ],单击 ![ ],选择华中数控系统,机床类型选择加工中心,进入数控加工仿真系统。

数控加工仿真系统的操作界面与数控铣床操作界面一致,各部分功能和操作方法可以参考数控铣床仿真软件,主要区别是数控加工仿真系统多了可以存储多把刀具的刀库。图 4-6 所示为数控加工仿真系统工作窗口,图 4-7 所示为数控加工仿真系统刀库结构。

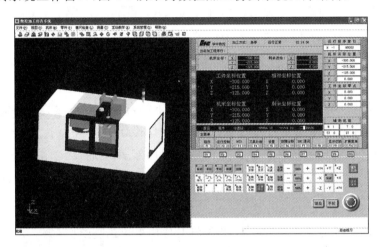

图 4-6 数控加工仿真系统工作窗口

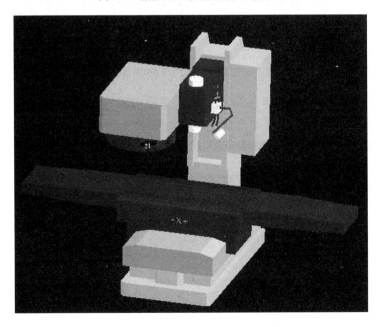

图 4-7 数控加工仿真系统刀库结构

2. 机床回零

机床开机后的第一项任务就是建立机床坐标系。建立机床坐标系的方法:开机后使机床各坐标轴都回到机床参考点,这在数控操作中,称为"回零",操作步骤如下。

(1)检查"急停"按钮是否松开,如果未松开,则单击 ⬤ 按钮使其松开。

(2)单击操作面板上"回零"按钮,使其指示灯变亮 回零 ,进入回零模式。立式加工中心在回零模式下,首先单击控制面板上的 +Z 按钮,使 Z 轴回零,其次单击 +X 、 +Y ,将 X 轴、Y 轴回零。回零后, +X 、 +Y 、 +Z 左上方的指示灯变亮,CRT 显示各坐标轴的数值为零。

注意:

①立式加工中心回零时,一般 Z 轴先回零,然后 X 轴、Y 轴回零;判断回零是否正确,观察机械坐标是否为"0.000"即可。

②在仿真软件中,系统默认加工中心是带有罩子的,这样在操作机床的过程中,无法观察工作台面的运行情况,因此操作者可以去掉加工中心的罩子以便于观察机床工作区域毛坯的安装及加工等情况。

3. 安装工件

(1)执行"零件"→"定义毛坯"命令,或者在工具栏上单击 ⬚ 按钮,弹出如图 4-8 所示的"定义毛坯"对话框,在"定义毛坯"对话框中将零件尺寸改为 80 mm×80 mm×20 mm,并单击"确定"按钮。

(2)执行"零件"→"放置零件"命令,或者在工具栏上单击 ⬙ 按钮,弹出如图 4-9 所示的"选择零件"对话框,在其中选择刚刚定义的毛坯,单击"确定"按钮,此时界面出现一些移动图标(见图 4-10),直接单击"退出"按钮。

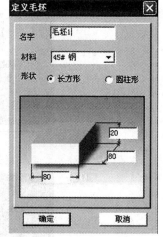

图 4-8 "定义毛坯"对话框

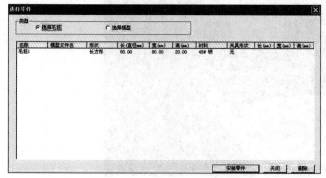

图 4-9 "选择零件"对话框

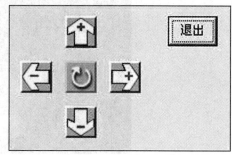

图 4-10 移动图标

4. 选择刀具

执行"机床"→"选择刀具"命令，或单击 ![]按钮，打开"选择铣刀"对话框。在"所需刀具类型"下拉列表中选择"平底刀"，在"所需刀具直径"文本框中输入"10"，单击"确定"按钮，在此选择总长为70 mm、直径为 ϕ10 mm 的可加工侧面和底面的平底键槽铣刀，此时"已经选择的刀具"栏中序号为 1 的刀具已经确定，如图 4-11 所示。

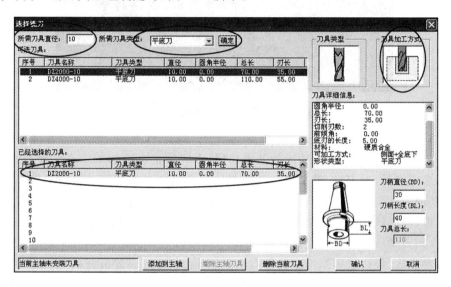

图 4-11　选择第一把刀具

然后单击"已经选择的刀具"栏中序号 2 的行，用同样的方法选择总长为 45 mm、直径为 ϕ3 mm 的平底键槽铣刀，如图 4-12 所示，单击"确认"按钮，完成刀具的选择与安装。选好刀具后的数控加工仿真系统刀库如图 4-13 所示。

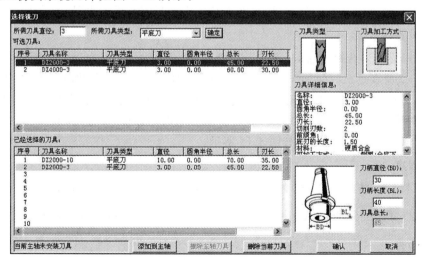

图 4-12　选择第二把刀具

图 4-13　选好刀具后的数控加工仿真系统刀库

5. 对刀

加工中心对刀的方法与数控铣床的基本相同,不同的是由于加工中心具有刀库,可以安装大小不一的多把刀具,对刀时,就必须以一把刀具作为标准刀具(标刀)确定工件坐标系原点 Z 轴偏置值,其他刀具则进行长度补偿。主轴安装标刀并对刀,确定工件坐标系原点在机床坐标系中的坐标值;然后依次更换其他刀具,分别对 Z 轴对刀,确定其他刀具与标准刀具的长度偏差值,并输入到刀具所对应的长度补偿参数中。

通过刚性靠棒、寻边器等基准工具可以确定 X 轴、Y 轴的偏置值分别为($-300,-215$),接下来选择 1 号刀具作为标准刀具,将 1 号刀具安装到主轴上,如图 4-12 所示,首先在"已经选择的刀具"栏中单击 1 号刀,再单击窗口下方的 **添加到主轴** 按钮,1 号刀具就安装到主轴上。1 号刀具在 Z 轴上对刀后得到 Z 轴机床坐标为-594,这样便得到工具坐标系原点 G54 坐标值是($-300,-215,-594$)。用同样的方法将 2 号刀具在 Z 轴对刀,Z 轴机床坐标是-619,2 号刀与 1 号刀(标刀)坐标值之差为-25,所以在刀补表里 2 号刀具的长度补偿值输入-25。

6. 参数设置

单击"设置"按钮,选择"坐标系设定",选择"自动坐标系 G54"为当前坐标系,在 MDI 输入域中输入"X-300 Y-215 Z-594",然后按回车键,即设定好了工件坐标系 G54 坐标值。

单击"刀具补偿"按钮,选择"刀补表",将半径补偿值和长度补偿值分别输入到相应位置,半径补偿值分别是 D01$=32$,D02$=23$,D03$=15$,D04$=13.2$,D05$=2.2$,D06$=-2.2$;长度补偿值为 H02$=-25$。设置好的刀补表如图 4-14 所示。

7. 输入程序

通过 MDI 键盘,输入该加工零件数控程序,也可通过执行"机床"→"DNC 传送"命令或者单击 ⧉ 按钮,将外部已经保存好的程序文件(见前文的加工程序)直接导入到系统进行自动加工。

8. 轨迹检查

单击"程序"按钮,选择"程序校验",单击 ▣自动 按钮,单击 ▣循环启动 按钮,完成程序轨迹的检查(见图 4-15)。

刀号	组号	长度	半径	寿命	位置
#0000	-1	0.000	0.000	0	-1
#0001	-1	0.000	32.000	0	-1
#0002	-1	-25.000	23.000	0	-1
#0003	-1	0.000	15.000	0	-1
#0004	-1	0.000	13.200	0	-1
#0005	-1	0.000	2.200	0	-1
#0006	-1	0.000	-2.200	0	-1
#0007	-1	0.000	0.000	0	-1
#0008	-1	0.000	0.000	0	-1
#0009	-1	0.000	0.000	0	-1
#0010	-1	0.000	0.000	0	-1
#0011	-1	0.000	0.000	0	-1
#0012	-1	0.000	0.000	0	-1

华中数控　加工方式：单段　运行正常　00:19:17

当前加工程序行：%0001

刀具表：

直径　毫米　分进给　WWW%100　~~%100　□%0

命令行：

运行程序索引
%0001　NO

机床实际位置
X -290.000
Y -200.438
Z -598.000
F 100.000

工件坐标零点
X -300.000
Y -215.000
Z -594.000

辅助机能
M 1　T 0
CT 0　ST 0

图 4-14　设置好的刀补表

9. 自动加工

轨迹无误，再次选择"程序校验"，机床显示在工作界面。然后单击■按钮，单击■按钮，完成零件的加工。加工结果如图 4-16 所示。

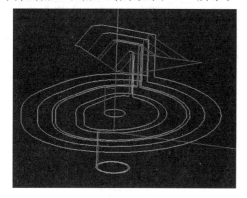

图 4-15　轨迹检查

图 4-16　加工结果

10. 零件尺寸测量

执行"测量"→"剖面图测量"命令，测量剖面图，如图 4-17 所示。

在此窗口中，通过调节卡尺，可以测量出零件各部分尺寸。经过测量，加工后的零件各部分尺寸均达到了图纸上尺寸的精度要求。

六、零件检测

具体的检验与评分标准如表 4-4 所示。

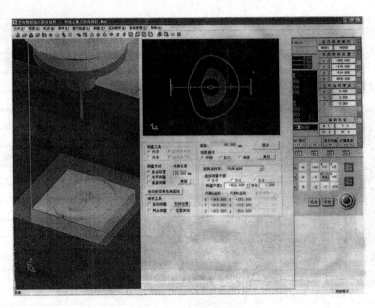

图 4-17　测量剖面图

表 4-4　检验与评分标准

项　　目	检验要点	配　分	评分标准及扣分	得　分
一般项目	外轮廓半径 R(30 mm＋7 mm＋1 mm＝38 mm)	3分	误差每增大 0.02 扣 1 分,若误差大于 0.1 则该项得分为 0	
	外轮廓半径 R(11.2 mm＋7 mm＋1 mm＝19.2 mm)(共 2 处)	6分	误差每增大 0.02 扣 1 分,若误差大于 0.1 则该项得分为 0,每处 3 分	
	外轮廓半径 R(18.9 mm＋7 mm＋1 mm＝26.9 mm)	3分	误差每增大 0.02 扣 1 分,若误差大于 0.1 则该项得分为 0	
	曲线槽宽度 14 mm	5分	误差每增大 0.02 扣 3 分,若误差大于 0.1 则该项得分为 0	
	曲线槽深度 4 mm	3分	误差每增大 0.02 扣 1 分,若误差大于 0.1 则该项得分为 0	
	中心盲孔直径 ϕ10 mm	5分	误差每增大 0.02 扣 3 分,若误差大于 0.1 则该项得分为 0	
	中心盲孔深度 10 mm	5分	误差每增大 0.02 扣 3 分,若误差大于 0.1 则该项得分为 0	
	环形槽小径 ϕ14 mm	5分	误差每增大 0.02 扣 3 分,若误差大于 0.1 则该项得分为 0	
	环形槽宽度 3.774 mm	5分	误差每增大 0.02 扣 3 分,若误差大于 0.1 则该项得分为 0	
	其他尺寸	5分	每处 2 分	
	程序无误,图形轮廓正确	10分	错误一处扣 2 分	
	对刀操作、补偿值正确	10分	错误一处扣 2 分	
	表面质量	5分	每处加工残余、划痕扣 2 分	

续表

项 目	检验要点	配 分	评分标准及扣分	得 分
工、量、刀具的使用与维护	常用工、量、刀具的合理使用	5分	使用不当每次扣2分	
	正确使用夹具	5分	使用不当每次扣2分	
设备的使用与维护	能读懂报警信息,排除常规故障	5分	操作不当每项扣2分	
	数控机床规范操作	5分	未按操作规范操作不得分	
安全文明生产	正确执行安全技术操作规程	10分	每违反一项规定扣2分	
用时	规定时间(60分钟)之内		超时扣分,每超5分钟扣2分	
总分(100分)				

【思考与练习】

1.加工图 4-18 所示零件,数量为 1 件,毛坯为 50 mm×50 mm×12 mm 的 45 钢。外形不要求加工,未注公差的尺寸,允许误差±0.07,设计数控加工工艺方案,编制数控加工工序卡、刀具调整卡、数控加工程序卡,进行仿真加工,优化走刀路线和程序。

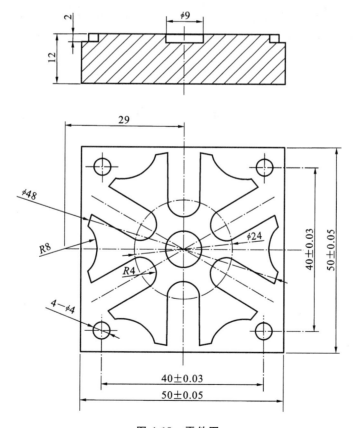

图 4-18 零件图

2.加工图 4-19 所示零件,数量为 1 件,毛坯为 95 mm×95 mm×35 mm 的 45 钢。外形不要求加工,按照图样技术要求设计数控加工工艺方案,编制数控加工工序卡、刀具调整卡、数控加工程序卡,进行仿真加工,优化走刀路线和程序。

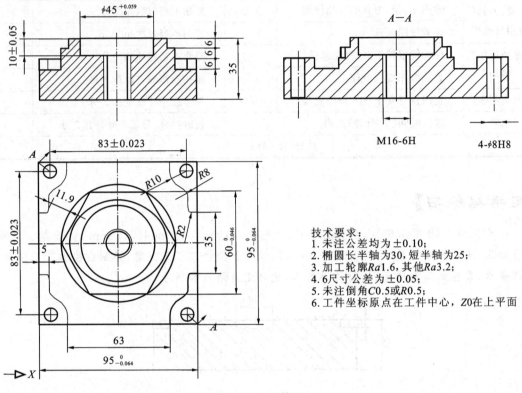

技术要求:
1. 未注公差均为±0.10;
2. 椭圆长半轴为30,短半轴为25;
3. 加工轮廓Ra1.6,其他Ra3.2;
4. 6尺寸公差为±0.05;
5. 未注倒角C0.5或R0.5;
6. 工件坐标原点在工件中心,Z0在上平面

图 4-19 零件图

项目 5
Mastercam 软件的应用

通过学习本项目,读者能够了解 Mastercam X4 软件的基本功能,并能在软件绘图区绘制零件二维图形、三维实体造型及进行相关的加工操作,最终生成用于实际机床加工的 NC 程序。

◀ 任务 二维加工 ▶

【知识目标】

(1)熟悉 Mastercam X4 软件的工作界面和基本操作。

(2)熟悉 Mastercam X4 软件二维曲线的构建和编辑方法。

(3)掌握二维加工方法并能自动生成 NC 程序。

【能力目标】

(1)熟悉 Mastercam X4 软件的工作界面、系统设置和基本操作。

(2)会运用 Mastercam X4 软件进行二维曲线的构建、加工和生成 NC 程序。

(3)会运用 Mastercam X4 软件进行二维加工和生成 NC 程序。

【任务引入】

加工如图 5-1 所示的零件,要求在 Mastercam X4 软件上生成加工该零件的 NC 程序,并在数控加工仿真系统中完成模拟加工。

【相关知识】

1984 年,美国 CNC Software 公司顺应工业界的发展趋势,开发出了 Mastercam 软件的最早版本,经过不断改进,该软件功能日益完善。目前,Mastercam 不但具有强大、稳定的造型功能,可设计出复杂的曲线、曲面零件,而且具有强大的曲面粗加工及灵活的曲面精加工功能。其可靠刀具路径校验功能使 Mastercam 可模拟零件加工的整个过程,模拟中不但能显示刀具和夹具,还能检查出刀具和夹具与被加工零件的干涉、碰撞情况,真实反映加工过程中的情况,不愧为一款当今销售量第一的优秀的 CAD/CAM 软件。同时 Mastercam 对系统运行环境要求较低,使用户无论是在造型设计、CNC 铣床、CNC 车床或 CNC 线切割等加工操作中,都能获得最佳效果。

Mastercam 软件已被广泛地应用于通用机械、航空、船舶、军工等行业的设计与 NC 加工,可提供 400 种以上的后置处理文件以适用于各种类型的数控系统,比如常用的华中数控系统、FANUC 数控系统等,根据机床的实际结构,编制专门的后置处理文件,编译 NCI 文件经后置处理后便可生成加工程序。从 20 世纪 80 年代末起,我国就引进了这一款著名的 CAD/CAM 软件。

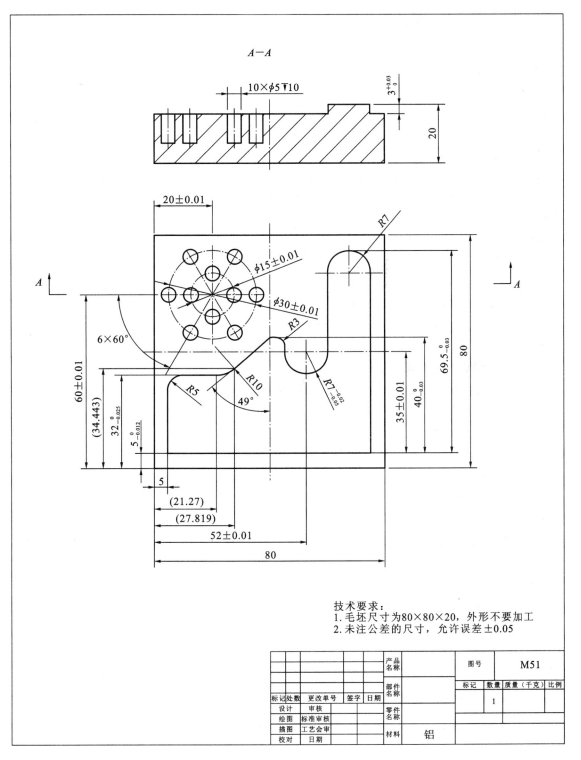

技术要求：
1. 毛坯尺寸为80×80×20，外形不要加工
2. 未注公差的尺寸，允许误差±0.05

					产品名称		图号		M51	
					部件名称		标记	数量	质量（千克）	比例
标记	处数	更改单号	签字	日期				1		
设计		审核			零件名称					
绘图		标准审核								
描图		工艺会审			材料		铝			
校对		日期								

图 5-1 零件图

225

一、Mastercam 软件的主要功能

Mastercam 是一种功能强大的 CAD/CAM 软件,具有以下几个基本功能。

1. 设计造型功能

Mastercam 的四个模块都具有设计造型功能。它同其他许多造型软件一样可进行二维和三维图形的制作。

Mastercam 具有强大的曲面建模功能,利用它可以方便地创建举升曲面、昆氏曲面、直纹曲面、旋转曲面、扫掠曲面、牵引曲面等。Mastercam 还有灵活的几何编辑功能,利用其智能化的串接功能可一次选取一串实体,还可及时分析任一实体的大小、位置、类型及其他属性。

实体造型方面除了可方便地绘制圆柱体、圆锥体、球体、立方体、环形体等,还可以创建挤压实体、旋转实体、扫掠实体、举升实体等。另外,Mastercam 文件还可以与其他图形格式的文件进行转换。可以说 Mastercam 的功能丝毫不逊于 UG 等大型造型软件的功能。

2. 铣削加工功能

铣削加工功能是 Mastercam 强大的功能之一。使用它可进行二维加工、三维加工、多轴加工和线架加工。加工方式有外形铣削、面铣削、挖槽加工、钻孔加工、全圆加工等八种以上,三维曲面加工功能提供了八种粗加工方法和十种精加工方法。加工外形可以是空间的任意曲线、曲面和实体;提供清角和残料加工功能;可斜线及螺旋式入刀、退刀。

3. 车削与线切割激光加工功能

Mastercam 提供了八种车削加工创建方法,包括钻孔、螺纹切削等,基本上可完成所有的实际车削中遇到的问题。线切割功能一般在实际生产中应用较少,这里就不作介绍。

4. 模拟加工和计算加工时间功能

模拟加工功能具有很好的实际意义。利用此功能可在 Mastercam 运行界面观察到实际的切削过程。同时软件会给出相关的加工情况报告,并检测加工中可能出现的碰撞、干涉等问题。这样就可以在实际的生产中省去试切的过程,节省了时间与材料并提高了生产效率和经济效益。

5. 可与数控设备直接通信的功能

Mastercam 可使用计算机的通信口,直接把软件编制好的程序输送到数控设备中,从而实现自动编程,节省大量编写程序与输入程序的时间。

6. 文件管理和数据交换的功能

系统内置了 IGES、Parasolid、SAT、DXF、CADL、STL、VDA 和 ASCII 数据转换器,还有直接针对 AutoCAD(DWG)、STEP、Catia 和 Pro-E 的数据转换器,还有自带刀具库和材料库等许多功能。

二、Mastercam 软件的工作界面

双击桌面 Mastercam X4 图标后,将显示如图 5-2 所示的 Mastercam X4 工作界面。Mastercam X4 具有用户界面友好、易学易用等特点。

1. 标题栏

Mastercam X4 工作界面的顶部是标题栏,它显示了软件的名称、当前使用的模块、当前打

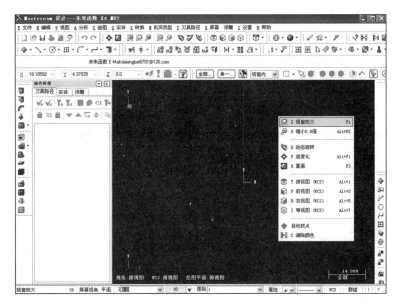

图 5-2　Mastercam X4 工作界面

开文件的路径及文件名称,在标题栏的右侧,是标准 Windows 应用程序的三个控制按钮,即"最小化窗口"按钮、"还原窗口"按钮和"关闭应用程序"按钮。

2. 菜单栏

在 Mastercam X4 中,系统不再使用屏蔽菜单,而使用了下拉菜单。下拉菜单中包含了绝大部分的 Mastercam X4 命令,它们被按照功能分别放置在不同的菜单项目中。如表 5-1 所示,菜单栏由多个菜单项目组成。

表 5-1　菜单栏

项　　目	功　　能
文件	处理文档(保存、取出、合并、格式转换和打印等)
编辑	对图形进行修改操作,如复制、粘贴、打断/修改和删除等
视图	用于视图的设置(平移、缩放视图等)
分析	显示或修改绘图区已选取对象的相关信息
绘图	绘制图形(包括二维图、三维图的创建及尺寸标注等)
实体	使用拉伸、旋转、扫描等方法进行实体模型的创建和修改
转换	转换图形,如镜像、旋转、平移、偏移和其他指令
机床类型	选择功能模块和相应的机床类型
刀具路径	各种刀具路径的创建、编辑及后处理等功能
屏幕	改变屏幕上的图形显示
浮雕	用于浮雕设计和数控编程
设置	工具栏、菜单和系统运行环境等的设置
帮助	提供系统帮助

3. 工具栏

工具栏以图标的方式呈现菜单栏中的命令,方便用户快捷选取所需要的命令。和菜单栏一样,工具栏也是按功能进行划分的。工具栏中包含了 Mastercam X4 的绝大部分命令。用户可以选择菜单栏中的命令"设置"→"用户自定义",打开"自定义"对话框,并进行相关设置来增加或减少工具栏中的图标,如图 5-3 所示。

图 5-3 "自定义"对话框

4. 坐标输入及捕捉栏

坐标输入及捕捉栏(见图 5-4)主要用于坐标点输入及绘图目标点的捕捉。

图 5-4 坐标输入及捕捉栏

5. 目标选择栏

目标选择栏(见图 5-5)主要用于目标选择。

图 5-5 目标选择栏

6. 操作栏

操作栏是子命令选择、选项设置及人机对话的主要区域。当未选择任何命令时,操作栏处于被屏蔽状态;而选择命令后操作栏将显示该命令的所有选项,并给出相应的提示。当选择不同的命令时,操作栏的显示内容有所不同,图 5-6 所示为"合并文件"操作栏。

7. 操作命令记录栏

显示界面的右侧是操作命令记录栏,用户最近在操作过程中使用过的 10 个命令逐一记录在此操作栏中,用户可以直接从操作命令记录栏中选择要重复使用的命令,可提高选择命令的效率。

图 5-6 "合并文件"操作栏

选择插入位置　缩放比例　旋转角度　镜像　当前属性　应用　确定　帮助

8. 绘图区

在 Mastercam X4 系统的显示界面中,最大的区域就是绘图区,所有的图形都被绘制并显示在绘图区中。Mastercam 的绘图区是无限大的,用户可以对它进行缩放、平移等操作。在绘图区内右击,系统将弹出快捷菜单。利用快捷菜单,用户可以快速进行一些视图显示及缩放方面的操作,而选择快捷菜单中的"自动光标"命令则可以设置绘图时系统自动捕捉的类型。

9. 状态栏

在状态栏中可以设置当前的作图深度、图素属性、群组及层和视图平面等。

10. 加工操作管理器/实体管理器

加工操作管理器/实体管理器(见图 5-7)是整个系统的核心所在。利用加工操作管理器能对已经产生的刀具参数进行修改,例如重新选择刀具的大小和形式、修改主轴转速和进给率等;利用实体管理器能修改实体尺寸、属性及重排实体建构顺序等。

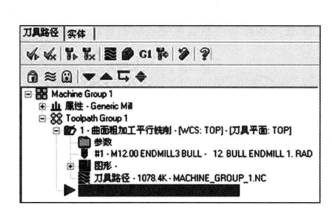
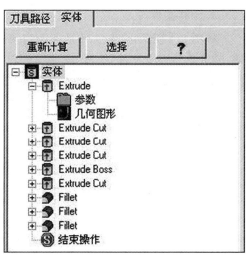

图 5-7 加工操作管理器与实体管理器

三、Mastercam 软件的图形文件操作

图形文件操作主要包括新建文件、打开文件、保存文件、打印文件等与文档有关的内容,这些命令集中在"文件"菜单中。

1. 新建文件

启动 Mastercam X4 软件后,系统就自动新建了一个空白的文件,文件的后缀名是".mcx"。执行"文件"→"新建文件"命令,可以新建一个空白的 MCX 文件。

2. 打开文件

执行"文件"→"打开文件"命令,弹出如图5-8所示的"打开"对话框,在对话框中选择需要打开的文件。

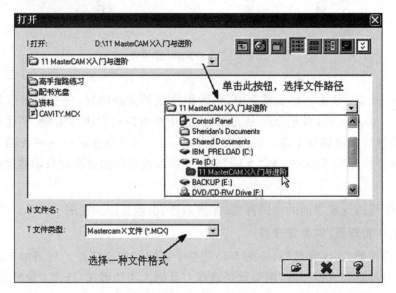

图 5-8 "打开"对话框

3. 合并文件

如图5-9所示,合并文件是指在当前的文件中插入另一个文件中的图形。首先打开一个文件,或者新建一个文件,执行"文件"→"合并文件"命令,弹出"打开"对话框,选择一个文件,将其作为插入的文件,再选择好插入位置、缩放比例、旋转角度等参数就可完成两图形的合并操作。

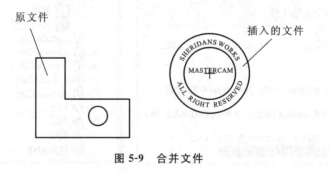

图 5-9 合并文件

4. 保存文件

Mastercam X4版本提供了三种保存文件的功能,分别是"保存文件""另存文件"和"部分保存"。通过"文件"菜单可调用这三种功能。

(1)"保存文件"是指对未保存过的新文件,或者已经保存过但是已经做了修改的文件进行保存。

(2)"另存文件"是指将已经保存过的文件以另外的文件路径和其他文件名进行保存,或者将其保存为其他文件格式。

(3)"部分保存"是指将当前文件中的某些图形保存下来。调用该功能后,选择要保存的图形元素,完成后在"普通选项"工具栏单击 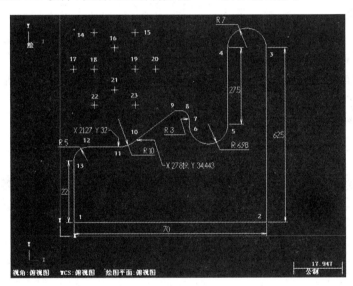 按钮,完成选择后弹出"另存为"对话框,确定保存的路径及文件名,单击相应按钮进行保存。

5. 打印文件

执行"文件"→"打印文件"命令,弹出"打印"对话框,在"名称"下拉列表框中选择用于打印的打印机。在"页面设置"选项卡中设定好打印的相关参数,例如纸张的型号、放置的方向、页边距、缩放比例等,完成后单击"确认"按钮打印。

【任务实施】

本任务的实施步骤为零件轮廓曲线的绘制、零件的二维加工、生成 NC 加工程序和仿真验证。

一、零件轮廓曲线的绘制

打开 Mastercam X4 软件,在绘图区绘制如图 5-10 所示的图形。

图 5-10 绘制图形

按图 5-10 所示从点 1 开始依次绘制【1-13】直线和圆弧,然后绘制【14-23】共 10 个钻孔中心点。

1. 系统配置

为绘图方便,用户应首先进行系统设置,其中包括屏幕设置、坐标系显示设置等。

(1)为方便绘制二维图形,应进行系统配置。执行"设置"→"系统配置"命令,弹出"系统配置"对话框,如图 5-11 所示,先在对话框的左侧单击"屏幕"选项,然后在右侧"鼠标中键/鼠标轮的功能"处选择"平移"选项,即用户可通过按动鼠标中键进行平面图形的移动操作。同时,用户可以通过滚动鼠标轮来放大和缩小屏幕图形的大小。

(2)按 F9 键和 ALT＋F9 组合键,调出绘图区坐标系。

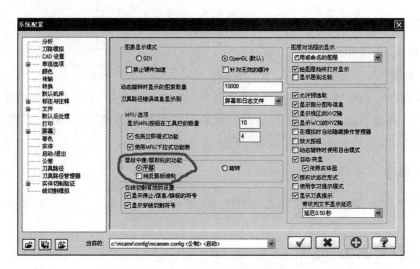

图 5-11 "系统配置"对话框

2. 状态栏设置

根据绘制的图形特点设置状态栏,包括"2D"或"3D"设置、绘图平面、自动抓点类型设置等。

(1)在状态栏单击"3D"按钮,即将当前绘图模式由三维改为二维。

(2)在状态栏单击"平面"按钮,将绘图平面设置为"俯视图",如图 5-12 所示。

(3)单击按钮 ,在"光标自动抓点设置"对话框(见图 5-13)中设置自动抓点类型后单击"确定"按钮 。

图 5-12 将绘图平面设置为"俯视图"

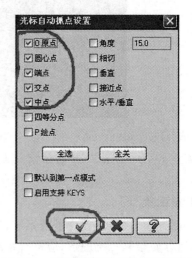

图 5-13 "光标自动抓点设置"对话框

3. 绘制【1-2-3】直线

方法:单击"绘图"工具栏的"绘制任意线"按钮,绘制垂直线和水平线。

(1)在"Sketcher"工具栏上单击"绘制任意线"按钮 ,系统直接弹出"直线"操作栏,单击"画水平线"按钮![]。"Sketcher"工具栏及"直线"操作栏如图 5-14 所示。

　　注意:当用户发出命令时,例如绘制直线等,系统便会自动弹出相应的提示,用户可根据提示进行下一步的操作。例如:在此处用户单击"绘制任意线"按钮后,系统便会提示"指定第一个端点",此时用户便可根据提示进行下一步操作如鼠标自动捕捉取点、输入坐标值取点等。

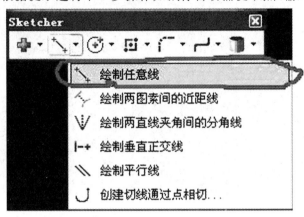

图 5-14 　"Sketcher"工具栏及"直线"操作栏

　　(2)单击"快速绘点"按钮![]或直接按空格键,在弹出的坐标输入框中输入坐标(5,5),如图 5-15 所示,然后按回车键。

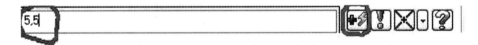

图 5-15 　输入坐标

　　(3)鼠标在(5,5)点右方任一点处单击,然后按如图 5-16 设置操作栏后单击"应用"按钮![]。注意:在某个参数输入框中输入数值后要按回车键。

图 5-16 　设置【1-2】直线操作栏

　　(4)单击"画垂直线"按钮![],然后鼠标自动捕捉【2】点,单击,在【2】点上方任一点处单击,然后按如图 5-17 所示设置操作栏后单击"确定"按钮![],【1-2-3】直线绘制结果如图 5-18所示。

图 5-17 　设置【2-3】直线操作栏

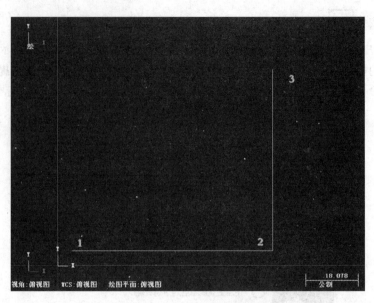

图 5-18 【1-2-3】直线绘制结果

4. 绘制【3-4】圆弧

方法:在"Sketcher"工具栏单击"极座标画弧"按钮,设置半径值和起始角度。

(1)单击"Sketcher"工具栏"极座标画弧"按钮,系统直接弹出"极座标画弧"操作栏,单击"起始点"按钮 。"Sketcher"工具栏及"极座标画弧"操作栏如图 5-19 所示。

图 5-19 "Sketcher"工具栏及"极座标画弧"操作栏

(2)鼠标自动捕捉【3】点,单击,然后按如图 5-20 所示设置操作栏后单击"确定"按钮 ,【3-4】圆弧绘制结果如图 5-21 所示。

图 5-20 设置【3-4】圆弧操作栏

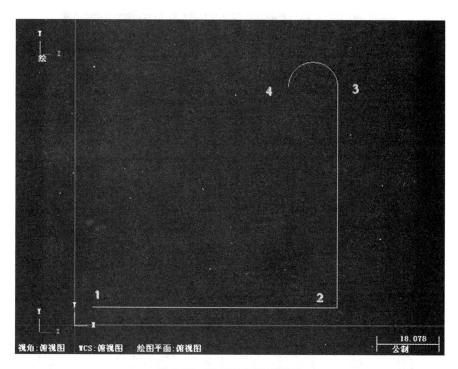

图 5-21 【3-4】圆弧绘制结果

5. 绘制【4-5】直线

方法：单击"Sketcher"工具栏的"绘制任意线"按钮，选择"创建切线通过点相切…"选项，绘制与【3-4】圆弧相切的"切线"。

(1)在"Sketcher"工具栏上单击"绘制任意线"按钮 ⬚ 右下三角按钮，在下拉列表中选择"创建切线通过点相切…"选项，系统直接弹出"Line Tangent"(切线)操作栏，如图 5-22 所示。

图 5-22 设置【4-5】"Line Tangent"操作栏

(2)单击【3-4】圆弧，然后根据系统提示用鼠标自动捕捉【4】点，单击，然后在【4】点下方任一点处单击，按如图 5-23 所示设置操作栏后单击"确定"按钮 ✓ ，【4-5】直线绘制结果如图 5-24 所示。

图 5-23 设置【4-5】直线操作栏

6. 绘制【5-6】圆弧

方法：单击"Sketcher"工具栏的"极座标画弧"按钮，设置半径值和起始角度，与【3-4】圆弧绘制方法不同，这里首先应输入终止角度。

(1)在"Sketcher"工具栏上单击"极座标画弧"按钮，系统直接弹出"极座标画弧"操作栏，如

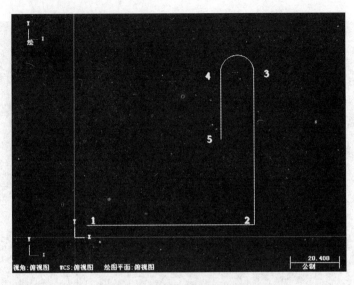

图 5-24 【4-5】直线绘制结果

图 5-25 所示,单击"终止点"按钮 。

图 5-25 "极座标画弧"操作栏

(2)鼠标自动捕捉【5】点,单击,然后按如图 5-26 所示设置操作栏后单击"确定"按钮,
【5-6】圆弧绘制结果如图 5-27 所示。

图 5-26 设置【5-6】圆弧操作栏

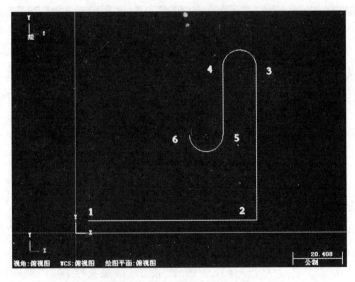

图 5-27 【5-6】圆弧绘制结果

7. 绘制辅助直线 1

方法：利用"绘图"工具栏上的"绘制任意线"按钮，绘制垂直线和水平线。

在"Sketcher"工具栏上单击"绘制任意线"按钮，系统直接弹出操作栏，单击"画垂直线"按钮，然后鼠标自动捕捉【6】点，单击，在【6】点上方任一点处单击，然后按如图 5-28 所示设置操作栏后单击"确定"按钮，辅助直线 1 绘制结果如图 5-29 所示。

图 5-28　设置辅助直线 1 操作栏

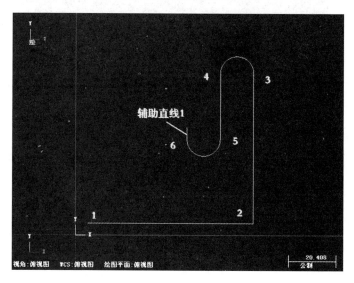

图 5-29　辅助直线 1 绘制结果

8. 绘制【7-8】圆弧和【8-9】直线

方法：单击"Sketcher"工具栏的"绘制任意线"按钮，绘制水平线后再倒圆角。

（1）在"Sketcher"工具栏上单击"绘制任意线"按钮，系统直接弹出"直线"操作栏，单击"画水平线"按钮，然后鼠标自动捕捉【7】点，单击，在【7】点左方任一点处单击，然后按如图 5-30 所示设置操作栏后单击"确定"按钮，辅助直线 2 绘制结果如图 5-31 所示。

图 5-30　辅助直线 2 操作栏设置

（2）在"Sketcher"工具栏上单击"倒圆角"按钮，如图 5-32 所示，系统直接弹出"倒圆角"操作栏。

（3）按图 5-33 所示设置"倒圆角"操作栏后，选择辅助直线 1 和辅助直线 2，【7-8】圆弧绘制结果如图5-34所示。

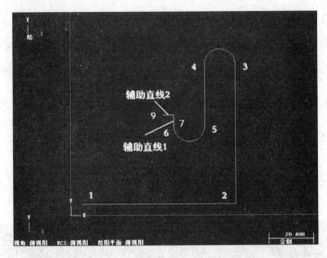

图 5-31　辅助直线 2 绘制结果

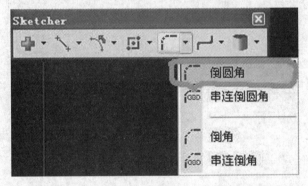

图 5-32　"Sketcher"工具栏"倒圆角"按钮

图 5-33　设置"倒圆角"操作栏

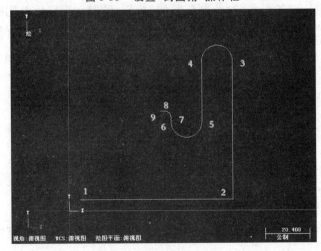

图 5-34　【7-8】圆弧绘制结果

9. 绘制【10】点和【11】点

方法:单击"Sketcher"工具栏的"绘点"按钮,绘制【10】点和【11】点。

(1)在"Sketcher"工具栏上单击"绘点"按钮，系统直接弹出"绘点"操作栏。"Sketcher"工具栏及"绘点"操作栏如图 5-35 所示。

(2)单击"快速绘点"按钮 或直接按空格键,在弹出的坐标输入框中输入坐标(27.819, 34.443)(即【10】点坐标)后按回车键,【10】点绘制结果如图 5-36 所示。

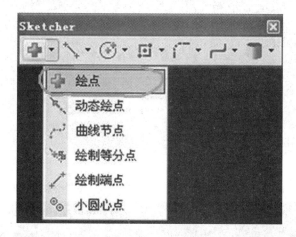

图 5-35 "Sketcher"工具栏及"绘点"操作栏

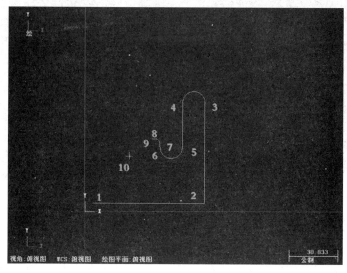

图 5-36 【10】点绘制结果

(3)在屏幕右方有"最常使用的功能列表"工具栏,它会依次列出用户新近使用的 10 个命令,如直线、圆弧、点等等。单击该工具栏最上方"绘点"按钮 ,如图 5-37 所示。在弹出的坐标输入框中输入坐标(21.27,32)(即【11】点坐标)后按回车键,【11】点绘制结果如图 5-38 所示。

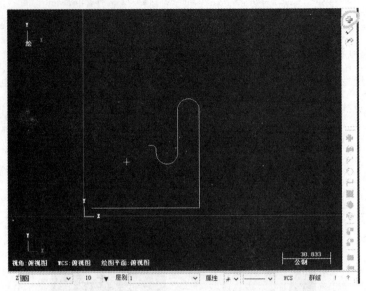

图 5-37 "最常使用的功能列表"工具栏的"绘点"按钮

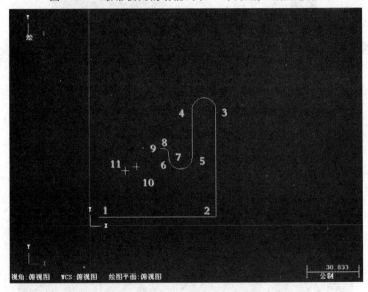

图 5-38 【11】点绘制结果

10. 连接【9-10】直线

方法:单击"Sketcher"工具栏的"绘制任意线"按钮,绘制任意线。

(1)在"Sketcher"工具栏上单击"绘制任意线"按钮,系统直接弹出"直线"操作栏。

(2)右击【9】点,在快捷菜单中选择"自动抓点"选项,如图 5-39 所示,在弹出的"光标自动抓点设置"对话框中选择"P绘点",即需要自动捕捉的【10】点和【11】点都属于任意 P 点。单击【10】点,【9-10】直线绘制结果如图 5-40 所示。

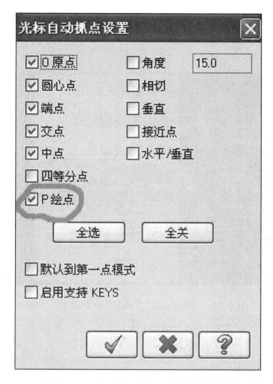

图 5-39 "光标自动抓点设置"对话框

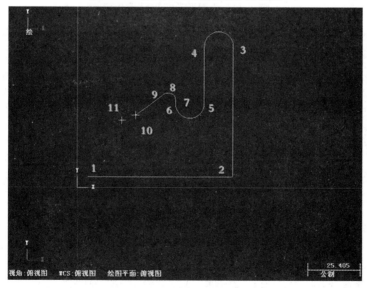

图 5-40 【9-10】直线绘制结果

11. 绘制【10-11】圆弧

方法：单击"Sketcher"工具栏的"两点画弧"按钮，输入半径并选取起点和终点。

（1）在"Sketcher"工具栏上单击"两点画弧"按钮，如图 5-41 所示，系统直接弹出"两点画弧"操作栏。

图 5-41 "Sketcher"工具栏"两点画弧"按钮

(2)鼠标自动捕捉【10】点,单击,然后再单击【11】点。按如图 5-42 所示设置操作栏,然后单击如图 5-43 所示【10-11】点下方的小圆弧。

图 5-42 设置"两点画弧"操作栏

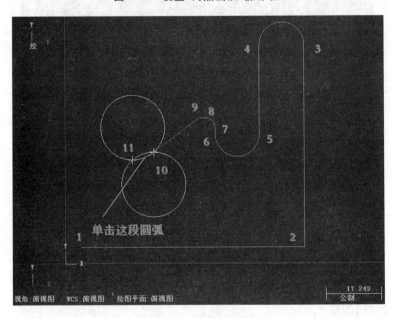

图 5-43 单击小圆弧

(3)单击"确定"按钮 。【10-11】圆弧绘制结果如图 5-44 所示。

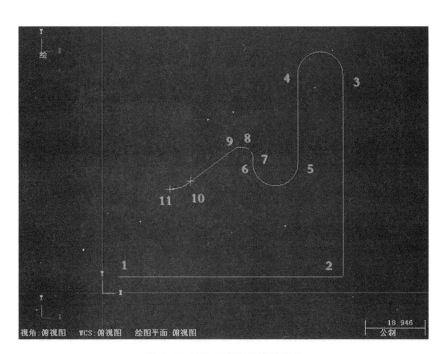

图 5-44 【10-11】圆弧绘制结果

12. 绘制【1-2】直线的平行线

方法：单击"Sketcher"工具栏的"绘制平行线"按钮，绘制平行线。

(1)在"Sketcher"工具栏上单击"绘制平行线"按钮，系统直接弹出"平行线"操作栏。
"Sketcher"工具栏及"平行线"操作栏如图 5-45 所示。

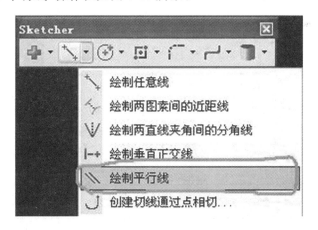

图 5-45 "Sketcher"工具栏及"平行线"操作栏

(2)根据系统提示，单击【1-2】直线，然后鼠标自动捕捉【11】点，单击，最后单击"确定"按钮，【1-2】直线的平行线绘制结果如图 5-46 所示。

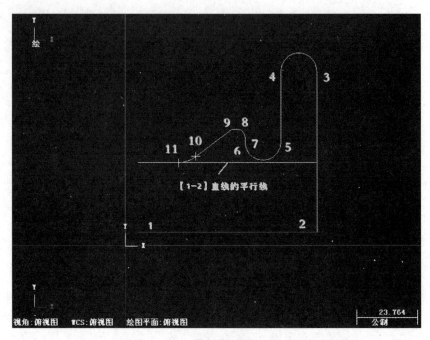

图 5-46 【1-2】直线的平行线绘制结果

13. 绘制【1-2】直线的垂直正交线

方法：单击"Sketcher"工具栏的"绘制垂直正交线"按钮，绘制与【1-2】直线的垂直正交线。

(1)在"Sketcher"工具栏上单击"绘制垂直正交线"按钮，系统直接弹出"垂直正交线"操作栏。"Sketcher"工具栏及"垂直正交线"操作栏如图 5-47 所示。

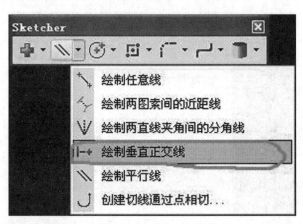

图 5-47 "Sketcher"工具栏及"垂直正交线"操作栏

(2)根据系统提示，单击【1-2】直线，然后鼠标自动捕捉【12】点，单击，最后单击"确定"按钮，【1-2】直线的垂直正交线绘制结果如图 5-48 所示。

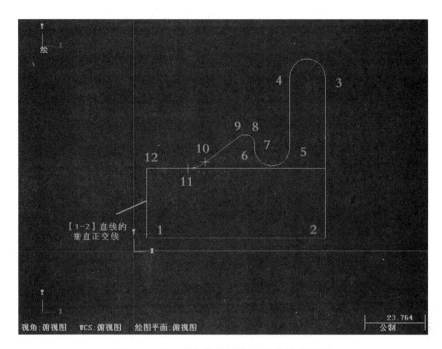

图 5-48　【1-2】直线的垂直正交线绘制结果

14. 修剪

方法：单击"Trim"工具栏的"修剪两物体"按钮，将多余线条剪掉。

（1）在"Trim"工具栏上单击"修剪"按钮 ，系统直接弹出"修剪/延伸/打断"操作栏，单击"修剪两物体"按钮 。"Trim"工具栏及"修剪/延伸/打断"操作栏如图 5-49 所示。

图 5-49　"Trim"工具栏及"修剪/延伸/打断"操作栏

（2）根据系统提示，单击【11-12】直线和【10-11】圆弧，如图 5-50 所示。

（3）单击"确定"按钮 ，修剪结果如图 5-51 所示。

15. 删除【10】点和【11】点

方法：单击"Delete"工具栏"删除单个对象"按钮，删除点。在此操作过程中可先选删除对象后发命令或先发命令后选取删除对象。

（1）在"Delete"工具栏上单击"删除"按钮 ，如图 5-52 所示。

（2）根据系统提示，分别选择【10】点和【11】点，然后按回车键，删除结果如图 5-53 所示。

注意：若点不容易用鼠标选取，则操作者可按住鼠标左键并移动鼠标分别框选【10】点和【11】点，如图 5-54 所示。

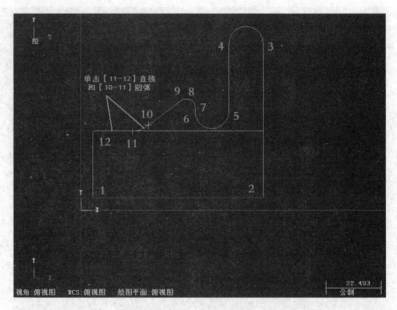

图 5-50　单击【11-12】直线和【10-11】圆弧

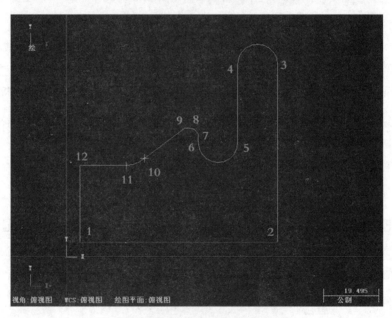

图 5-51　修剪结果

图 5-52　"Delete"工具栏

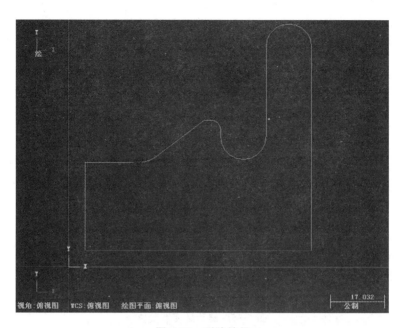

图 5-53 删除结果

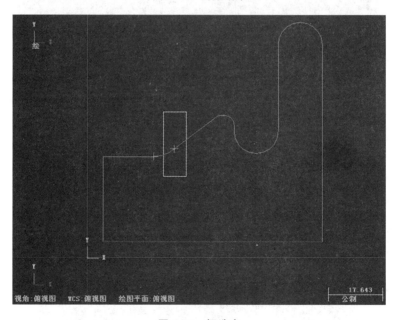

图 5-54 框选点

16. 重画

【10】点和【11】点被删除后，所绘图形出现明显残缺，如图 5-55 所示。这是计算延迟引起的屏幕刷新滞后现象，用户可单击"View Manipulation"工具栏的"重画"按钮 ⬛，如图 5-56 所示。

图形显示效果如图 5-57 所示。

注意：一些比较复杂的图形在绘制过程中容易出现图形残缺的现象，用户可单击"重画"按钮解决上述问题。

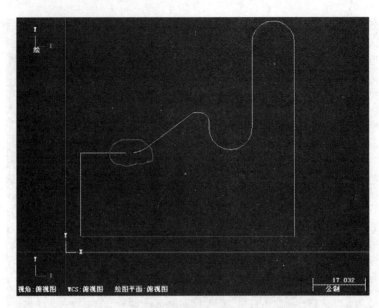

图 5-55　删除后视图残缺

图 5-56　"View Manipulation"工具栏的"重画"按钮

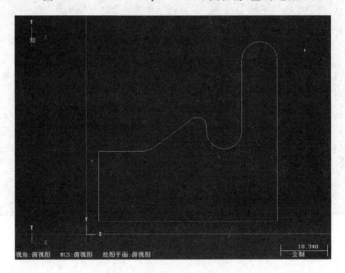

图 5-57　重画后的图形显示效果

17. 绘制【12-13】圆弧

　　方法：单击"Sketcher"工具栏的"切弧"按钮，绘制同时与【1-12】直线和【11-12】直线相切的圆弧，并单击"Trim"工具栏的"修剪三物体"按钮剪掉多余线条。

　　(1)在"Sketcher"工具栏上单击"切弧"按钮，如图 5-58 所示，系统直接弹出"切弧"操作栏。

图 5-58 "Sketcher"工具栏"切弧"按钮

（2）根据系统提示，分别单击【1-12】直线和【11-12】直线，并如图 5-59 所示设置操作栏，生成的切弧如图 5-60 所示。

图 5-59 设置"切弧"操作栏

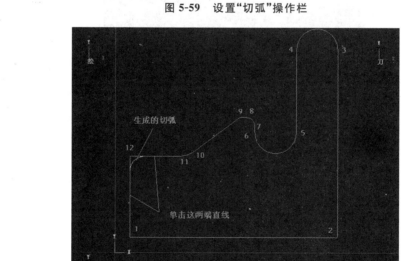

图 5-60 生成的切弧

（3）在"Trim"工具栏上单击"修剪"按钮 ，系统直接弹出"修剪/延伸/打断"操作栏，单击"修剪三物体"按钮 。"Trim"工具栏及"修剪/延伸/打断"操作栏如图 5-61 所示。

（4）根据系统提示，单击【1-12】直线、【11-12】直线和切弧，如图 5-62 所示。

（5）完成修剪后单击"修剪/延伸/打断"操作栏中的"确定"按钮 ，【12-13】圆弧绘制结果如图 5-63 所示。

图 5-61 "Trim"工具栏及"修剪/延伸/打断"操作栏

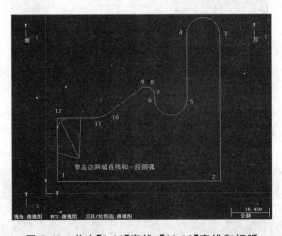

图 5-62 单击【1-12】直线、【11-12】直线和切弧

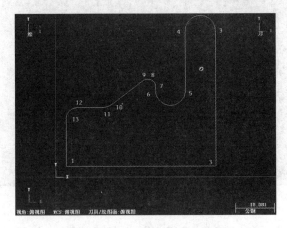

图 5-63 【12-13】圆弧绘制结果

18. 画钻孔中心点

方法:首先绘制两个同心辅助圆,然后绘制辅助线,最后自动捕捉十个点。

1)画两个同心辅助圆

(1)在"Sketcher"工具栏上单击"圆心+点"按钮,系统直接弹出"编辑圆心点"操作栏。"Sketcher"工具栏及"编辑圆心点"操作栏如图 5-64 所示。

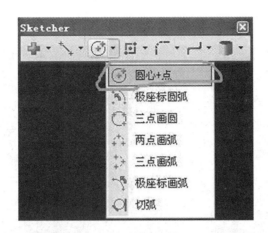

图 5-64　"Sketcher"工具栏及"编辑圆心点"操作栏

（2）单击"快速绘点"按钮![icon]或直接按空格键,在弹出的坐标输入框中输入坐标(20,60)(即两同心圆圆心点的坐标)后按回车键,在"编辑圆心点"操作栏中输入直径"15.0",单击"应用"按钮![icon],φ15 圆绘制结果如图 5-65 所示。

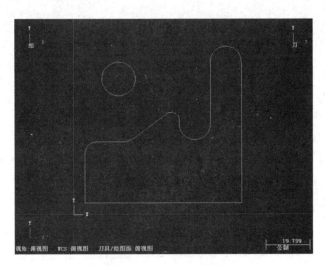

图 5-65　φ15 圆绘制结果

（3）在鼠标自动捕捉 φ15 圆心后单击,在"编辑圆心点"操作栏中输入直径"30.0",单击"确定"按钮![icon],φ15 和 φ30 两个同心圆绘制结果如图 5-66 所示。

2）画辅助线

（1）平移【1-2】直线。

执行"转换"→"平移"命令,根据系统提示选择【1-2】直线后按回车键,系统自动弹出"平移"对话框。单击按钮![icon]按系统提示用鼠标自动捕捉【1-2】直线中点后再单击两同心圆圆心,即

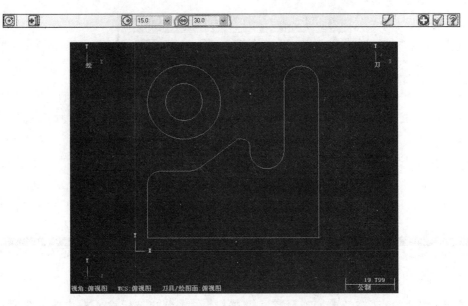

图 5-66 ϕ15 和 ϕ30 两个同心圆绘制结果

为 ![+2]，单击"确定"按钮 ![✓] 后完成平移，如图 5-67 所示。

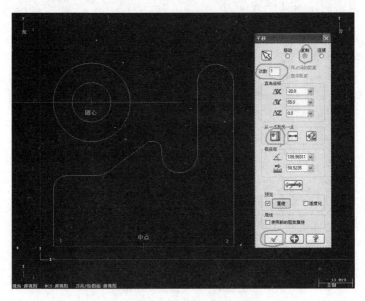

图 5-67 平移【1-2】直线结果

（2）旋转辅助线。

执行"转换"→"旋转"命令，根据系统提示选择平移直线后按回车键，系统自动弹出"旋转"对话框。选择"移动"项，在旋转次数输入框中输入"2"，单击按钮 ![旋转中心图标] 定义旋转中心，按系统提示用鼠标自动捕捉两同心圆圆心，单击，单次旋转角度设置为"60.0"，单击"确定"按钮 ![✓] 后完成旋转，如图 5-68 所示。

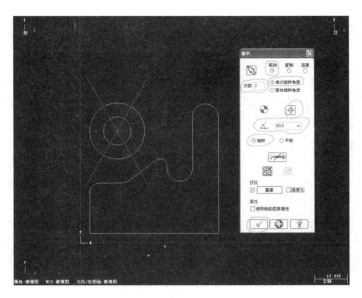

图 5-68 旋转辅助线

（3）画角平分线。

在"Sketcher"工具栏上单击"绘制两直线夹角间的分角线"选项，系统直接弹出"角平分线"操作栏。"Sketcher"工具栏及"角平分线"操作栏如图 5-69 所示。

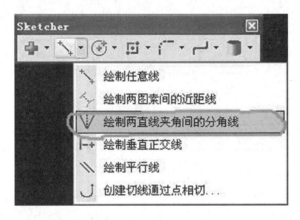

图 5-69 "Sketcher"工具栏及"角平分线"操作栏

根据系统提示，单击辅助线 1 和 2 左段，单击"确定"按钮![确定]，角平分线绘制结果如图 5-70 所示。

（4）镜像角平分线。

执行"转换"→"镜像"命令，根据系统提示选择左段角平分线后按回车键，系统自动弹出"镜像"对话框。选择"复制"项，单击按钮![按钮]选择一条线为镜像轴，单击"确定"按钮![确定]后完成镜像，如图 5-71 所示。

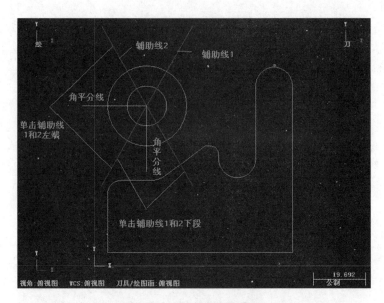

图5-70　角平分线绘制结果

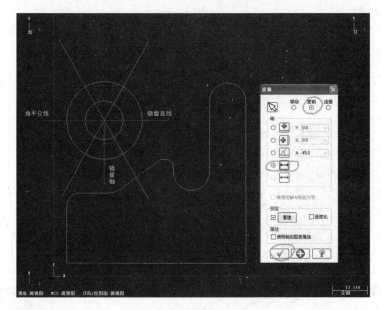

图5-71　镜像角平分线

(5)延伸角平分线。

　　在"Trim"工具栏上单击"修剪"按钮 ✂，系统直接弹出"修剪/延伸/打断"操作栏，单击"延伸"按钮 ↘。"Trim"工具栏及"修剪/延伸/打断"操作栏如图5-72所示。

　　根据系统提示，单击角平分线。此时，移动鼠标可动态控制角平分线的长度，在合适的长度处单击，单击"确定"按钮 ✓ 后完成延伸操作，如图5-73所示。

图 5-72　"Trim"工具栏及"修剪/延伸/打断"操作栏

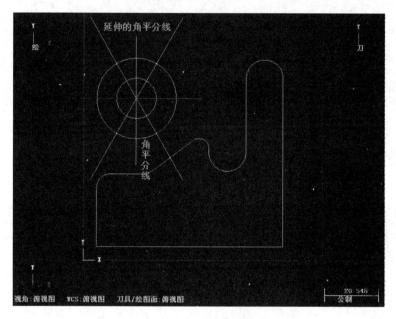

图 5-73　延伸角平分线

3)绘制 10 个孔中心点

(1)在"Sketcher"工具栏上单击"绘点"按钮 ，系统直接弹出"绘点"操作栏。

(2)鼠标自动捕捉 4 条辅助线和 2 个同心圆的 10 个点，单击，完成后单击"确定"按钮，孔中心点绘制结果如图 5-74 所示。

4)删除辅助圆和辅助线

分别选择辅助圆和辅助线，然后在"Delete"工具栏上单击"删除"按钮，删除辅助圆和辅助线后的结果如图 5-75 所示。

19. 适度化

为使图形在保存前能够完整地充满整个屏幕，用户可单击"View Manipulation"工具栏中的"适度化"按钮，图形显示结果如图 5-76 所示。

注意：任何时候用户都可以通过单击"适度化"按钮以观察整个图形。另外，在保存图形之前一般要进行"适度化"操作以便下次打开时可清楚看到整个图形。

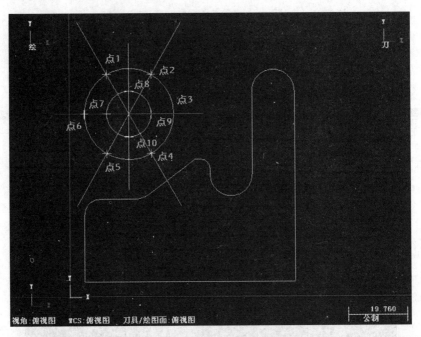

图 5-74 孔中心点绘制结果

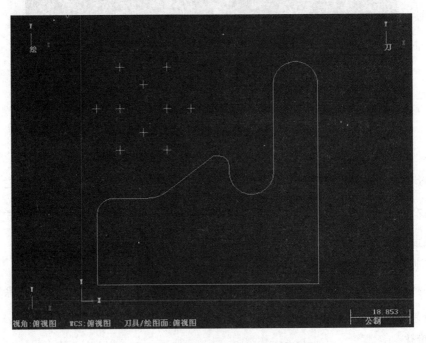

图 5-75 删除辅助圆和辅助线后的结果

20. 保存图形

单击"File"工具栏中的"保存"按钮 ![保存],系统弹出"保存"对话框,在设置好文件名和存储路径后单击"确定"按钮 ![确定] 即完成保存。

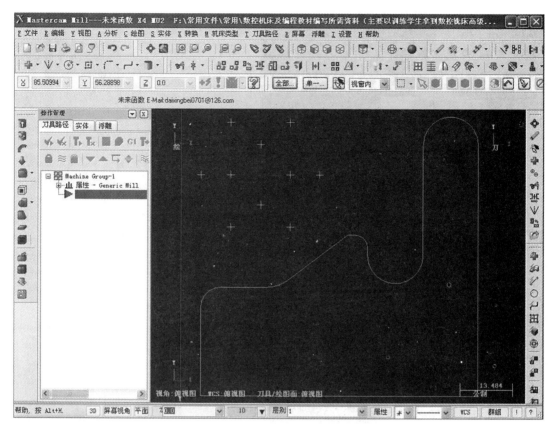

图 5-76　适度化图形显示结果

二、零件的二维加工

二维加工指的是刀具只在一个平面内进行走刀的加工,如本任务中,要完成外轮廓的加工,刀具只需在 XY 平面内走刀即可。

1. 外轮廓的二维加工

(1)外轮廓图形绘制完成后,执行"机床类型"→"铣床"→"默认"命令,将系统运行模式由"设计"转换为"铣床加工"模式。此时,加工操作管理器中出现一个名为"Machine Group-1"的加工群组,在群组名称上右击,执行"群组"→"重新命名"命令,然后输入加工群组的新名称"外轮廓的二维加工",如图 5-77 所示。

(2)执行"刀具路径"→"外形铣削"命令,系统弹出"输入新 NC 名称"对话框,如图 5-78 所示,在名称输入框中输入"二维加工"作为将来生成 NC 程序的文件名,然后单击"确定"按钮后完成设置。

(3)完成 NC 程序文件名的设置后,系统会自动弹出"串连选项"对话框。"串连"指的是一种指定顺序和方向的选择图形的方法。由于此外轮廓是二维平面内一个首尾相连的图形,故单击"2D"及默认选项"串连"。单击已绘制好的外轮廓图形中的【1-13】直线,则整个图形都会被选中,同时出现一个箭头指引方向,如图 5-79 所示,这也是将来加工的走刀方向。

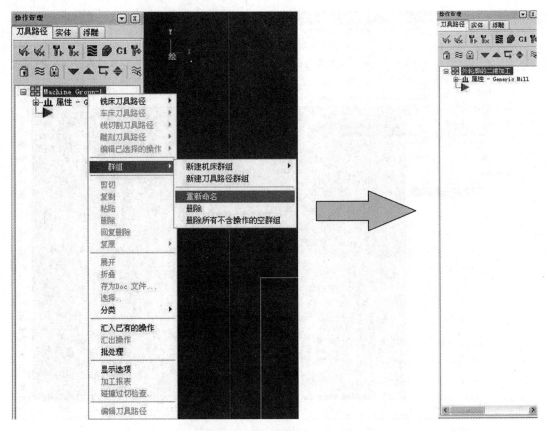

图 5-77　输入加工群组的新名称

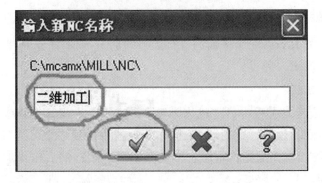

图 5-78　"输入新 NC 名称"对话框

注意:指引箭头的方向直接影响铣床加工的顺逆铣方式,如在图 5-79 中若箭头指引方向朝上,则为顺铣,即顺着刀具移动的方向观察,刀具中心偏在轮廓的左边;若箭头指引方向朝右,则为逆铣,即顺着刀具移动的方向观察,刀具中心偏在轮廓的右边。另外,单击【1-13】直线也就是规定了刀具从【1-13】直线处开始下刀加工。

(4)选择完成后,单击"确定"按钮，系统自动弹出"2D 刀具路径-外形参数"对话框,如图 5-80 所示,选择"外形参数",用户如果想对已选择的图形进行修改操作,也可在"串连图形"栏操作。

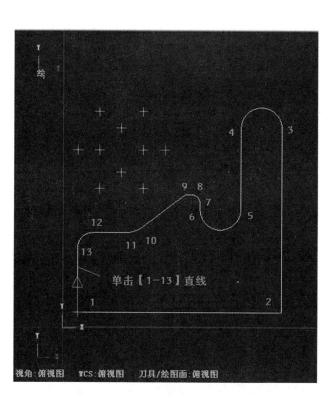

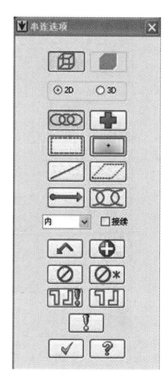

图 5-79　出现一个箭头指引方向

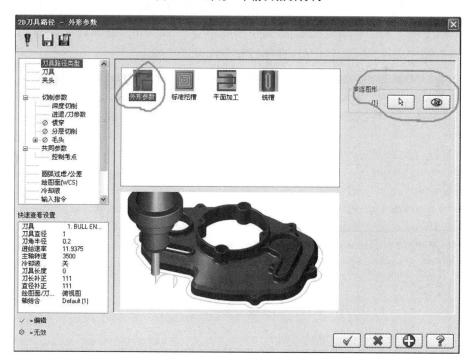

图 5-80　"2D 刀具路径-外形参数"对话框

（5）在"2D 刀具路径-外形参数"对话框左方选择"刀具"选项，如图 5-81 所示。

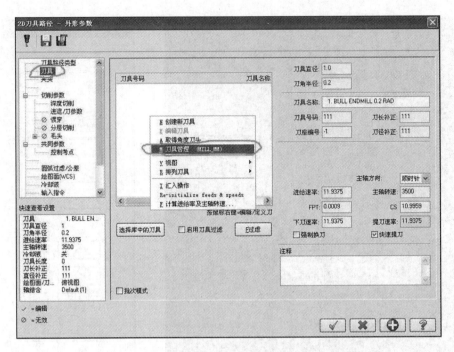

图 5-81 "2D 刀具路径-外形参数"对话框中的"刀具"选项

(6)在刀具号码下空白处右击,执行"刀具管理"命令。系统自动弹出"刀具管理"对话框(见图 5-82),勾选对话框右下方的"启用刀具过滤"项,单击 **E过滤** 按钮。系统弹出"刀具过滤设置"对话框(见图 5-83),根据轮廓形状(最小圆弧半径 6.98 mm),选择直径等于 12 mm 的刀具。在刀具类型中选择"平底刀",刀具直径过滤条件设置为等于 12。

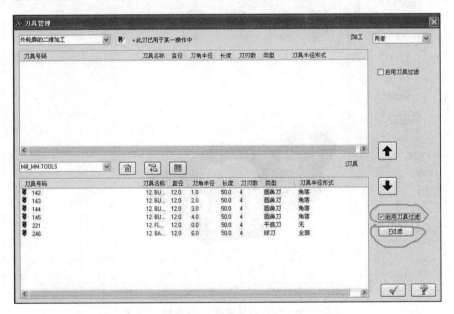

图 5-82 "刀具管理"对话框

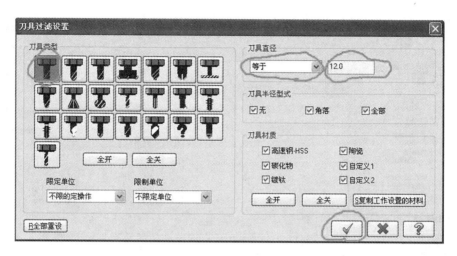

图 5-83 "刀具过滤设置"对话框

(7)单击"确定"按钮 ✔，系统返回"刀具管理"对话框，单击号码为 221 的刀具并将它设置为当前刀具，如图 5-84 所示。

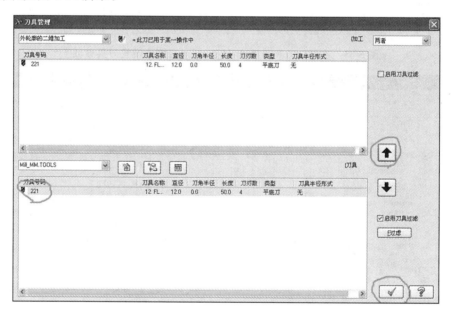

图 5-84 在"刀具管理"对话框中选择当前刀具

(8)单击"确定"按钮 ✔，系统返回"2D 刀具路径-外形参数"对话框，如图 5-85 所示设置刀具参数后单击"应用"按钮 ➕。

注意：这些参数就是将来生成的 NC 程序中的参数，用户要根据实际机床的情况来进行设置。

(9)在"2D 刀具路径-外形参数"对话框左方选择"分层切削"选项，如图 5-86 所示进行参数设置，完成后单击"应用"按钮 ➕。

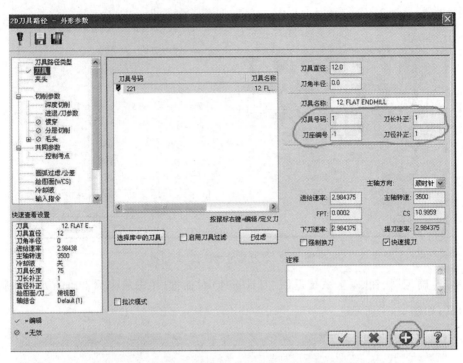

图 5-85 在"2D 刀具路径-外形参数"对话框中设置刀具参数

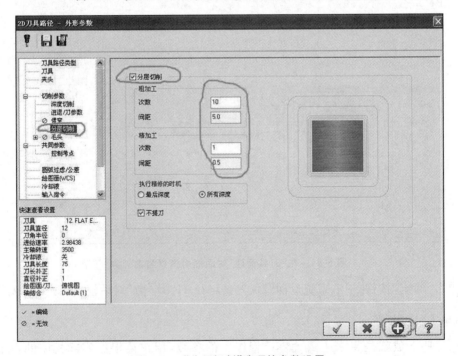

图 5-86 "分层切削"选项的参数设置

　　(10)在"2D 刀具路径-外形参数"对话框左方选择"共同参数"选项,如图 5-87 所示进行参数设置,完成后单击"确定"按钮，,绘图区显示的刀具路径如图 5-88 所示。

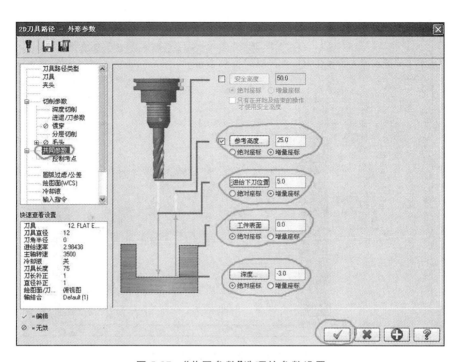

图 5-87 "共同参数"选项的参数设置

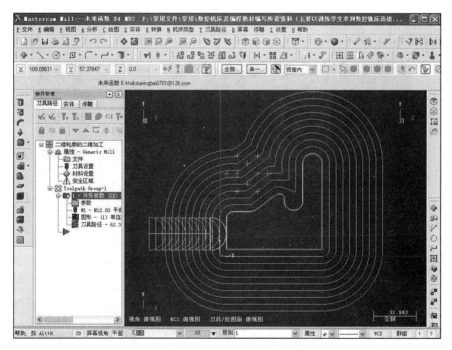

图 5-88 绘图区显示的刀具路径

(11)单击加工操作管理器中的"材料设置"选项,系统自动弹出"机器群组属性"对话框(见图 5-89),按图所示设置毛坯尺寸和工件坐标系原点位置后单击"确定"按钮 ✓。

(12)"机器群组属性"设置完成后便可进行模拟走刀操作,但此时图形显示为俯视图,不便

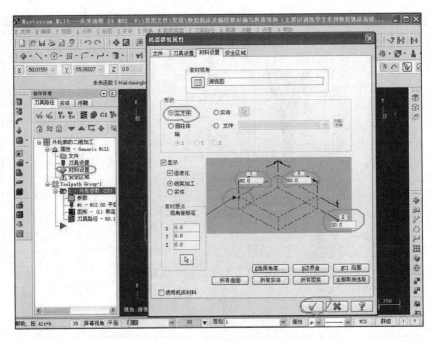

图 5-89 "机器群组属性"对话框

于观察刀具走刀轨迹。因此,单击"Graphics Views"工具栏中的"等视图"按钮⬡。此时,等视图显示刀具路径如图 5-90 所示。

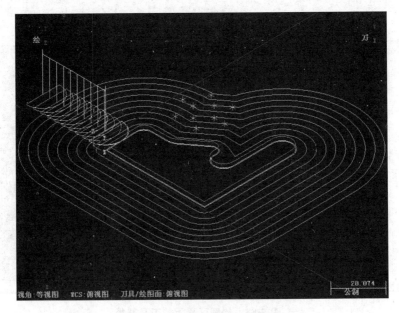

图 5-90 等视图显示刀具路径

(13)单击加工操作管理器中的"验证已选择的操作"按钮,系统自动弹出"验证"对话框(见图 5-91),同时绘图区出现一个立方体,这就是前面定义的毛坯。

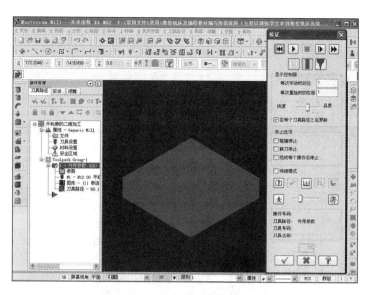

图 5-91 "验证"对话框

（14）单击"验证"对话框中的 ▶ 按钮，系统开始模拟加工过程，模拟结果如图 5-92 所示。用户可单击"View Manipulation"工具栏中的"视图动态旋转"等按钮 来观察加工结果。从模拟加工结果可以看出，前面的设置都是正确的，单击"验证"对话框中的"确定"按钮 ，完成外轮廓的模拟加工。

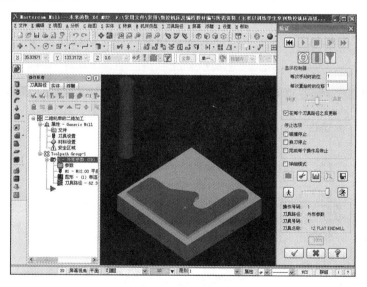

图 5-92 外轮廓二维加工的模拟结果

注意：有的时候，可能需要进行多次模拟。用户可以通过改变加工操作管理器中诸如刀具、材料及参数等数值来进行调整，但应注意每更改一次参数就必须单击加工操作管理器中的"重建已选择的所有操作"按钮 。

2. 钻孔加工

从图 5-10 中可以看出,在零件上还要加工 10 个直径为 5mm 的圆孔。

(1)执行"刀具路径"→"钻孔"命令,系统弹出"选取钻孔的点"对话框,单击 W 窗选 按钮,然后框选 10 个钻孔点,如图 5-93 所示。

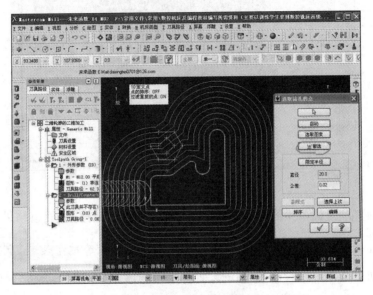

图 5-93　框选 10 个钻孔点

(2)完成 10 个钻孔点的选择后,单击"确定"按钮 ✔,系统自动弹出"2D 刀具路径-钻孔"对话框,如图 5-94 所示,选择"钻孔"项,用户如果想对已选择的钻孔点进行修改,也可在"点图形"栏操作。

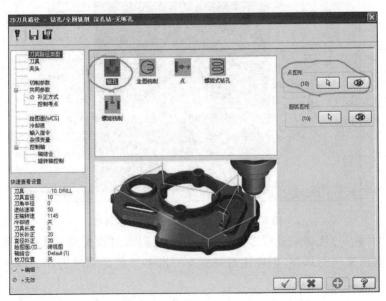

图 5-94　"2D 刀具路径-钻孔/全圆铣削 深孔钻-无啄孔"对话框

（3）在"2D 刀具路径-钻孔/全圆铣削 深孔钻-无啄孔"对话框左方选择"刀具"选项，如图 5-95所示。

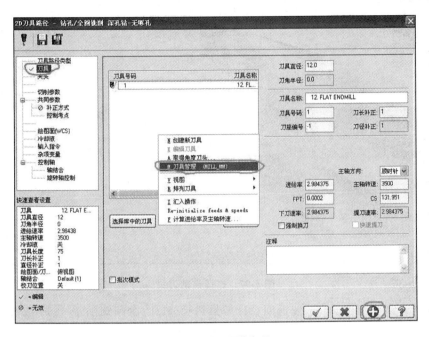

图 5-95 "刀具"选项

（4）在刀具号码下空白处右击，执行"刀具管理"命令，系统自动弹出"刀具管理"对话框，勾选对话框右下方的"启用刀具过滤"项，单击 F过滤 按钮。系统弹出"刀具过滤设置"对话框（见图 5-96），在刀具类型中选择"钻孔"，根据钻孔直径（10 个孔的直径都是 5 mm），设置刀具直径等于 5。

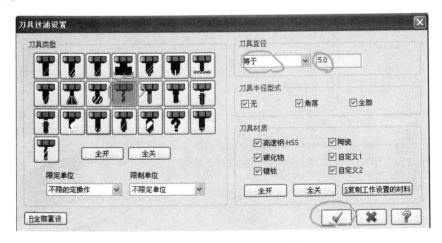

图 5-96 "刀具过滤设置"对话框

（5）单击"确定"按钮 ，系统返回"刀具管理"对话框，单击号码为 15 的刀具并将它设置为当前刀具，如图 5-97 所示。

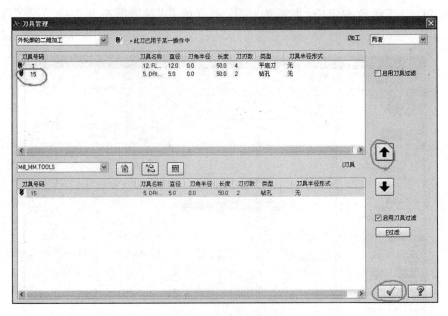

图 5-97　选择当前刀具

(6)单击"确定"按钮 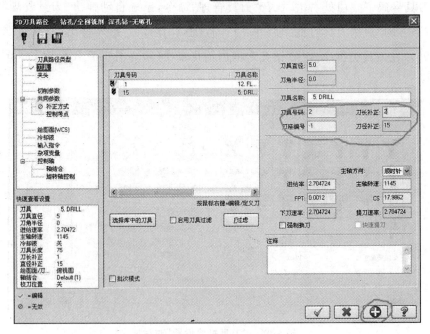，系统返回"2D 刀具路径-钻孔/全圆铣削 深孔钻-无啄孔"对话框，如图 5-98 所示设置刀具参数，单击"应用"按钮 ➕ 。

图 5-98　设置刀具参数

(7)在"2D 刀具路径-钻孔/全圆铣削 深孔钻-无啄孔"对话框中选择"共同参数"选项，如图 5-99 所示进行参数设置，完成后单击"确定"按钮，绘图区显示的刀具路径如图 5-100 所示。

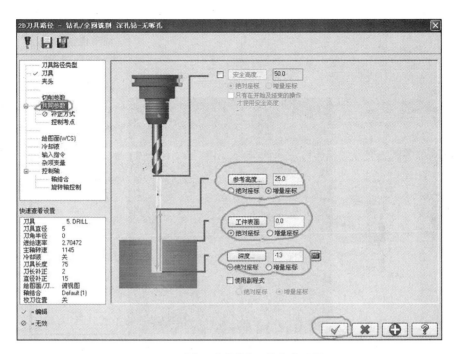

图 5-99 "共同参数"选项的参数设置

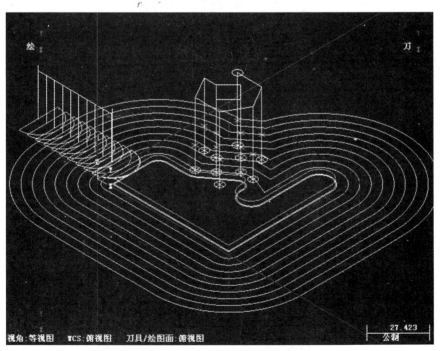

图 5-100 绘图区显示的刀具路径

(8) 单击加工操作管理器中的"验证已选择的操作"按钮 ,系统自动弹出"验证"对话框(见图 5-101),同时绘图区出现一个立方体,这就是前面定义的毛坯。

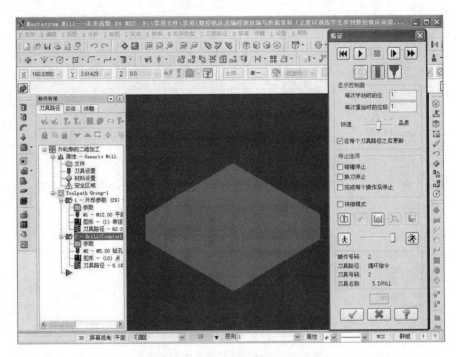

图 5-101 "验证"对话框

（9）单击"验证"对话框中的 ▶ 按钮，系统开始模拟加工过程，模拟结果如图 5-102 所示。从模拟加工结果可以看出，前面的设置都是正确的，单击"验证"对话框中的"确定"按钮 ✓，完成外轮廓的模拟加工。

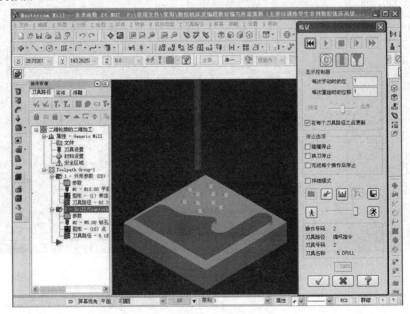

图 5-102 模拟结果

三、生成 NC 加工程序

（1）单击加工操作管理器中的"后处理已选择的操作"按钮 **G1**，系统自动弹出"后处理程式"对话框，如图 5-103 所示。

图 5-103 "后处理程式"对话框

（2）单击对话框中的"确定"按钮 ，系统自动弹出"另存为"对话框（见图 5-104），设置好 NC 程序存储路径和文件名后单击对话框中的"确定"按钮 。

图 5-104 "另存为"对话框

(3)完成 NC 程序存储设置后,系统弹出已保存的 NC 程序,如图 5-105 所示,用户可以对其进行修改。

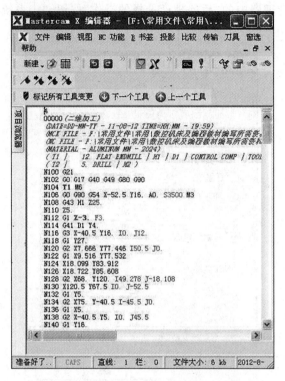

图 5-105 已保存的 NC 程序

注意:此时保存的 NC 程序文件是以".NC"为扩展名的,用户若希望方便地对其编辑,则可将其扩展名修改为".doc"或".txt"。

四、仿真验证

打开宇龙数控仿真软件,选择华中数控系统加工中心。按图 5-10 的要求设置毛坯,按 Mastercam 软件二维加工中使用的刀具选择并安装刀具,并将毛坯上表面左下角点设置为工件坐标系原点并设置 G54 坐标系,详细方法在项目 3 中已介绍,下面只简单对仿真步骤进行陈述。

(1)机床:华中数控系统立式加工中心。

(2)毛坯尺寸:80 mm×80 mm×20 mm(长×宽×高)。

(3)工件坐标系原点:工件左下角点。

(4)刀具:1 号刀是直径为 12 mm、长度为 40 mm 的立铣刀;2 号刀是直径为 5 mm、长度为 80 mm的钻头。

(5)在"刀补表"中输入刀具半径补偿值 D01=6,H02=40。

(6)将图 5-105 所示程序文件的扩展名修改为".txt",并进行一定的修改,如图 5-106 所示。

(7)将修改好的程序导入数控加工仿真系统并自动运行,仿真结果如图 5-107 所示。

注意:程序运行过程中可能会出现错误,用户可根据手工编程知识对程序进行修改。

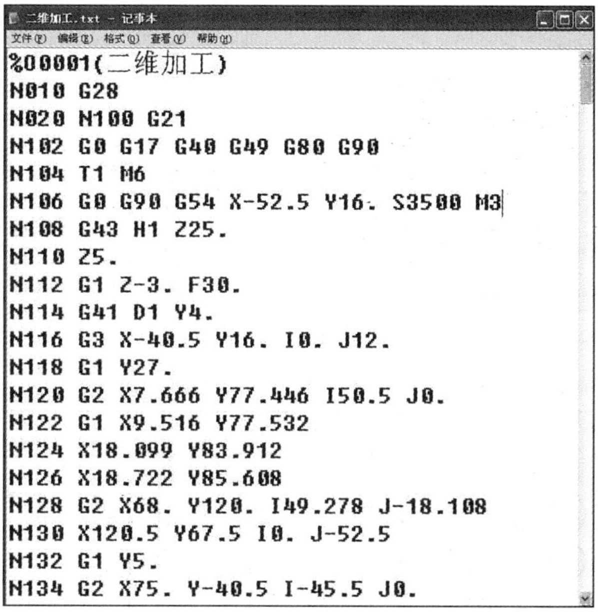

图 5-106 修改好的程序(部分)

图 5-107 仿真结果

(8)零件加工结束后可以用软件中的测量工具进行测量,各尺寸均达到要求。

【思考与练习】

1. Mastercam 软件具有哪些常用的功能?

2. Mastercam 软件的操作界面由哪几部分构成?

3. 在 Mastercam 软件中完成图 5-108 至图 5-111 所示零件的二维加工并自动生成 NC 程序。

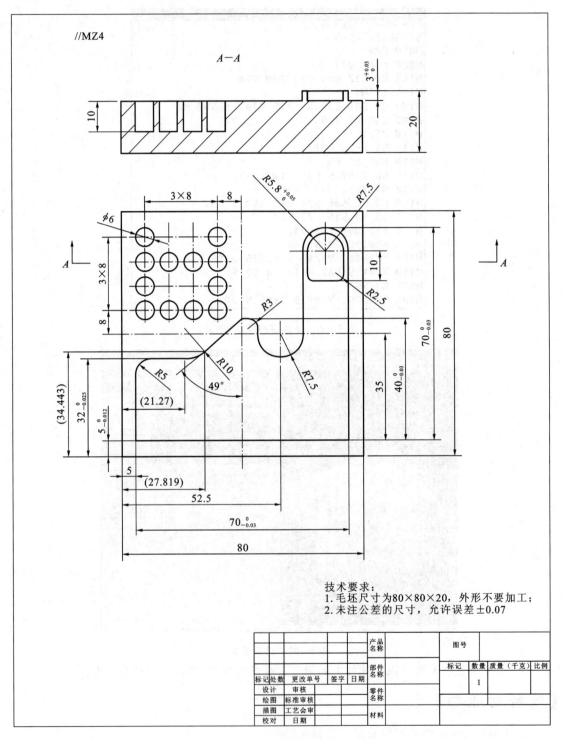

技术要求:
1. 毛坯尺寸为80×80×20,外形不要加工;
2. 未注公差的尺寸,允许误差±0.07

标记	数量	质量（千克）	比例
		1	

标记	处数	更改单号	签字	日期
设计		审核		
绘图		标准审核		
描图		工艺会审		
校对		日期		

产品名称

部件名称

零件名称

材料

图号

图 5-108 零件图

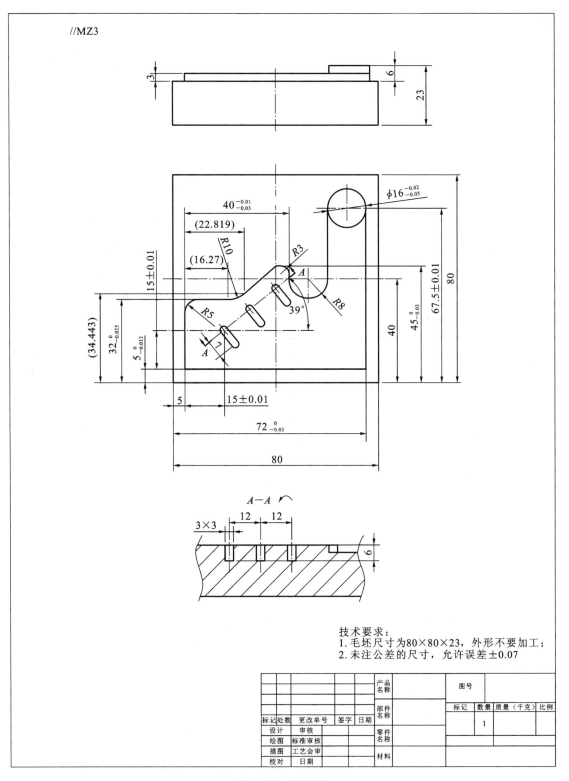

技术要求：
1.毛坯尺寸为80×80×23，外形不要加工；
2.未注公差的尺寸，允许误差±0.07

标记	数量	质量（千克）	比例
	1		

图 5-109　零件图

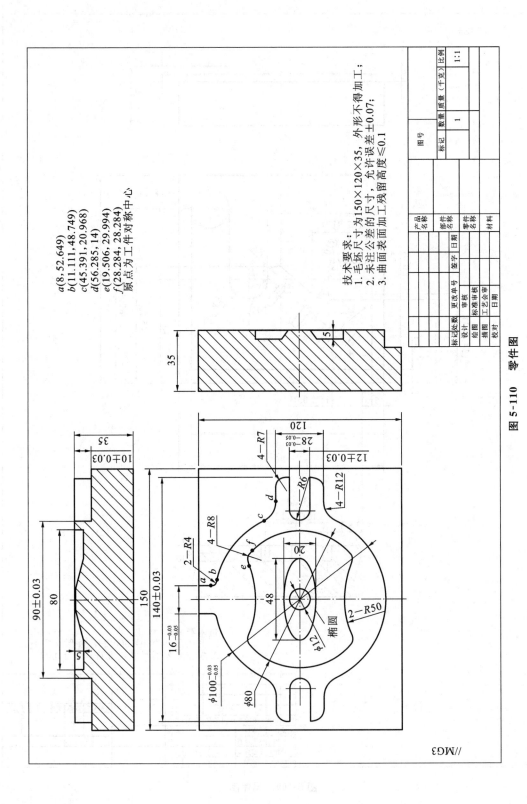

图 5-110 零件图

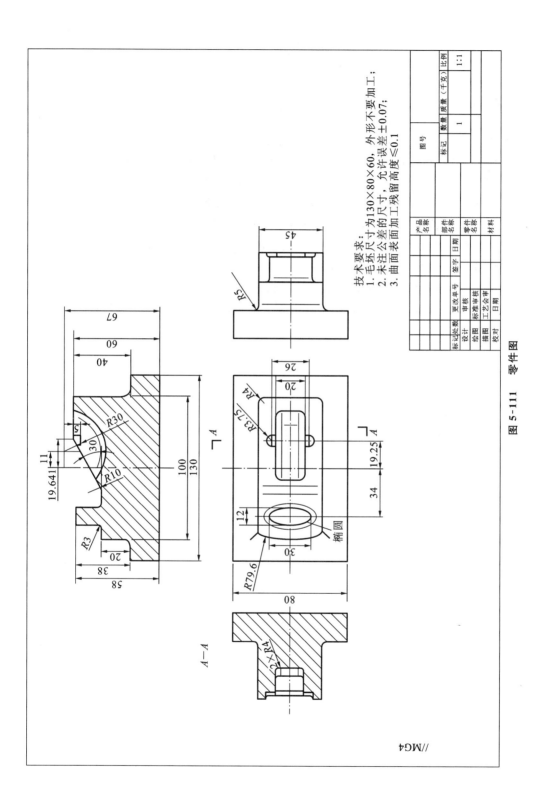

技术要求：
1. 毛坯尺寸为130×80×60，外形不要加工；
2. 未注公差的尺寸，允许误差±0.07；
3. 曲面表面残留工高度≤0.1

图 5-111 零件图

参 考 文 献

[1] 杨叔子.机械加工工艺师手册[M].北京:机械工业出版社,2002.

[2] 关雄飞.数控机床与编程技术[M].北京:清华大学出版社,2006.

[3] 邓志博.机械加工培训教程[M].北京:北京理工大学出版社,2012.

[4] 张君.数控机床编程与操作[M].北京:北京理工大学出版社,2010.

[5] 孟富森.数控技术与 CAM 应用[M].重庆:重庆大学出版社,2011.

[6] 朱成俊.MasterCAM 实用教程[M].长春:东北师范大学出版社,2010.

[7] 王丽洁.数控加工工艺与装备[M].北京:清华大学出版社,2006.

[8] 阳夏冰.数控加工工艺设计与编程(项目式)[M].北京:人民邮电出版社,2011.

[9] 顾晔.数控编程与操作[M].北京:人民邮电出版社,2010.

[10]陆全龙.数控机床 [M].武汉:华中科技大学出版社,2009.

[11]孙伏.机械 CAD/CAM 技术与应用[M].北京:北京邮电大学出版社,2016.